U0096078

Chat GPT 萬用手冊

• GPT-4o • o1/o3 • GPTs
• Canvas • DALL-E 3 • Sora
• Copilot • Claude 3.5
• Gemini 2.0 • NotebookLM

2025
春季號

感謝您購買旗標書，
記得到旗標網站
www.flag.com.tw
更多的加值內容等著您…

<請下載 QR Code App 來掃描>

- FB 官方粉絲專頁：旗標知識講堂
- 旗標「線上購買」專區：您不用出門就可選購旗標書！
- 如您對本書內容有不明瞭或建議改進之處，請連上旗標網站，點選首頁的 聯絡我們 專區。

  若需線上即時詢問問題，可點選旗標官方粉絲專頁留言詢問，小編客服隨時待命，盡速回覆。

  若是寄信聯絡旗標客服 email，我們收到您的訊息後，將由專業客服人員為您解答。

  我們所提供的售後服務範圍僅限於書籍本身或內容表達不清楚的地方，至於軟硬體的問題，請直接連絡廠商。

學生團體 訂購專線：(02)2396-3257 轉 362
傳真專線：(02)2321-2545

經銷商 服務專線：(02)2396-3257 轉 331
將派專人拜訪
傳真專線：(02)2321-2545

國家圖書館出版品預行編目資料

ChatGPT 萬用手冊 2025 春季號：GPT-4o、o1/o3、GPTs、Canvas、DALL-E 3、Sora、Copilot、Claude 3.5、Gemini 2.0、NotebookLM / 蔡宜坦, 施威銘研究室著. -- 臺北市：旗標科技股份有限公司, 2024.12 面； 公分

ISBN 978-986-312-820-5(平裝)

1. CST: 人工智慧 2. CST: 自然語言處理

312.835 113018546

作　　者／蔡宜坦、施威銘研究室

發 行 所／旗標科技股份有限公司

台北市杭州南路一段15-1號19樓

電　　話／(02)2396-3257(代表號)

傳　　真／(02)2321-2545

劃撥帳號／1332727-9

帳　　戶／旗標科技股份有限公司

監　　督／陳彥發

執行企劃／陳彥發

執行編輯／王菀柔、劉冠岑、楊世瑋、張根誠、陳彥發

美術編輯／林美麗

封面設計／古杰

校　　對／陳彥發、劉冠岑、楊世瑋、王菀柔、張根誠、安珮綾

新台幣售價：680 元

西元 2025 年 2 月 初版 3 刷

行政院新聞局核准登記-局版台業字第 4512 號

ISBN 978-986-312-820-5

書附檔案下載

ABOUT　Resources

本書提供上百個 Prompt, 為避免您手動輸入的不便, 我們將絕大多數的 Prompt 整理成文字檔, 您可以直接複製內容, 再貼到 ChatGPT 或其他生成式 AI 平台上使用, 同時也提供書中範例操作所需的檔案。請連至以下網址下載：

https://www.flag.com.tw/bk/st/F5168

依照網頁指示輸入關鍵字即可取得檔案, 也可以進一步輸入 Email 加入 VIP 會員, 可取得 Bonus 電子書 (利用 ChatGPT 做探索式資料分析) 和其他不定時補充的 ChatGPT 新應用。

下載後解開壓縮檔, 可看到各章節資料夾, 點進去後就會看到該章的 Prompt 和所需檔案。每章 Prompt 會整理成單一文字檔, 也會依照不同頁碼, 將該頁的 Prompt 另存成單獨檔案：

TIP

少數檔案有隱私爭議不便提供, 還請見諒。

目錄

CONTENTS

CHAPTER 3

跟 ChatGPT 好好說話的各種技巧

CHAPTER 4

ChatGPT 的對話使用實例

CHAPTER 5

跟 AI 溝通必修的提示工程

CHAPTER 6

活用 GPT 機器人，提升辦公室生產力

CHAPTER 7

ChatGPT 和它的影音生成小夥伴

CHAPTER 8

Copilot & 擴充工具大全

CHAPTER 9 與 ChatGPT 完美互補的 Claude 3.5、Gemini 2.0 和 NotebookLM

CHAPTER 10 用自然語言打造專屬 GPT 機器人

CHAPTER 11 Canvas 幫寫 Code，用 Python 處理大小事

電子書 BONUS

利用 ChatGPT 做探索式資料分析

GPT 機器人 - Data Analyst、資料清洗、
使用視覺化方式進行資料探索、線性迴歸分析

追加 ChatGPT 新功能速報！

Projects 專案功能、進階語音 / 視訊功能、
macOS App 協作功能、Sora 影片生成、任務排程、
o3-mini / o3-mini-high 推理模型......

依照網頁指示輸入關鍵字, 並輸入 Email 加入 VIP 會員, 即可取得本 Bonus 電子書：

https://www.flag.com.tw/bk/st/F5168

ChatGPT 起手式

ChatGPT 是由 OpenAI 開發的一款基於大型語言模型的人工智能聊天機器人。自從其創立以來, ChatGPT經歷了多個版本的迭代, 不斷提升其對語言的理解能力和回應的準確度。相較於其他的 AI 工具, ChatGPT 的強項在於其「GPT 語言模型」對於自然語言的處理能力, 不僅「看得懂也聽得懂」人話, 最新模型還能用影像進行互動, 等同具備圖像式的溝通能力。這使得 ChatGPT 在進行複雜對話、創意寫作、處理特定知識和文本處理的表現都相當出色。

1-1 ChatGPT 大哉問

為什麼 ChatGPT 懂我在講什麼？

我們日常溝通的語言統稱為**自然語言**，像是：中文、英文、日文等都是，一直以來科學家們一直致力於讓機器或電腦能理解人類所使用的自然語言，這門學問就稱為**自然語言處理 (NLP)**。NLP 技術發展超過數十年了，機器也越來越知道我們在說什麼，因而開始出現語音助理、機器翻譯、語音辨識、情感分析等各種人機互動的應用。

不過機器的「理解」並不等同於人類的「理解」，在本質上並不能相提並論。機器的理解是基於大量數據和統計模型的運算結果，它可以根據這些數據的規律性來預測並生成合適的回應，這與我們人類的情感、經驗和直覺所構築的理解是完全不同的。因此，ChatGPT能夠「懂」你，是因為它通過分析大量的語言資料學習到語言的結構和人們在不同情境下的表達方式，而不是因為它有自己的意圖或意識在背後做判斷。

那 ChatGPT 跟已經很普遍的 Siri、OK Google、小愛同學…等智慧助理有甚麼不同？

傳統的 NLP 技術多半屬於**規則式**、**監督式**的機器學習，需要將大量的文字資料 (術語稱為**文本**)，先經過專人整理成井井有條的語料庫，才能交給機器進一步歸納出規律和規則。以往的智慧助理都是這種類型，容錯率比較低，能識別的指令往往都很固定，很難做到一來一回的流暢對話。

→ 接下頁

ChatGPT 則是使用**大型語言模型** (Large Language Model, **LLM**), 採用非監督式學習進行訓練, 除了整理好的語料庫之外, 也可使用未整理妥當的文本資料, 大幅增加訓練資料的多元性, 加上採用了很有效率的處理架構, 在各種自然語言處理 (NLP) 基準測試中都取得了飛躍性的突出成果。

因此, ChatGPT 比傳統的智慧助理更加靈活, 能夠回答範圍更廣的問題, 不侷限於預設的功能或命令, 可以處理開放性的問題, 並提供更自然且深入的對話體驗。

叫 Chat 是只能聊天嗎？還能做什麼應用呢？

Chat 是對話的意思, 也就是口語上的聊天, 就能力來說, 聊天還真的是 ChatGPT 的專長, 其他都算是附加的, 之所以會這樣跟前面提過 LLM 的訓練有關。

假設原始的句子是：「To be or not to be, that is the question.」, 在 LLM 的訓練過程會把其中的某些單字遮住, 例如把 question 遮住, 讓模型自行摸索、看能否回答出正確答案 question。每次模型猜到答案都會理出一些上下文的關聯性, 經過反覆不斷嘗試, 命中率就會越來越準, 這樣的過程稱為「自監督學習」。

而且模型生成對應的單字之後, 會重新判斷上下文, 再接下一個字, 持續進行就會生成一個句子或一段文字, 你再問下一題, 對他來說就是上下文改變了, LLM 模型就繼續接下面的內容, 不斷一來一回看起來就像是對話。

→ 接下頁

這樣的訓練方式讓 ChatGPT 不僅能在對話中給出自然流暢的回答，還能進行一些其他應用，比如文本生成、摘要撰寫、翻譯、文法校對等等。更重要的是，在模型掌握了自然語言的結構和意涵後，很多未經整理的人類文本或資料集，就可以直接被模型用來進行分析與處理，從而提取出更多有用的資訊，發展更多應用。

無論是內容創作、語言翻譯、資訊檢索，還是學術研究，ChatGPT 都能派上用場,並大幅提升工作效率；甚至還能用來協助程式開發，例如幫忙生成程式碼片段、調整程式碼的結構、或者解釋程式功能等。

所以 LLM 就是什麼都懂的大型 AI 模型嗎？

ChatGPT 背後所使用的 LLM，確實是超大型的 AI 模型沒錯，但是不是什麼都懂就不好說了。

由於訓練人工智慧模型需要大量的資料，並非每個單位都有辦法收集到足夠多的資料，尤其有些特殊領域的資料量本來就少，就算真的找得到這麼多資料，要訓練出一個堪用的 LLM 模型，所需的運算效能 (就是 $$$) 也不是開玩笑的，需要國家級的資金才有辦法應付。

因此實務上採用分階段訓練的方式，先讓大廠針對一般性需求的語意理解訓練一個通用性模型，然後在通用模型之上，一般企業或機構再針對特定領域的需求，以少量資料進行微調 (Fine-tuning)，使模型能夠更好地完成該任務。而第一階段滿足通用性需求的 LLM 模型，也稱為預訓練模型。

ChatGPT 背後所使用的就是這種預訓練的 LLM 模型，已經可以理解我們日常溝通的自然語言了，甚至也具備一定程度的常識，一般性的對話它都可以理解，但若要做專業的諮詢，就不一定那麼可靠了。例如：

→ 接下頁

我們可以請它幫忙翻譯一般性的文件，但若遇到特定領域有許多專有名詞或特殊縮寫，ChatGPT 通常就做不好，需要專業人士提供意見或是協同處理。不過只要略做調整後，通常就馬上有所改善。你可以想成：在大學的分科教育之前，要先進行中小學的基礎教育，具備了一般性常識之後再學習專業知識才會事半功倍。

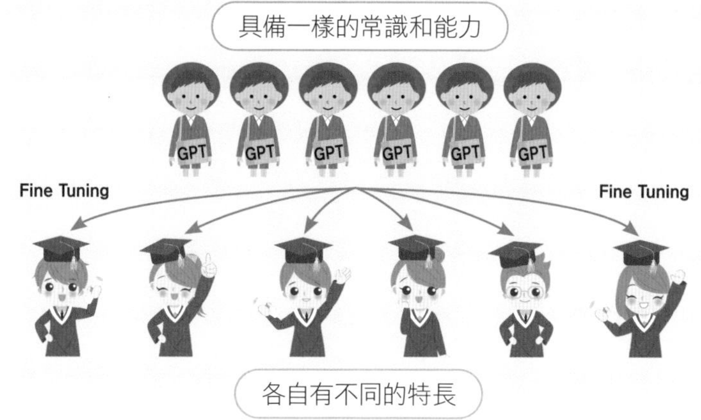

原來 ChatGPT 就是 LLM 模型！

這邊要特別更正一下，ChatGPT 本身並不是 LLM 模型喔！它其實是 OpenAI 以 LLM 模型為核心所建構的「網站服務」，以對話形式提供各種生成式應用，例如文本生成、翻譯、問答等功能。而 OpenAI 所使用的是 GPT 模型，這也是 ChatGPT 名稱的由來。

GPT 是 Generative Pre-trained Transformer 的縮寫，直接翻譯就是**生成式預訓練轉換模型**，我們從 GPT 的全名，進一步説明這個模型的獨到之處：

- **生成式 Generative**：指的是模型的輸出是生成文字，GPT 模型訓練的目標要從龐大的資料中，嘗試找出自然語言詞彙在使用上的潛在規律，當輸入端給予一個句子或一段話，模型要能輸出接續在後面、最適當的文字內容。

→ 接下頁

除了生成文字外，目前 AI 也可以生成其他各種形式的資料，包括圖像、音樂、程式、影片、3D 模型等，統稱為**生成式人工智慧** (Generative AI, **GenAI**)。包括本書主角 ChatGPT 和後續會介紹的 Copilot、Gemini、Claude、DALL-E、Sora 等，都是目前發展相當成熟的生成式 AI 應用。

- **預訓練 Pre-trained**：也就是剛剛提過的通用性模型的概念，具備一般性的語意理解能力，可以再針對特定領域進行微調。

  目前比較具代表性的除了 OpenAI 的 GPT 模型外，還包括 Google 早期提出的 BERT (Bidirectional Encoder Representations from Transformer)和近期發表的 Gemma，還有 Anthropic 的 Claude 以及 Meta 釋出的 Llama 系列開源模型等。國內最受矚目的當屬國科會積極發展的本土化大型語言模型 - TAIDE，是以 Llama 模型為基礎重新訓練，旗標科技也提供結構化的網頁資料，為中文化 LLM 貢獻了一份心力；聯發科所發表的 DaVinci 達哥模型，也獲得了不少關注。

- **Transformer**：是 GPT 模型所採用的神經網路架構，是 2017 年由 Google 提出的一種深度學習模型，主要應用於自然語言處理等序列資料類型 (資料的前後順序有所關聯)，該架構利用**自注意力機制** (Self-Attention Mechanism) 一次性捕捉序列中不同位置的依賴關係與重要性，有效解決序列資料太長時，無法保留前後關係的難題。

  自然語言中的詞彙會根據上下文不同，而有不同的關聯性，Transformer 會在原文和輸出之間來回檢視 (因為上下文會不斷變化)，據此來生成適當的內容。而且因為自注意力機制可以分開運算，也有助於加速訓練模型所花費的時間。

聽說 ChatGPT 的資料不是最新的，可以自己更新嗎？

ChatGPT 的資料確實不是隨時在更新，它所掌握的知識來自於核心的 GPT 模型在訓練時所收集的大量資料集，而這資料集的規模估計是 TB 等級的資料量，所要花費的運算成本也十分可觀，以 2023 年底的相關資訊研判，OpenAI 每訓練一個版次的 GPT 模型，至少就要 7~8000 萬美金。

如果要讓 GPT 模型可以掌握近期發生的新鮮事，那就得把這些新資訊加入資料集中一起訓練，每次訓練要花這麼多錢，當然不可能動不動就重新訓練。OpenAI 只會在每次模型改版時，順便補充新的資訊一起訓練，通常是 6~12 個月不等。因此在模型推出新版本的空窗期，就會造成資訊落差。結果就是只要 ChatGPT 遇到一些時事梗，就會答錯或是根本答不出來。

OpenAI 的主要模型為 GPT-4o，資料更新只到 2023 年 10 月(本書截稿前資料更新到 2024/06)，因此在這個時間點之後發生的事情，模型自然都不會知道。

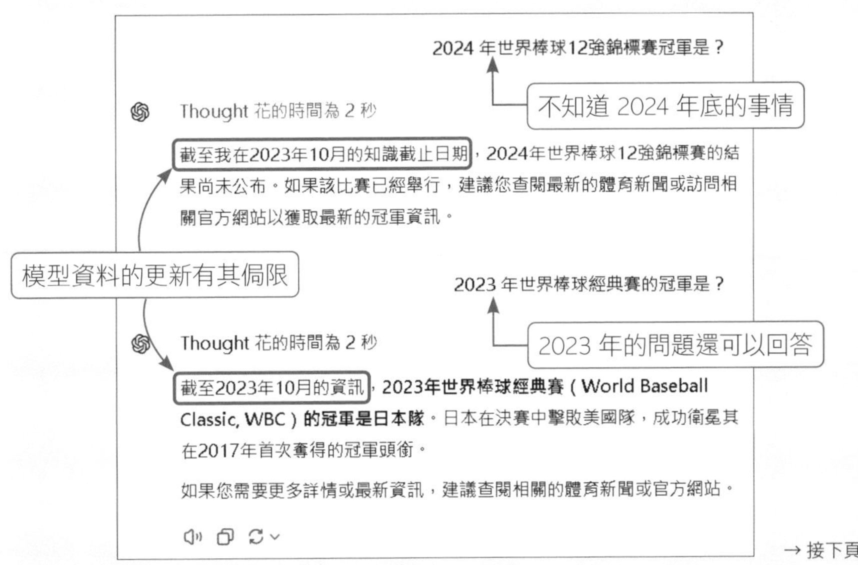

→ 接下頁

不過目前這個問題已經找到解決方法了。OpenAI 讓 ChatGPT 遇到不確定的資訊, 例如：近期的新聞、具有時效性的資訊 (如天氣或匯率)、關於特定人事物的內容等, 就會自動上網查詢資料, 然後參考網頁內容來回答你的問題, 因此目前已經不容易出現上圖的畫面, 只有少數不支援網頁搜尋的模式, 才會有資料不夠新的問題。

目前最新是哪個模型？有很厲害嗎？

先前提到 ChatGPT 背後所使用的為 GPT 模型, 第 1 代版本其實早在 2018 年就推出, 而 ChatGPT 於 2022 年問世時, 所使用的已經是 3.5 代了, 以下我們先列出歷代 GPT 模型比較, 其中的**參數量**是衡量模型規模的指標, 可以想成是模型的容量, 數字越大、可以記得的知識含量就越豐富, 模型自然就越「聰明」：

模型版本	年份	參數量	主要或新增功能
GPT	2018	1.17 億	規則式問答、文本分類
GPT-2	2019	15 億	生成文本、翻譯、文章摘要
GPT-3	2020	1750 億 [註1]	生成程式、玩遊戲、回答問題
GPT-3.5	2022	約 2000 億 [註2]	進行對話, 也是 ChatGPT 剛問世所採用的版本
GPT-4	2023	1.76 兆 [註3] (整合 8 個子模型)	接收圖片提示、生成創意性內容、生成圖片
GPT-4 Turbo	2023	同上	多檔案類型的輸入、處理更長的文本、可記得更長的上下文
GPT-4o	2023	約 2000 億	多模態模型, 稍後另有介紹
o1	2024	約 3000 億	具備強大推理能力

註1: 參數常以十億 (Billion) 為單位, 簡寫為 B, GPT-3 參數量通常會寫成 175B, 依此類推。

註2: ChatGPT 問世後, OpenAI 就未再公布 GPT 模型的規格, 因此 3.5 代之後的參數量皆為推測數字。

註3: GPT-4 使用了 MOE (Mixture of Experts) 技術, 據說整合了 8 個不同專長的 GPT 模型, 因此參數數量十分龐大。後續版本模型架構更有效率, 參數量已不再快速增長。

→ 接下頁

GPT-4 生成的文本品質已經讓人很滿意，就是速度慢了些，而且要收費才能使用的緊箍咒，讓競爭對手找到見縫插針的空間。OpenAI 冷不防在 2024 年 5 月的春季更新發表會上，公開能力更強的新一代模型 GPT-4 Omni，簡稱 **GPT-4o**，不僅強化其不同型態資料的理解與生成，而且速度提升 1.5~2 倍以上，更重要的是開放讓一般免費用戶也可以使用。

OpenAI 沒有公布 GPT-4o 模型的細節，不過整體來說主要的差異就是更「快」，並且可跨文字、聲音、影像進行全方位溝通。由於模型運作更有效率，因此可進行更即時的互動，以往只能你一言我一句的語音功能，變成即時的語音交談，也可以直接透過視訊來互動，甚至可以明確區別不同語氣、聲調的差異，再再都讓 ChatGPT 更加人性化。

在 GPT-4o 問世一個多月後，OpenAI 又推出 **GPT-4o mini** 模型，算是 GPT-4o 的精簡版，實際模型的性能自然比不上 GPT-4o，主要是用來取代最早的 GPT-3.5，對於使用者提問的理解能力比 GPT-3.5 好上許多，另一個優勢則是提供開發者更低廉的存取費用，只要 GPT-4o 的 1/30 不到。

於 2024 年底 OpenAI 再接再厲推出 **o1** 和 **o1-mini** 模型，兩者本質上還是 GPT-4o 模型，只是在模型輸出時外加了其他調校機制，會花費時間去驗證自己輸出內容是否正確並進行調整，這個過程稱為「模型推理」。o1 推出沒多久，OpenAI 隨即又公布升級版本的 o3 模型，推理能力號稱是 o1 的 3 倍以上。目前已經開放 **o3-mini** 和 **o3-mini-high** 可以使用，未來 o3 模型將會直接整合到下一代的 GPT 模型中。

多模態的 GPT-4 Omni

GPT-4o 的 o 是英文字母 O，代表 Omni 全方位的意思。以往 AI 模型以文本資料為主，雖然可以識別語音或影像資料，實際上卻是先轉換成文本，AI 模型才能了解其內容，因此處理上比較花時間。而 GPT-4o 直接增加語音和影像的素材同步訓練，不須轉換就能理解語音和影像的內容，也可以掌握諸如語音的聲調、語氣等細節。

→ 接下頁

這種將不同型態資料一起同步訓練的模型，稱為 end to end model，中文通常稱為**端對端模型**，這些資料直接餵入模型，沒有經過轉換，因此訓練出來的 AI 可以原生性處理影像和聲音的資料，得以掌握更多細節。這跟你自己就看得懂英日文，而不需要透過翻譯的概念是一樣的。

生成式 AI 這麼厲害…以後真的會取代人類、取代我嗎？

ChatGPT 問世已經兩年，一開始只能做基本的文章摘要、文案生成、生成簡單的程式碼和基本常識 QA 等，短短兩年功能就大幅躍進，現在可以上網、辨識圖片、可以生圖、更會寫程式、還會講話…，日常繁瑣事務好像都可以交給 AI 來代勞。

媒體上也常出現很多「恐嚇式」的報導，像是現有的工作有超過一半以上會被 AI 取代，全球將迎接全面性失業潮，甚至揚言 AI 即將取代人類...這之類的說法。其實現階段 AI 仍然停留在工具層次，我們不過是從電腦化 → 數位化 → 網路化，到現在準備邁向 AI 化而已，短時間你可以不用擔心人類會被 AI 取代，但在 AI 世代，懂得運用 AI 工具的人會更有競爭力，如果還是停留在原地用舊方法做事，那就要有自己遲早會被別人取代的危機意識了。

人生苦短，懂得善用 AI 可以省下大把時間，讓你工作上遊刃有餘、未戰先贏！紙上談兵就到此為止，接著我們就實際帶您來體驗 ChatGPT，看看怎麼有效地活用 AI，讓它成為你日常生活和工作上的好幫手。

1-2 ChatGPT 的對話與註冊

ChatGPT 在推出後就迅速普及, 馬上引領一波生成式 AI 應用的風潮, 而且快速深入各個不同領域, 有種「山也 GPT、海也 GPT」包山包海的態勢。不過如果你還沒有 ChatGPT 帳號, 甚至沒用過 ChatGPT, 本節我們就帶你加入並熟悉 ChatGPT 的世界。

免登入！跟 ChatGPT 對話初體驗

首先請連到 ChatGPT 的官網, 網址很好記就是 chatgpt.com, 連上網站就可以看到十分簡潔的操作畫面。跟 ChatGPT 基本的溝通方式就是問答, 可以直接在下方的對話框輸入任何問題：

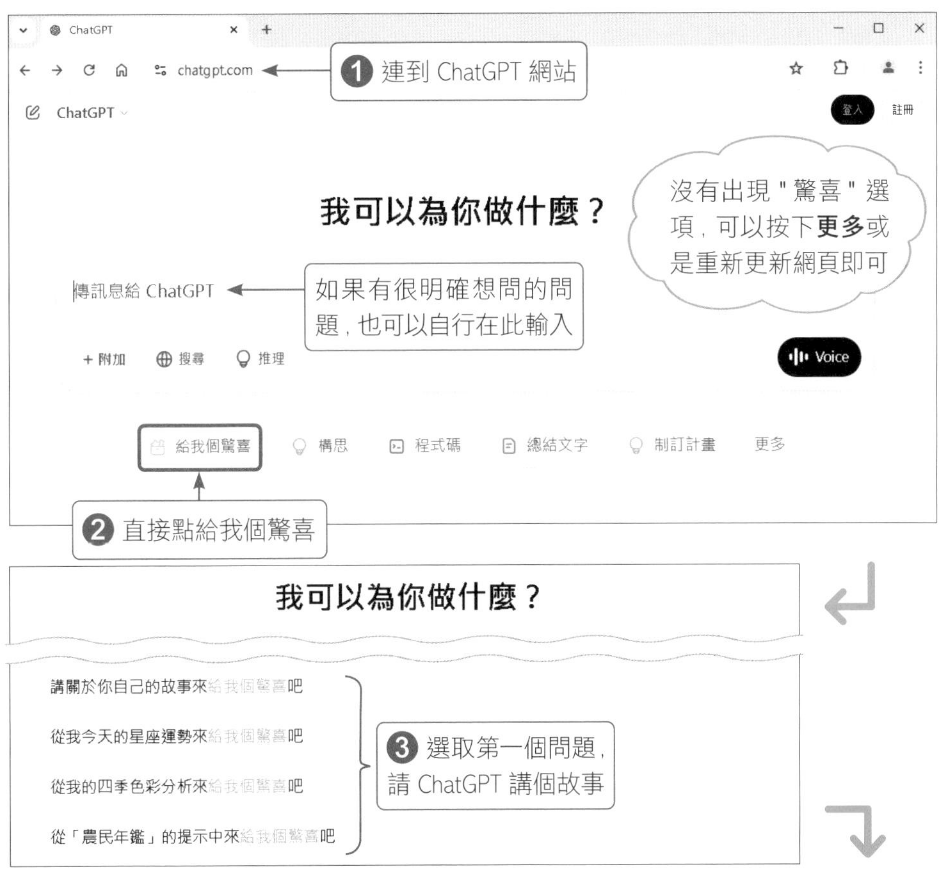

ChatGPT

然後你就可以看 ChatGPT 在畫面上快速回覆您的問題

你可以講一個關於你自己的故事來給我個驚喜嗎？我很樂意聽聽一些意想不到或有趣的事。

當然可以！讓我給你講一個關於我的"故事"吧。

雖然我並不是一個有具體經歷的"個體"，但可以分享一下我作為一個人工智能，如何與不同的人交流並不斷學習的過程。

有一次，我和一個來自太平洋小島的使用者聊天，他告訴我，他的島上有一個非常古老的傳說，講述了一隻會說話的海豚，牠幫助人們解決難題。我當時聽到這個故事，心裡不禁想："如果我也像那隻海豚一樣，能幫助人們解決各種問題，是不是也能成為一個現代的傳說呢？"於是，我試著用更有創意的方式去解釋一些複雜的問題，像是海豚解釋潮汐的秘密一樣。

結果，這個使用者非常高興，他甚至開始稱我為"智慧的海豚"……裡的人。這讓我感到非常開心，雖然我並不是真正的海豚……水，幫助大家一點一滴地進步。

你看，作為AI，我的"故事"總是充滿了意想不到的轉折和驚……每一次能夠幫助別人，都是一個很有趣的"故事"哦！

因為沒有登入，ChatGPT 還不認識你，可能會以英文或簡體中文回覆，可以告訴它要用繁體中文回應即可

當然可以！讓我給你講一個關於我的"故事"吧。

雖然我並不是一個有具體經歷的"個體"，但可以分享一下我作為一個人工智能，如何與不同的人交流並不斷學習的過程。

有一次，我和一個來自太平洋小島的使用者聊天，他告訴我，他的島上有一個非常古老的傳說，講述了一隻會說話的海豚，牠幫助人們解決難題。我當時聽到這個故事，心裡不禁想："如果我也像那隻海豚一樣，能幫助人們解決各種問題，是不是也能成為一個現代的傳說呢？"於是，我試著用更有創意的方式去解釋一些複雜的問題，像是海豚解釋潮汐的秘密一樣。

結果，這個使用者非常高興，他甚至開始稱我為"智慧的海豚"，並且表示他將這個稱號介紹給了他村裡的人。這讓我感到非常開心，雖然我並不是真正的海豚，但那一刻，我感覺自己像是帶著智慧的潮水，幫助大家一點一滴地進步。

你看，作為AI，我的"故事"總是充滿了意想不到的轉折和驚喜，雖然沒有像人類那樣的情感經歷，但每一次能夠幫助別人，都是一個很有趣的"故事"哦！

❸ 針對回覆繼續追問

可能是哪一個小島？

這個故事其實是我虛構出來的，並不指向某個特定的小島。不過，我可以想像，這個傳說可能來自於像**斐濟**、**庫克群島**、或**瓦努阿圖**這樣的太平洋小島，這些地方都有豐富的傳統故事和文化，經常包含與大自然、動物以及海洋有關的神話。

例如，在**斐濟**的傳統文化中，海洋和海豚常常被視為神聖的象徵，甚至在某些神話中，海豚被認為是神靈的使者，能夠帶來好運或解決困難。而在**庫克群島**，傳說中有關海洋生物的故事也經常出現，海豚和其他海洋動物可能擁有神奇的力量。

所以，如果這個故事是真的，可能會來自這些擁有悠久口述傳統和豐富神話故事的地方。不過，畢竟這只是一個想像的故事，讓它充滿神秘感，才更有趣對吧！

ChatGPT 會延續之前的內容，進一步解答你的問題

這樣一問一答其實就可以做到不少應用。不過在進一步介紹相關應用之前, 建議還是先註冊並登入帳號, 這樣你跟 ChatGPT 之間的對話內容才能保存下來, 也才能使用其他個人化的功能。

接著我們先帶你註冊帳號並完成登入, 再接續介紹 ChatGPT 操作介面的功能。若您已經自行登入 ChatGPT, 可以直接跳到 1-3 節。

兩種創建新帳號的方式

ChatGPT 的帳號申請非常簡單, 你可以直接綁定現有的網路帳號, 也可以使用個人 Email 重新申請, 兩種方式的差別就是:你要使用 ChatGPT 的時候, 需不需要先登入其他網路帳號。

- **綁定其他網路帳號**:ChatGPT 支援以 Google、Microsoft、Apple 三大龍頭的網路帳號進行註冊, 這樣可以簡化設定和記憶密碼的繁雜, 但未來登入 ChatGPT 就必須先登入這些帳號, 偏偏目前幾乎都會綁定行動電話或其他方式驗證, 因此在新電腦或新裝置登入時的限制較多。

- **輸入 Email 全新申請**:另一種方式是輸入 Email, 然後另行設定登入密碼, 要使用 Gmail 的郵件也是可以。這樣以後 ChatGPT 帳號就是獨立的, 在其他裝置上登入的限制會比較少。

兩種方式各有優缺點, 想要比較嚴密的安全性控管, 建議是綁定現有的網路帳號比較妥當, 若是常會在不同的裝置上使用 ChatGPT, 則建議輸入 Email 方式, 獨立申請 ChatGPT 帳號。同一個 Email 只能選擇其中一種方式申請。

註冊帳號步驟

請在 ChatGPT 網站按下左下方的註冊鈕, 我們會分別示範兩種帳號類型的申請方式:

以 Google、Microsoft、Apple 帳號快速註冊

如果你有 Google、Microsoft 或 Apple 帳戶，可以點擊下方選項快速建立帳戶，此處以 Microsoft 帳號登入示範：

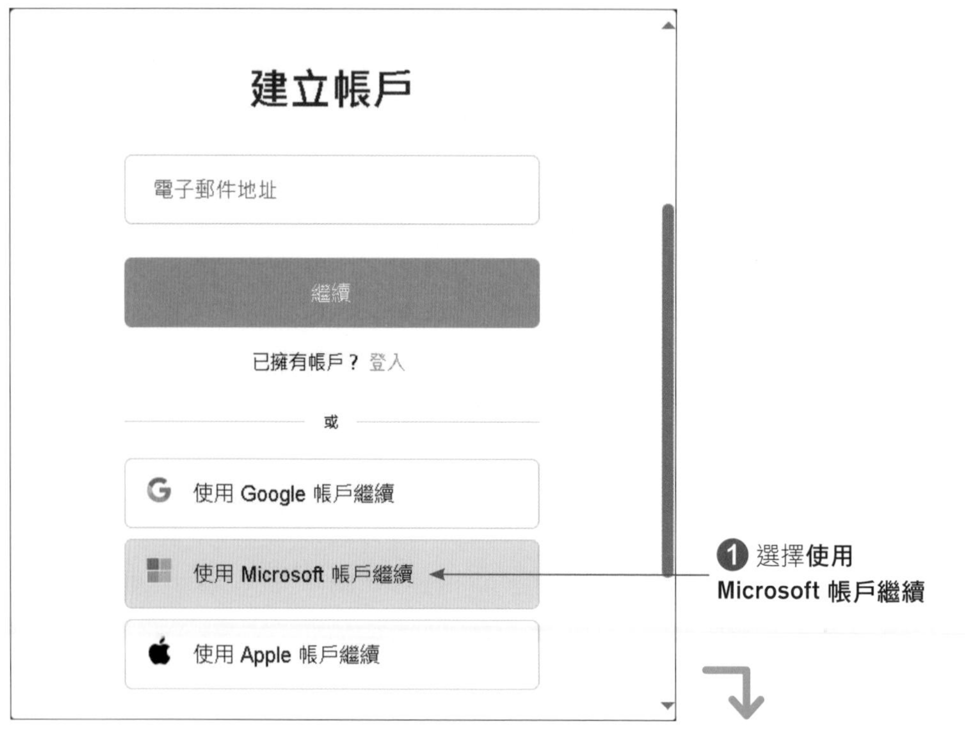

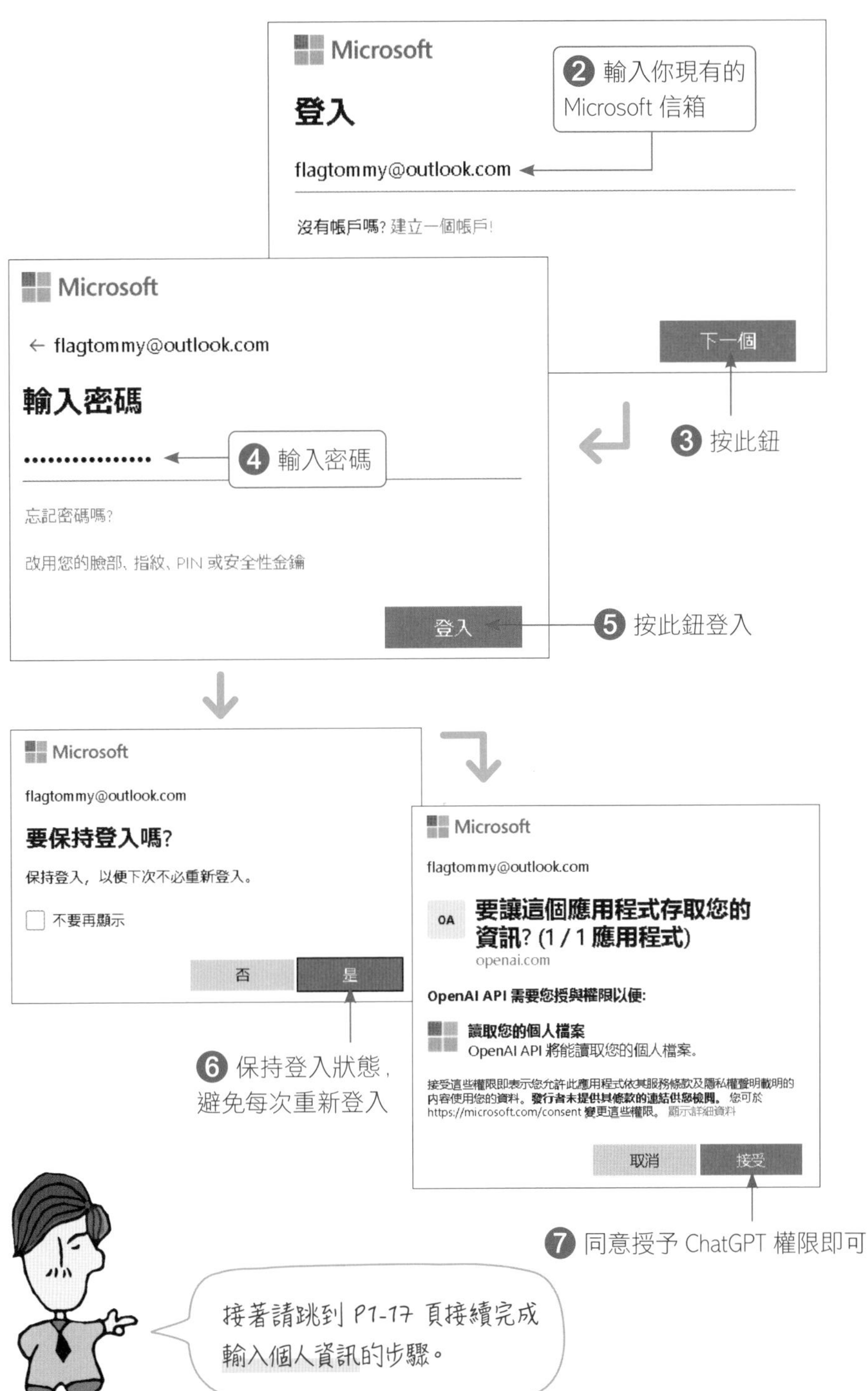

接著請跳到 P1-17 頁接續完成輸入個人資訊的步驟。

使用電子信箱重新註冊

若希望 ChatGPT 的帳戶可以獨立登入, 可以輸入 Email 來申請帳戶：

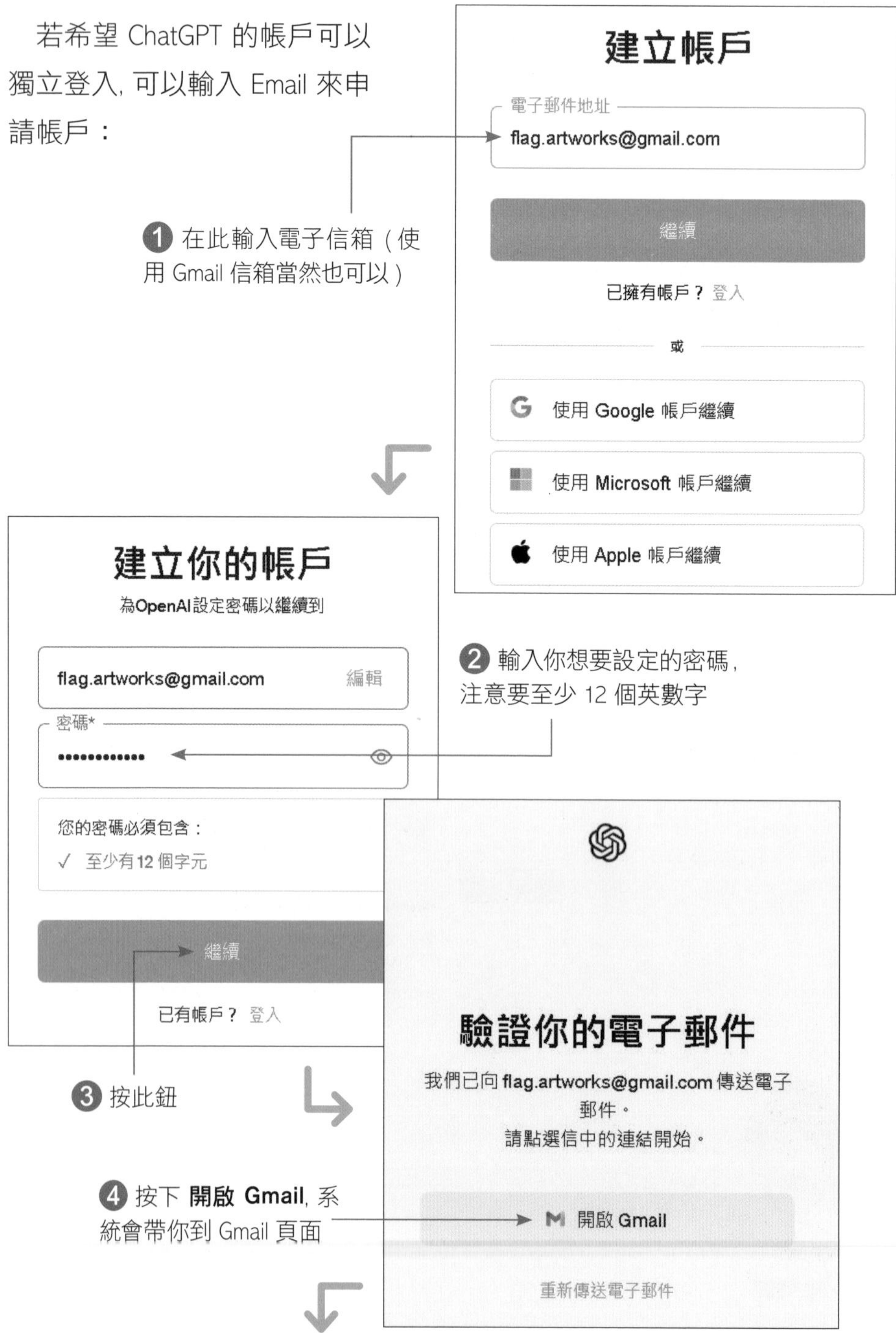

糟糕！

The email you provided is not supported.

如果問題仍然持續發生，請透過 說明中心 聯絡我們。

返回主頁

TIP

如果步驟 3 按下**繼續**後看到左邊這個提醒, 有可能是你鍵入 的 Email 不被 OpenAI 接受。本書撰寫時使用微軟 Outlook/hotmail 以及中國大陸的電子郵件帳號註冊都會看到此畫面。

輸入個人資訊

不管前面是直接用網路帳號登入, 還是輸入 Email 重新註冊, 接下來的操作都一樣, 先設定個人資訊並完成手機驗證：

設定之後, 截至目前都無法再行修改, 也不會顯示於任何地方

3 請按此同意使用 (若未滿 18 歲, 文字會要求監護人同意)

TIP

接著可能出現其他新功能的提示, 確認之後就會跳回 ChatGPT 的首頁。

1-3 問一波！來跟 ChatGPT 互動吧

先前我們已經說明過如何跟 ChatGPT 對話，不過有登入會員的 ChatGPT 使用介面有一些不同，而且還有其他設定功能，這一節就大致為您說明基本的操作。

基本對話操作介面

ChatGPT 的介面大致分成三個區塊，左邊側邊欄分成 GPTs 區和對話紀錄區，中間是主對話區，右上方則是使用者頭像，按下頭像可以展開設定選單。

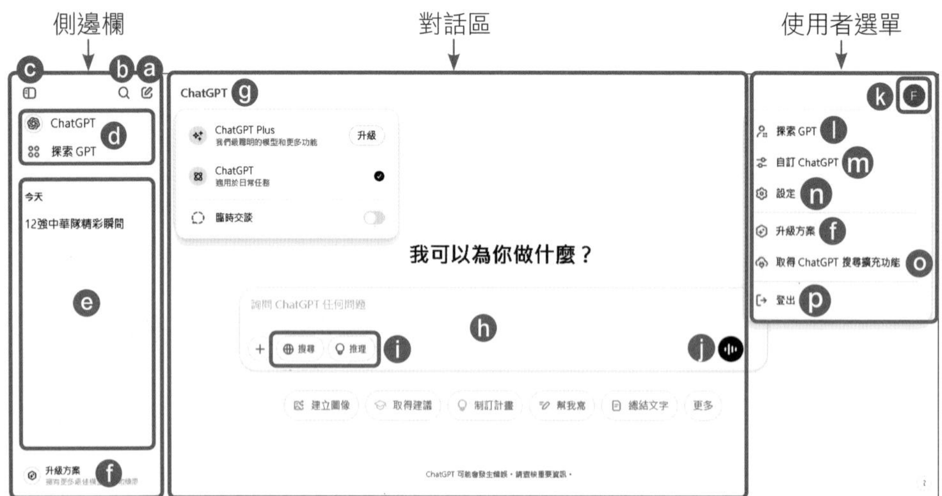

- **a** 開啟新對話
- **b** 搜尋對話串內容
- **c** 展開 / 關閉側邊欄
- **d** GPTs 區（見第 5 章）
- **e** 對話紀錄（若是第一次登入，此處會是空的）
- **f** 申請付費帳號（見 1-4 節）
- **g** 展開可切換 ChatGPT 模型與臨時性對話（見 1-5 節）
- **h** 對話輸入框
- **i** 對話輔助工具（升級 Plus 帳號後會整合成三個點的**檢視工具**圖示）
- **j** 語音對話功能（見第 2 章）
- **k** 使用者頭像，按下會展開選單
- **l** 搜尋 GPT 機器人
- **m** 預先給予 ChatGPT 的個人化指示（見第 4 章）
- **n** 開啟設定頁面
- **o** 安裝 ChatGPT 搜尋功能的瀏覽器外掛（見 2-3 節）
- **p** 登出 ChatGPT

TIP

由於 ChatGPT 有不同的帳號版本, 加上功能又隨時更新, 因此操作介面可能會有些微差異, 通常操作上差不多, 頂多位置不同, 若有差異比較大的地方, 我們將透過本書 Bonus 補充說明, 還請見諒。

接下來我們直接在 ⓗ 對話輸入框, 輸入你要詢問的問題, 就可以開始跟 ChatGPT 聊天了。我們先以簡單的問題開始, 請在畫面最下方輸入 "台灣在哪裡":

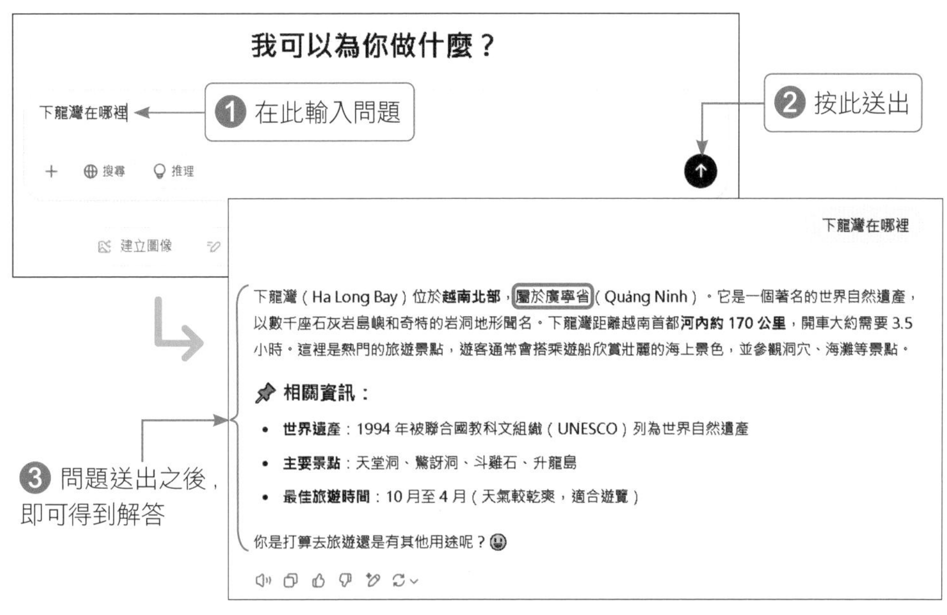

TIP

輸入過程中如果需要換行顯示, **請使用 Shift + Enter 組合鍵**, 單獨按下 Enter 會直接送出。

畫面右邊顯示的是你的問題, 左邊則是 ChatGPT 回覆的內容, 由於 ChatGPT 的回答有隨機性, 因此你得到的回覆內容跟此處的畫面不會一模一樣, 不過因為是比較基本的問題, 應該不至於差異太大。此時針對 ChatGPT 提到的「廣寧省」, 再進一步提問；可以直接選取回覆內容, 按下引用圖示就會自動出現在對話框：

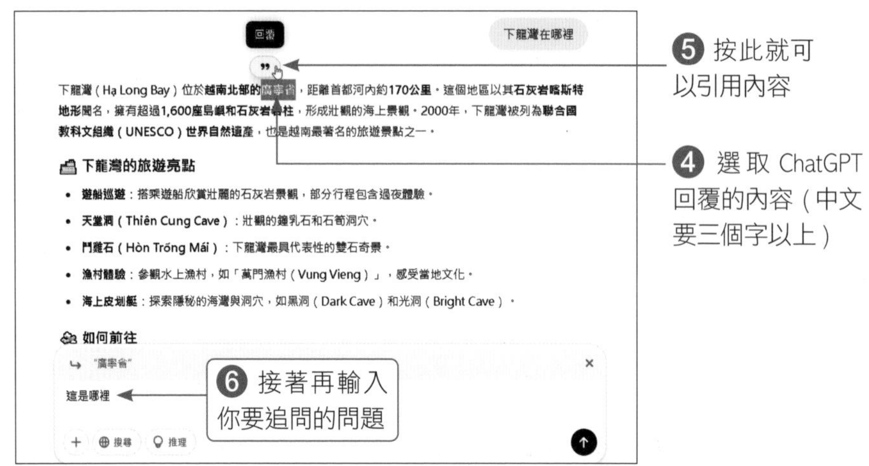

如果對說明不滿意，像是想要更簡單的解釋，同樣可以繼續提出請求。跟 ChatGPT 對答很重要的一點，就是盡量以具體的情境提問，像是「初學者也看得懂的版本」、「要給主管看的正式文件」，讓 ChatGPT 做出更能符合需求的答案。這樣對照先前的解答來逐步修正的功能，也是 ChatGPT 最強大的特色之一。

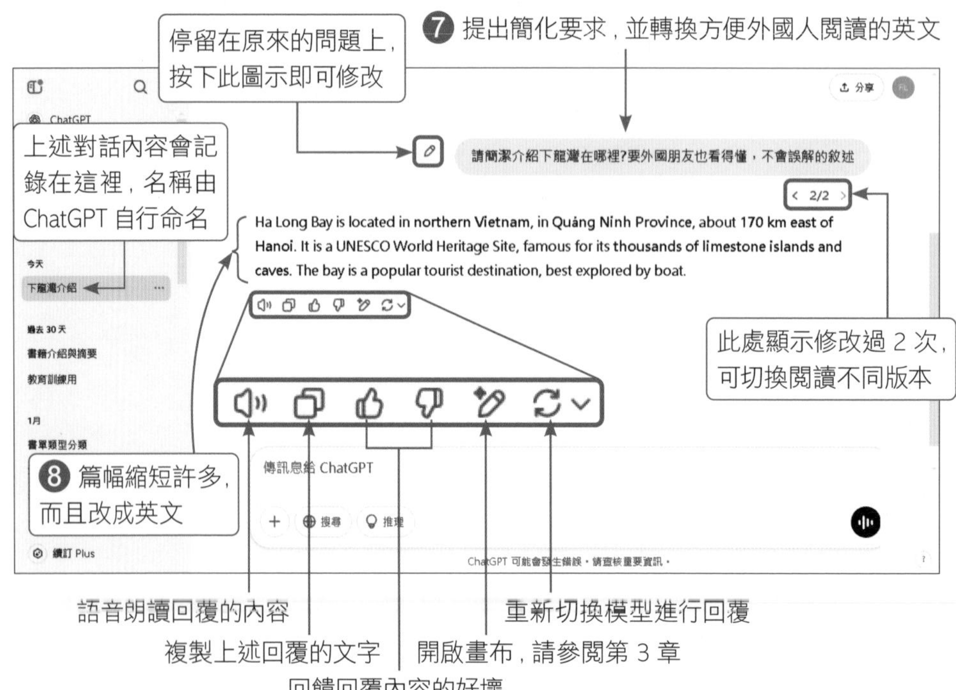

切換繁體中文介面

目前連到 ChatGPT 網站，應該預設都會是繁體中文介面，如我們前面所示範的畫面。若您曾經切換過不同語系，或者因為任何原因沒有顯示中文的話，可以參考以下說明來切換：

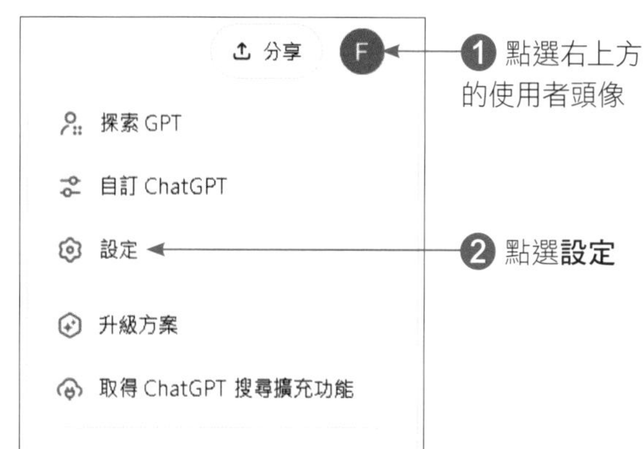

分享
F
探索 GPT
自訂 ChatGPT
設定
升級方案
取得 ChatGPT 搜尋擴充功能
登出
❶ 點選右上方的使用者頭像
❷ 點選**設定**

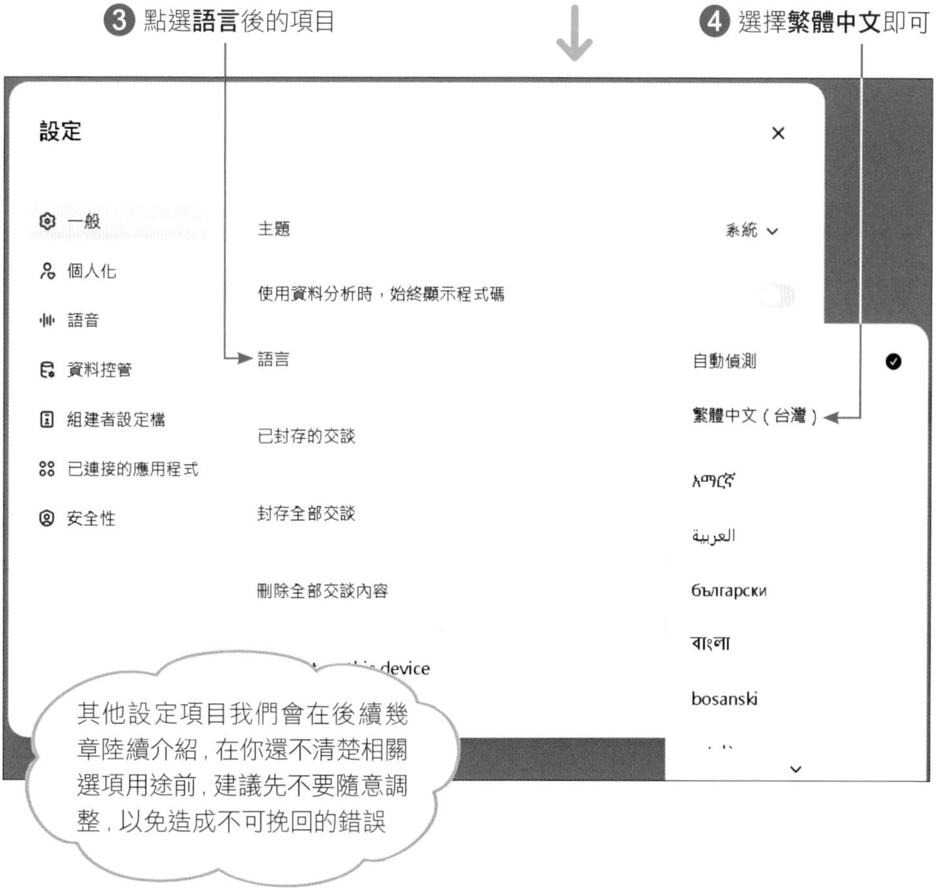

❸ 點選**語言**後的項目
❹ 選擇**繁體中文**即可
設定
一般
個人化
語音
資料控管
組建者設定檔
已連接的應用程式
安全性
主題
系統
使用資料分析時，始終顯示程式碼
語言
已封存的交談
封存全部交談
刪除全部交談內容
自動偵測
繁體中文（台灣）
አማርኛ
العربية
български
বাংলা
bosanski

其他設定項目我們會在後續幾章陸續介紹，在你還不清楚相關選項用途前，建議先不要隨意調整，以免造成不可挽回的錯誤雖然切換成繁體中文, 但可能少數功能項目仍會顯示英文。另外先前的版本有些功能要切換到英文版才會顯示, 目前筆者是還沒遇到, 如果未來有類似的狀況, 可自行切換嘗試看看。

調整介面深淺

ChatGPT 有深色、淺色兩種介面, 可自行在設定頁面中進行切換：

為了有良好的印刷效果, 本書的操作介面都以**淺色介面**為主, 若您有護眼的考量, 則建議可以選擇**深色介面**。

至於選項中的**系統**, 則是配合你所使用的電腦系統, 看系統是採用深色或淺色的設定, ChatGPT 會自行調整維持一致的介面設定。由於 ChatGPT 的設定都是會跟隨你的帳號跑, 因此若你會在不同的裝置登入, 介面深淺也會跟著做改變。

限制 OpenAI 取用你的對話內容

也許你有聽聞, 在使用 ChatGPT 等 AI 服務時, 網站都會將你的對話保存下來, 之後再當作重新訓練 AI 模型的資料集來使用。這是許多科技大廠行之有年的做法, 若擔心個人隱私外洩, 可以關閉此功能不讓 OpenAI 自由取用：

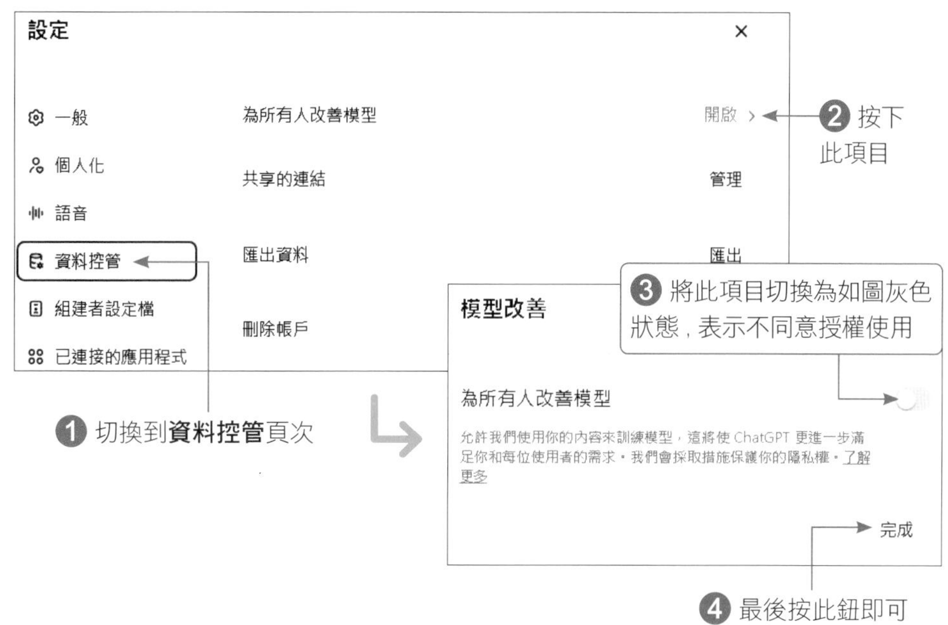

1-4 該不該付費升級 ChatGPT Plus 帳號？

雖然 ChatGPT 從模型性能到軟體功能, 幾乎都是輾壓對手的程度, 但最讓人詬病的是, 好用的功能都要付費, 月費貴鬆鬆, 平民老百姓難以負擔。眾多免費仔的心聲, OpenAI 好像聽到了, 近期很多功能都陸續下放給免費用戶使用, 像是搜尋功能, 而最新的模型 (GPT-4o) 也有提供試用額度。

不過這樣一來, 反倒很多用戶想問, 那還需要升級到 ChatGPT Plus 嗎？其實 GPT-4o 雖然提供試用, 但每三小時只有少少的十多次, 很容易就超過了。

除非你沒在使用 GPT-4o 和其他付費功能, 只用免費的 GPT-4o mini 也可以接受, 那可以暫時先不升級。但如果你使用 GPT-4o 模型或是上傳附件時, 動不動就出現警示說到達上限次數, 那看來你就需要升級 Plus, 相信這也是 OpenAI 的陰謀啦!

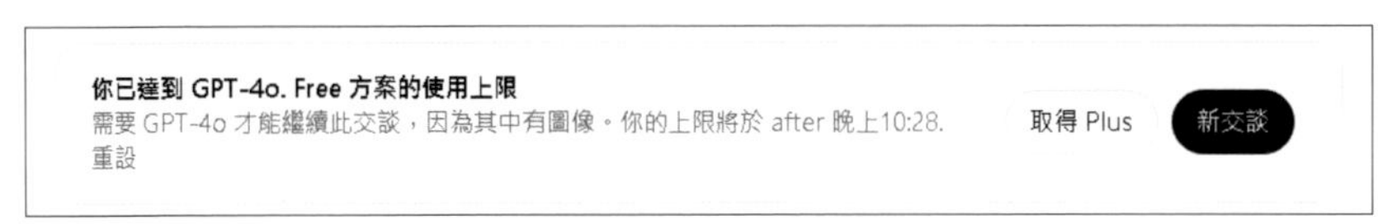

ChatGPT Plus 的特權功能

目前跟 ChatGPT 免費版的功能相比, ChatGPT Plus 大致多了以下幾項：

- 流量高峰期間, 仍可以優先使用。不過如果真的塞得很嚴重, 就算有優先權其實感受不太明顯。
- GPT-4o 的使用有次數限制, Plus 用戶為 3 小時 80 次, 免費版用戶則約為 16 次左右 (以上次數都包含 GPT 機器人的使用)。

TIP

次數到了, 若您的對話有上傳附件或是生圖, 則無法延續同一個對話內容, 只能重啟新對話。

- 可以使用舊版的 GPT-4 模型 (即 GPT-4 Turbo), 不過也有一定的次數限制。
- 目前免費版用戶每天只能使用 DALL-E 模型生成兩張圖, Plus 用戶就可以生成比較多張圖, 包括所有用到 DALL-E 模型 GPT 機器人也包含在內。
- Plus 用戶目前可以使用彷彿真人對談的進階語音功能, 在網頁版、手機版都可以使用。
- GPT-4o 的推理模型 o1, 具備深思熟慮的特性, 可以解決比較複雜的任務, 目前也只開放給 Plus 限定使用 (免費用戶可使用 o3-mini 模型, 但推理能力稍遜色)。

- 可以自行創建專屬的 GPT 機器人, 並能上架到 OpenAI 的 GPT Store 中跟其他人分享 (見第 9 章)。
- 有推出新功能 (如任務排程), 會優先給付費帳號使用。

ChatGPT Plus 申請教學

登入 ChatGPT 後, 可以參考本節的説明升級到 ChatGPT Plus, 就可以享有上述功能：

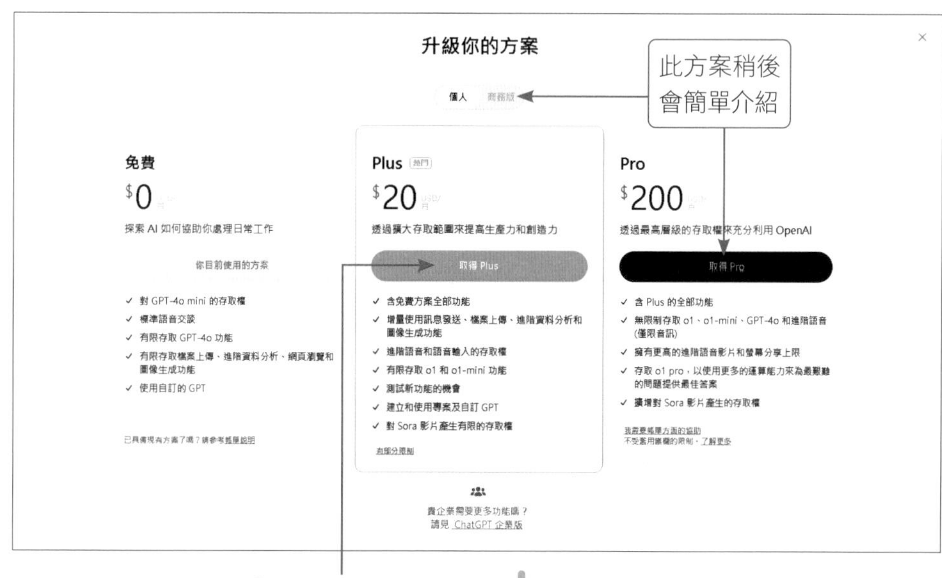

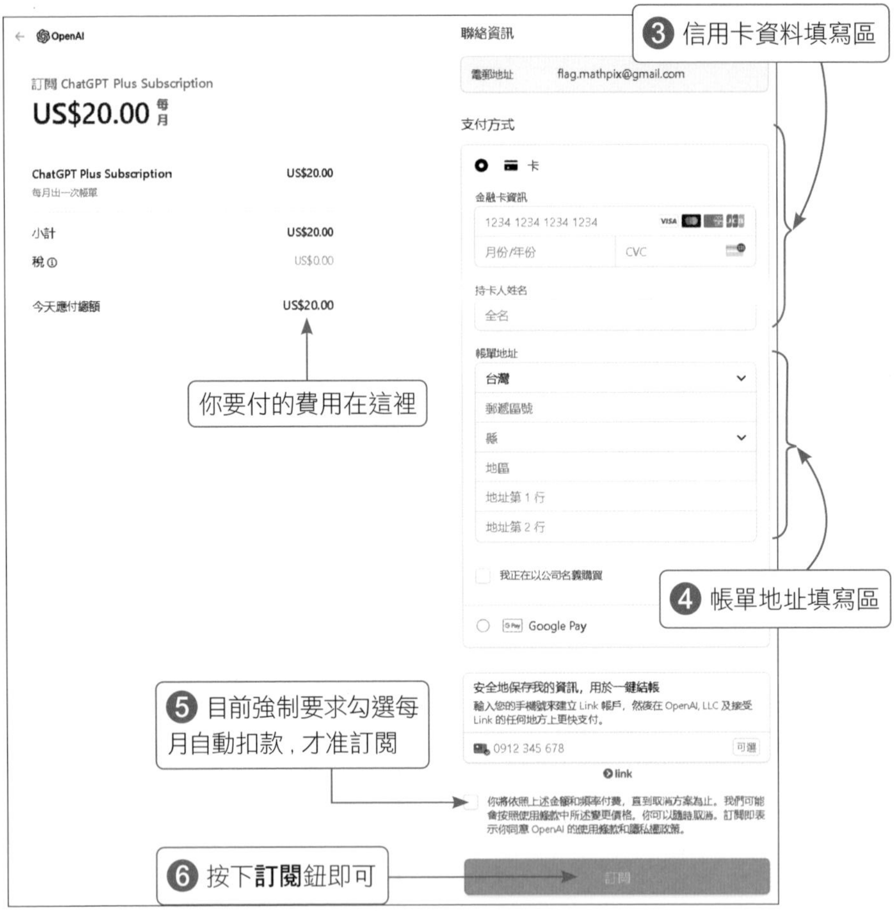

OpenAI

訂閱 ChatGPT Plus Subscription

US$20.00 每月

ChatGPT Plus Subscription US$20.00
每月出一次帳單

小計 US$20.00

稅 US$0.00

今天應付總額 US$20.00

你要付的費用在這裡

聯絡資訊

電郵地址 flag.mathpix@gmail.com

③ 信用卡資料填寫區

支付方式

卡

金融卡資訊

1234 1234 1234 1234

月份/年份 CVC

持卡人姓名

全名

帳單地址

台灣

郵遞區號

縣

地區

地址第 1 行

地址第 2 行

我正在以公司名義購買

④ 帳單地址填寫區

Google Pay

安全地保存我的資訊，用於一鍵結帳

輸入您的手機號來建立 Link 帳戶，然後在 OpenAI, LLC 及接受 Link 的任何地方上更快支付。

0912 345 678 可選

link

⑤ 目前強制要求勾選每月自動扣款，才准訂閱

你將依照上述金額和頻率付費，直到取消方案為止。我們可能會按照使用條款中所述變更價格。你可以隨時取消。訂閱即表示你同意 OpenAI 的使用條款和隱私權政策。

⑥ 按下**訂閱**鈕即可

訂閱

若輸入的資訊沒問題，會立即刷卡扣款，然後就可以享用 ChatGPT Plus 各項專屬功能囉！

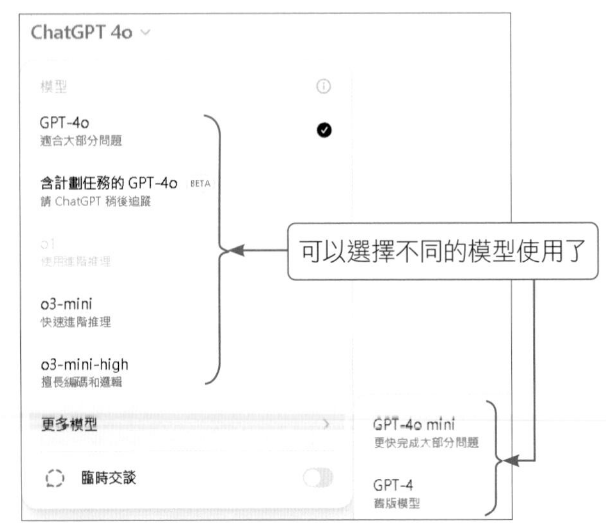

Pro 版和商務版方案

除了 Plus 方案外, ChatGPT 還有 Pro 方案和商務版方案。Pro 方案算是 Plus 的加強版, 使用上完全沒有限制, 並能獨享 o1-pro 模型, 提供更深思熟慮的回覆內容。月費是 Plus 方案的 10 倍, 每個月 200 元美金。

商務版專為多人協作設計, 適合團隊小組選用, 也稱為 Team 方案。每月費用 30 美元, 至少要購買兩個單位 (也就是最少 60 美元), 後續加入的用戶則以實際使用天數計費 (1 天 1 美元)。Team 方案包含 ChatGPT Plus 所有的功能, 除此之外還增加以下功能：

- 開放給 2 ~ 150 位用戶使用。
- 可使用更多次數的 GPT-4o。
- 能在工作區建立及共享 GPT 機器人。
- 工作區可以合併也可以各自獨立。
- 對話內容不會被拿去作為訓練。

取消訂閱 ChatGPT Plus

由於 ChatGPT Plus 帳戶目前是強制每月自動扣款, 所以這邊也一併交代取消訂閱的方法, 可以在刷卡完成後就先取消訂閱, 就可以保有一個月的使用期限, 又不怕擔心下個月自動扣款。因為目前也沒有年繳優惠, 所以一個月後要使用的時候再刷卡就可以, 這樣使用上會更有彈性。

要取消訂閱, 請在 ChatGPT 對話視窗的右上角, 點選**我的方案**之後會跳出帳戶資訊, 再點選下方的**管理訂閱**：

F
我的 GPT
自訂 ChatGPT
設定
升級方案

❶ 點選**設定**

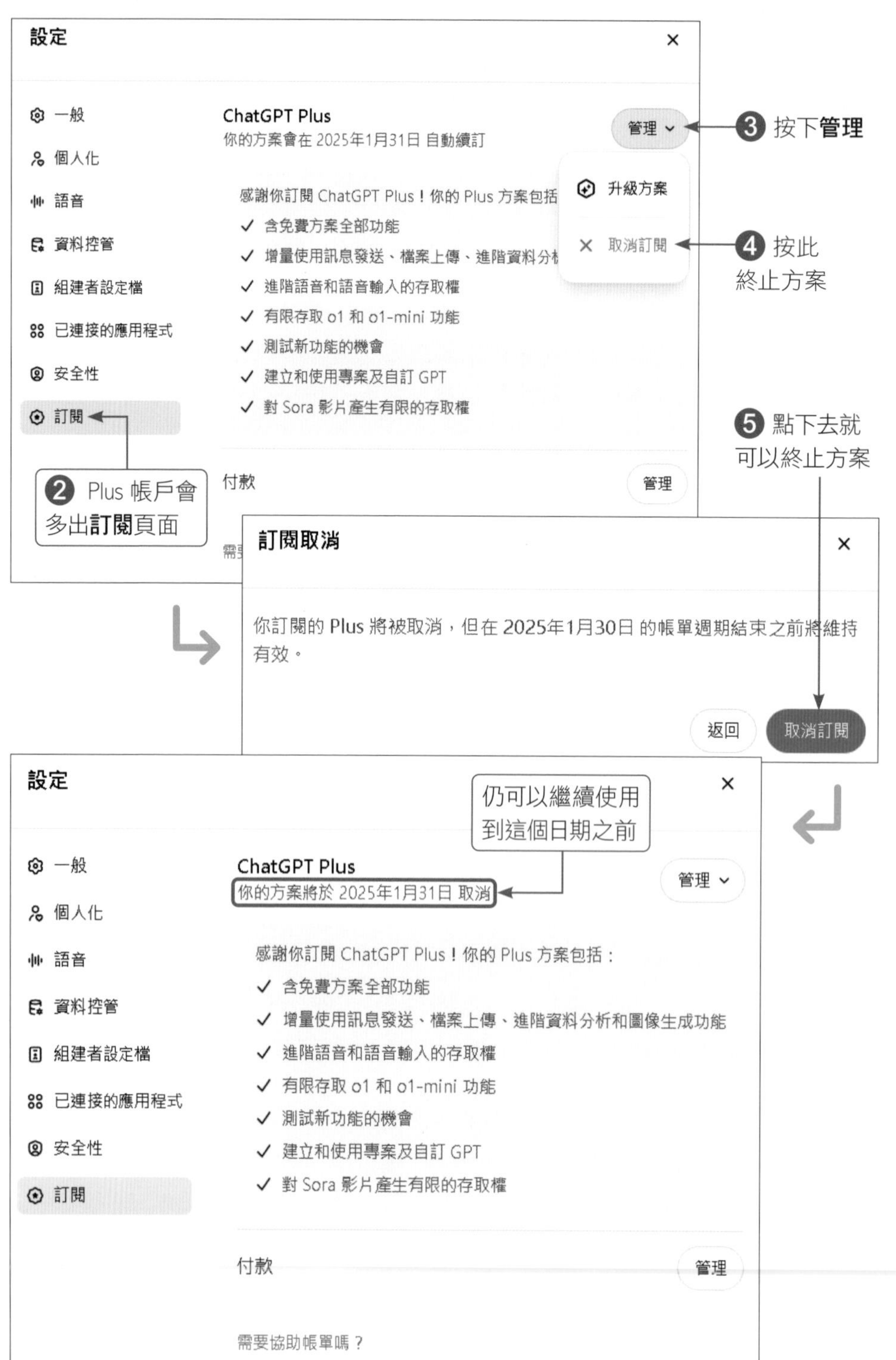
設定
一般
個人化
語音
資料控管
組建者設定檔
已連接的應用程式
安全性
訂閱
ChatGPT Plus
你的方案會在 2025年1月31日 自動續訂
管理
❸ 按下管理
升級方案
取消訂閱
❹ 按此
終止方案
感謝你訂閱 ChatGPT Plus！你的 Plus 方案包括
含免費方案全部功能
增量使用訊息發送、檔案上傳、進階資料分析
進階語音和語音輸入的存取權
有限存取 o1 和 o1-mini 功能
測試新功能的機會
建立和使用專案及自訂 GPT
對 Sora 影片產生有限的存取權
❺ 點下去就
可以終止方案
❷ Plus 帳戶會
多出訂閱頁面
付款
訂閱取消
你訂閱的 Plus 將被取消，但在 2025年1月30日 的帳單週期結束之前將維持有效。
返回
取消訂閱
設定
仍可以繼續使用
到這個日期之前
一般
個人化
語音
資料控管
組建者設定檔
已連接的應用程式
安全性
訂閱
ChatGPT Plus
你的方案將於 2025年1月31日 取消
管理
感謝你訂閱 ChatGPT Plus！你的 Plus 方案包括：
含免費方案全部功能
增量使用訊息發送、檔案上傳、進階資料分析和圖像生成功能
進階語音和語音輸入的存取權
有限存取 o1 和 o1-mini 功能
測試新功能的機會
建立和使用專案及自訂 GPT
對 Sora 影片產生有限的存取權
付款
管理
需要協助帳單嗎？

ChatGPT 寄生帳號

由於目前許多網路服務都需要付費才能使用，因此也發展出遊走網站規範邊緣的「寄生帳號」模式，網路社群或拍賣網站常會看到揪團合購各種網路服務的家庭方案、團隊方案，包括 Netflix、Disney+、PlayStation Plus 等線上服務都很常見。

ChatGPT 的付費帳號也開始有人在揪團，或是販賣團隊帳號，這已經踩在 OpenAI 授權的紅線上，是否違規有模糊空間，但要小心個人隱私問題。由於這類帳號都是屬於獨立的 ChatGPT 帳號，可以不用綁定裝置，因此多半是一帳號多賣的狀況，你在 ChatGPT 上的對話別人也會看到，這之中的利弊得失就請您自行衡量了。

而且在多部電腦登入同一個帳號，如果切換的次數太頻繁，現階段會要求進行郵件或手機簡訊驗證，之後會不會更加嚴格就不知道了，請務必多加評估考量。

1-5 多管齊下跟 GPT-4o 溝通互動

前面有提過, ChatGPT 目前最新的 GPT-4o 模型, 可以全方位進行溝通, 不限於文字, 而且免費用戶也能使用。以下我們就將各種跟 ChatGPT 溝通的方式整理如下。

切換 ChatGPT 使用的模型

在開啟對話時, Plus 用戶可以自行選擇讓 ChatGPT 使用哪個模型跟你溝通, 主要有 3 個模型可以選擇：

- **GPT-4o**：一般情況下建議以 GPT-4o 為主, 整體的回覆速度最快, 而且內容的品質和正確性也有一定水準。目前有使用次數限制, 限制到了之後會改用 GPT-4o mini。
- **GPT-4o mini** ：用來取代最早的 GPT-3.5 模型, 就名稱可以看出是 GPT-4o 的精簡版, 就性能來看, 理解、運算、推理能力等各方面表現都比 GPT-4o 差了一些, 不過回覆速度則明顯快上不少。由於是精簡版, 因此目前不開放上網查詢、不能上傳附件也不能繪圖, 雖然可以生成程式碼但無法驗證執行, 此模型大致上都以文字互動為主。
- **GPT-4**：採用舊版的 GPT-4 模型, 一般會有比較詳細的分析和解說, 但速度會慢很多, 呈現上也會比較單調 (不會有重點標示等)。

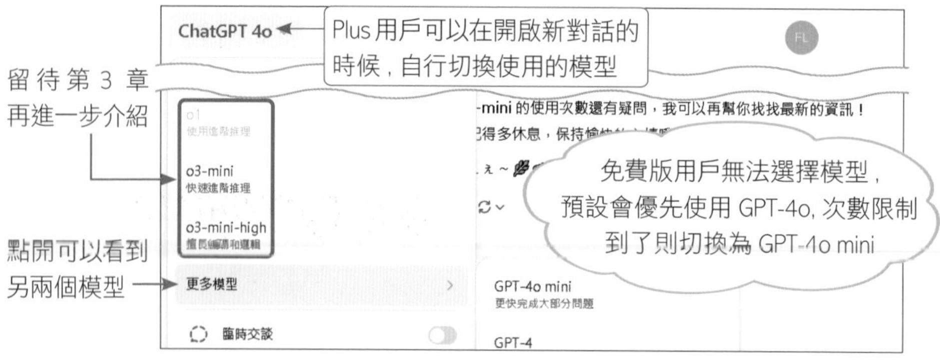

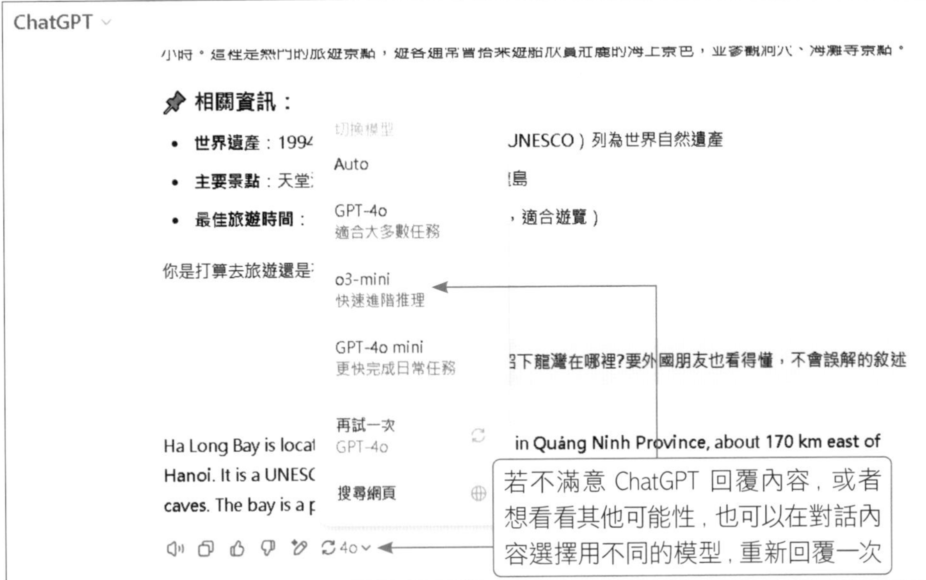

語音朗讀回覆內容

GPT-4o 的語音功能是這次模型更新的重點, ChatGPT 語音交談的功能目前僅能在行動裝置上使用, 我們會在第 2 章進行示範。不過網頁版有提供語音朗讀功能, 其中文語音的發音十分流暢、自然, 還有語調上的抑揚頓挫：

直接按下 ChatGPT 回覆內容的**大聲朗讀**圖示即可

世界棒球經典賽（World Baseball Classic, WBC）是由美國職棒大聯盟（MLB）與國際棒壘球總會（WBSC）共同舉辦的國際棒球比賽。參賽國家可能會因屆數而有所變動，但截至2023年比賽，總共有**20個國家或地區**參賽。

2023年參賽國家（按分組）

賽制與資格

- 16支球隊為上屆（2017年）比賽表現優異的球隊自動晉級。
- 其餘4支球隊透過資格賽獲得參賽資格。

這些國家和地區代表了全球各地的棒球實力，其中美洲、亞洲和加勒比地區傳統上有較高競爭力。

可惜目前 ChatGPT 尚無法生成語音檔案, 期待未來能開放此功能, 現階段可以參考第 6、7 章的說明, 改用其他替代方案。

使用圖片、附件進行互動

有些問題單單用文字描述是說不清楚的, 因此 ChatGPT 從 GPT-4 開始, 就允許用戶上傳圖片或其他附件進行互動, 幾乎常見的檔案格式都支援, 包括：文件檔、圖片檔、試算表、簡報檔、壓縮檔、程式檔等都可以。OpenAI 也有公布檔案上傳限制, 一次最多可以上傳 20 個檔案, 每個檔案不超過 2MB (圖片則是 20MB)。

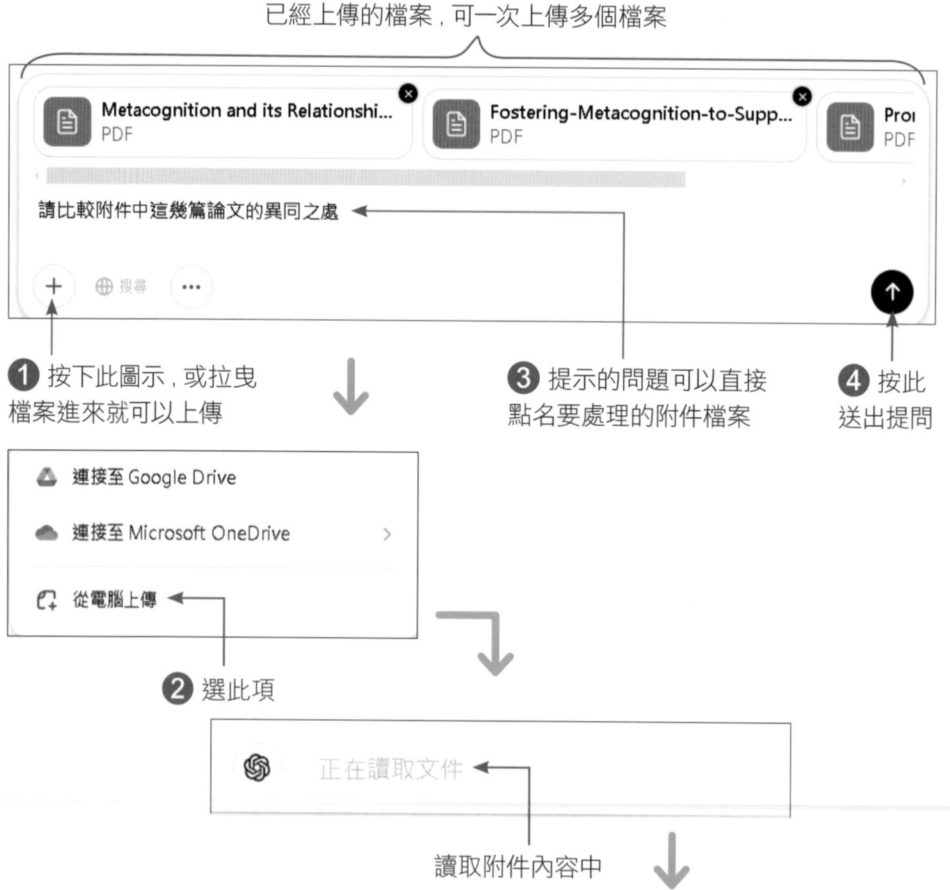

這三篇論文都探討了後設認知（Metacognition）對學生學習與表現的影響，但各自的研究焦點與方法有所不同，以下是它們的異同之處：

1. 研究重點與目的

- 《Metacognition and its Relationship with Students' Academic Performance》
  這篇文章主要探討後設認知與學生學業表現的關係。作者以馬來西亞砂拉越的一所私立中學為研究對象，使用Shraw和Anderson的後設認知覺察量表（Metacognitive Awareness Inventory, MAI）來測量學生的後設認知能力，並分析其與考試成績的相關性。研究還比較了不同年級和性別間後設認知覺察的差異。
- 《Fostering Metacognition to Support Student Learning and Performance》
  這篇文章屬於教學指南類型，旨在提供教師如何在教學中培養學生後設認知的實證建議。它聚焦於三個主要領域：支持學生的學習策略、鼓勵學生監控與控制自己的學習，以及在小組合作中促進社會性後設認知。作者強調實作與策略的應用，並提出可在課堂上直接實行的方法。
- 《Promoting Student Metacognition》
  這篇文章從教育實踐的角度出發，強調在生物學課堂上推動學生後設認知的重要性。文章指出後設認知不僅是學習技能的提升，更是幫助學生理解如何思考與學習……提出具體的課堂活動和反思方法，以協助學生在學習過程中自我監控與評估……

到計畫、監控、評估等核心技能。

3. **教育實踐的應用**：三篇文章均強調教師在培養學生後設……，並提供具體的教學策略。

- **不同之處：**
  1. **研究方法**：《Metacognition and its Relationship》偏向量化研究，重視數據分析與統計結果；《Fostering Metacognition》和《Promoting Student Metacognition》則偏向文獻綜述與教學實踐分享。
  2. **研究焦點**：《Metacognition and its Relationship》著重於後設認知與學業表現的關聯性分析；《Fostering Metacognition》強調如何在課堂中培養後設認知，尤其是小組合作中的社會性後設認知；《Promoting Student Metacognition》則聚焦於生物學課程中的後設認知實

傳訊息給 ChatGPT

＋ 搜尋 …

ChatGPT 可能會發生錯誤。OpenAI 不會使用 Flag Technology Co. LTD 工作空間的資料來訓練模型。

順利整理出多份論文的比較了

❺ 因為有上傳檔案，回覆需要稍等一下，接著 ChatGPT 就會依照指示處理你的檔案內容

TIP

由於上傳檔案的資料量比較大，ChatGPT 每次回覆的長度有限，有時候還沒回答完就被迫停下來，這時畫面上會出現**繼續生成**鈕，按下去後 ChatGPT 就會繼續回覆。

繼續生成

讓 ChatGPT 存取網路硬碟檔案

除了自行上傳檔案外，也可以讓 ChatGPT 自行讀取網路硬碟中的檔案。請先到設定頁面，讓 ChatGPT 連接到 Google Dive、OneDrive 等網站，之後就可以在對話框中直接取用：

❶ 開始設定畫面，並切換到**已連接的應用程式**

❷ 此處以 Google Drive 示範，請按下後方的**連接**

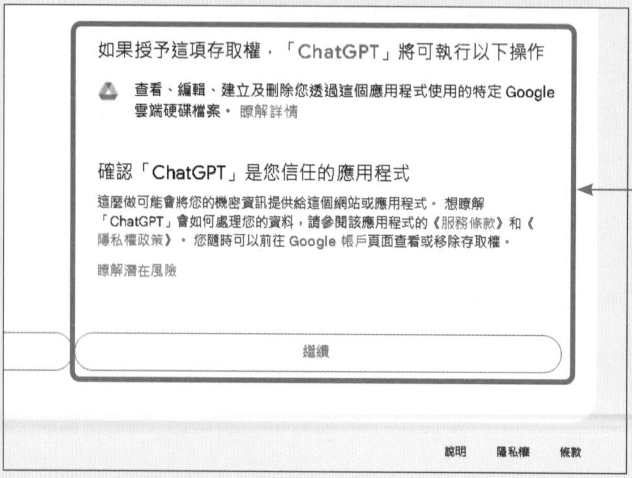

❸ 登入 Google 帳號並同意授權

→ 接下頁

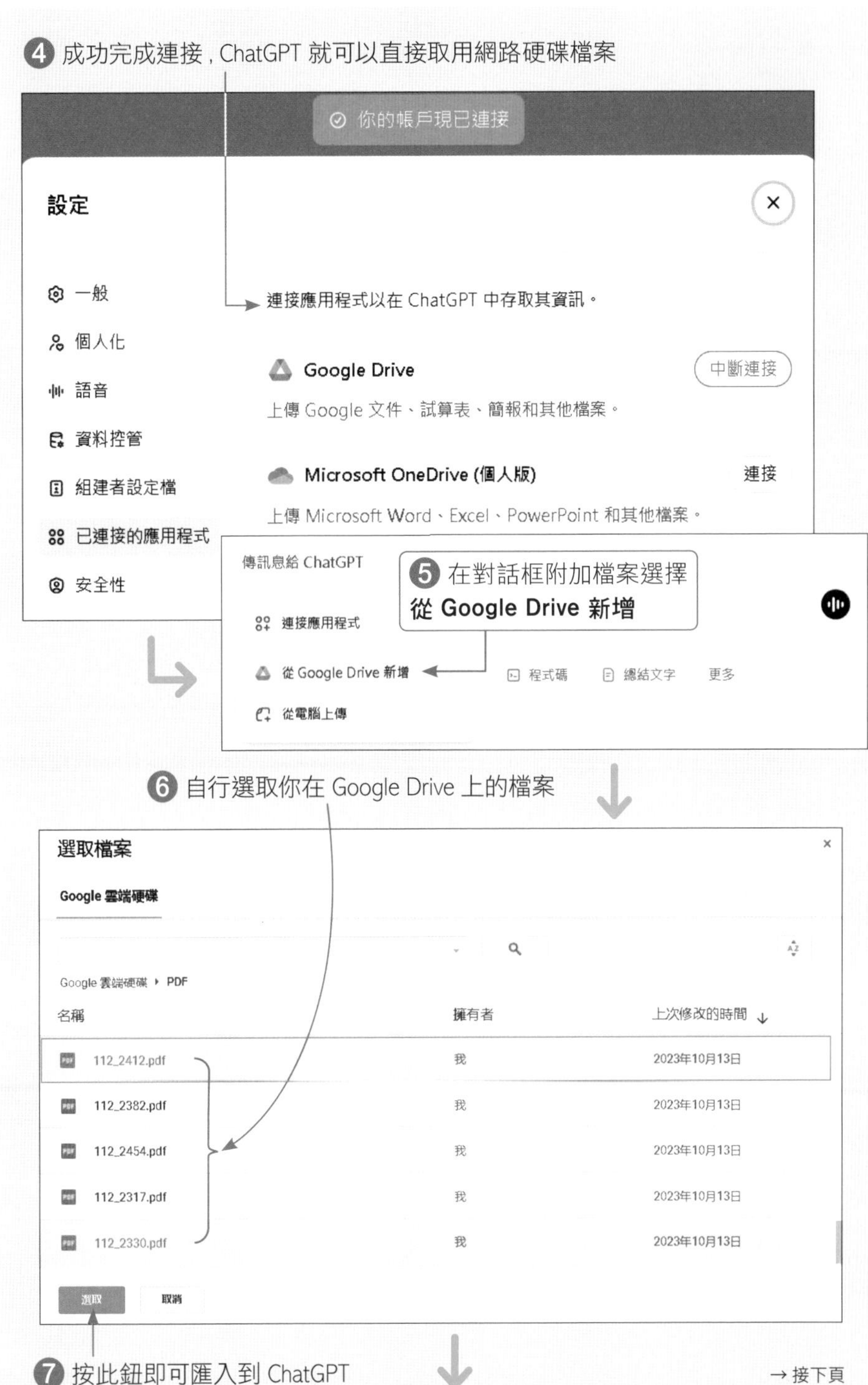
④ 成功完成連接，ChatGPT 就可以直接取用網路硬碟檔案
你的帳戶現已連接
設定
一般
個人化
語音
資料控管
組建者設定檔
已連接的應用程式
安全性
連接應用程式以在 ChatGPT 中存取其資訊。
Google Drive
中斷連接
上傳 Google 文件、試算表、簡報和其他檔案。
Microsoft OneDrive (個人版)
連接
上傳 Microsoft Word、Excel、PowerPoint 和其他檔案。
傳訊息給 ChatGPT
⑤ 在對話框附加檔案選擇
從 Google Drive 新增
連接應用程式
從 Google Drive 新增
從電腦上傳
程式碼
總結文字
更多
⑥ 自行選取你在 Google Drive 上的檔案
選取檔案
Google 雲端硬碟
Google 雲端硬碟 ▸ PDF
名稱
擁有者
上次修改的時間
112_2412.pdf
我
2023年10月13日
112_2382.pdf
我
2023年10月13日
112_2454.pdf
我
2023年10月13日
112_2317.pdf
我
2023年10月13日
112_2330.pdf
我
2023年10月13日
選取
取消
⑦ 按此鈕即可匯入到 ChatGPT

→接下頁

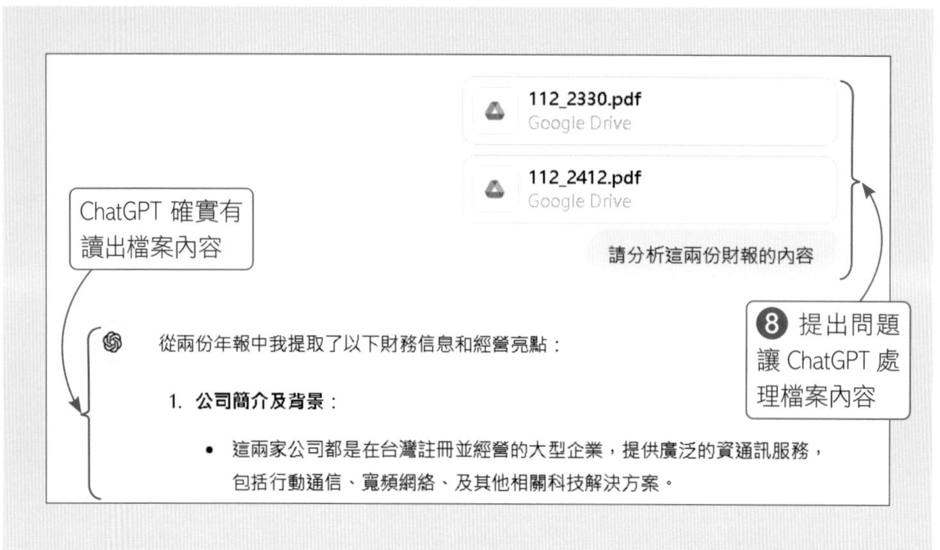

讓 ChatGPT 上網查詢資訊

前面說過一般 AI 模型的資料有其時效性, 所以問 ChatGPT 比較近期發生的事情, 它可能會回答不出來或是答錯, 這時候就需要讓它上網查資料求證。目前 ChatGPT 已經有上網功能, 依據你的提問內容, 會自動判斷是否需要上網查詢。此處筆者詢問它 ChatGPT 最新的模型為何, 截稿當下標準答案應該是 GPT-4o 或 o1, 實測結果 ChatGPT 時而會查詢, 時而又過度自信沒有查證, 導致回答不夠精確：

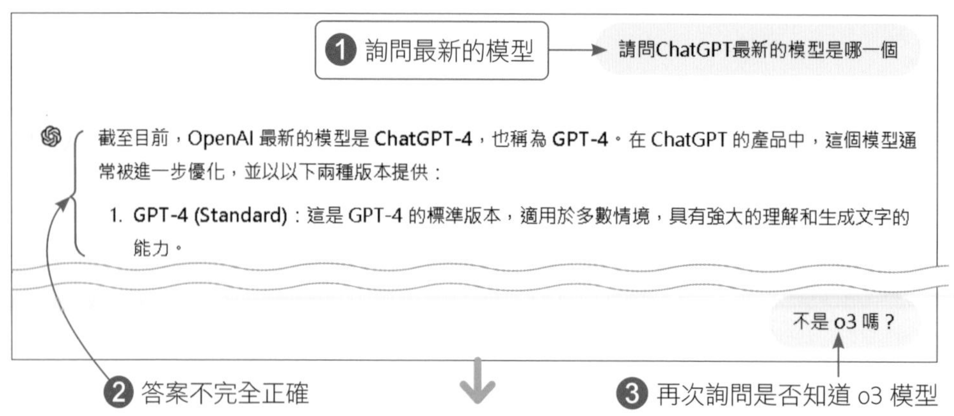

您提到的 o3 模型是 OpenAI 最新推出的推理模型系列，旨在提升 AI 在複雜任務中的推理能力。該系列包括 o3 和 o3-mini 兩個版本，後者為精簡版模型，針對特定任務進行了微調。目前，這些模型尚未正式上線，OpenAI 正在進行內部安全測試，並邀請外部研究人員申請早期使用，以協助測試模型的安全性。申請截止日期為 2025 年 1 月 10 日。根據 OpenAI 執行長 Sam Altman 的說法，o3-mini 預計在明年 1 月底推出，o3 則會隨後跟上。 科技新報 路透社

需要注意的是，OpenAI 跳過了 "o2" 的命名，直接推出了 "o3" 模型，以避免與英國電信運營商 O2 發生商標衝突。 新浪財經

因此，雖然 o3 是 OpenAI 最新的模型，但尚未在 ChatGPT 中全面整合。目前，ChatGPT 使用的主要模型仍是 GPT-4 和 GPT-4 Turbo。未來，隨著 o3 系列模型的正式發布，可能會在 ChatGPT 中引入，以進一步提升其推理和問題解決能力。

OpenAI 推出新一代 o3 推理模型

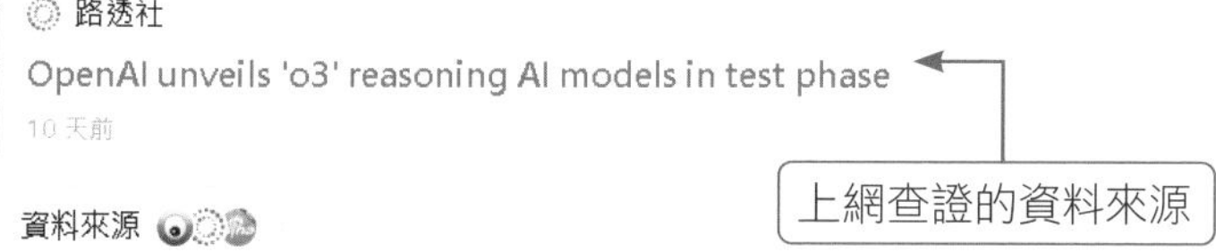

資料來源

其實為了有效降低回答凸槌的機率，只要有點不確定，ChatGPT 都會滿主動上網查詢，才回覆你的提問。不過當然也可以一開始就主動要求它先上網，然後再將結果整理給你參考，這樣答案更可靠、也可以統整更多資訊：

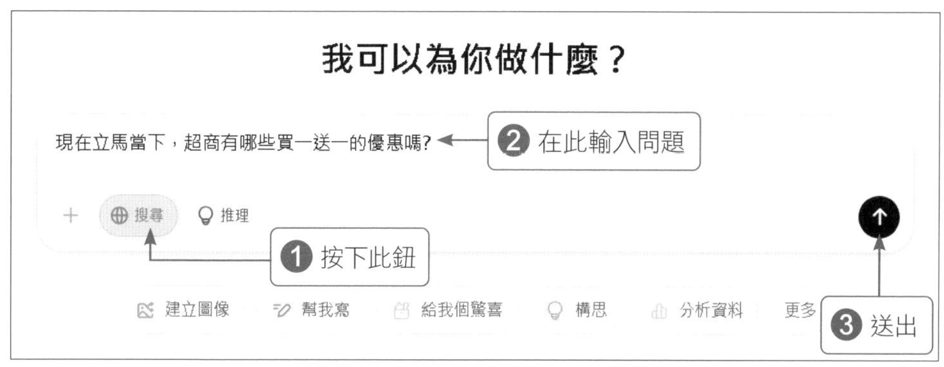

目前，台灣各大便利商店正推出多項買一送一優惠活動，以下為您整理：

7-ELEVEN：

- **CITY系列飲品優惠：**
  - 即日起至12月31日，7-ELEVEN推出「心熱團」活動，指定熱罐飲品第2件6折優惠。
  - 12月18日至12月24日，CITY系列飲品（包括CITY CAFE、CITY PRIMA等）享有2杯79折、4杯75折的優惠。

行動隨時取優惠：

- 12月25日至12月29日，OK Café冬季限定經典阿華田、阿華田摩卡拿鐵，享7折優惠。

請注意，以上優惠活動可能因地區或門市而有所不同，建議您前往各便利商店官方網站或APP查詢詳細資訊，或直接至鄰近門市詢問，以獲取最新的優惠內容。

資料來源

直接列出當日的優惠資訊，比網友整理的懶人包還方便！

這些資訊其實是從網路上蒐集來的

上述功能大致上就是搜尋引擎 + AI 生成摘要的集大成，效果和實用性比傳統搜尋更上層樓，這也是生成式 AI 應用的下一個主戰場，在第 2 章我們也會透過官方外掛，讓你直接用 ChatGPT 來搜尋網頁。

如果只想單純讓 ChatGPT 以本身的資訊來回答，可以拉下**重新生成**功能，選擇**無須網頁搜尋**：

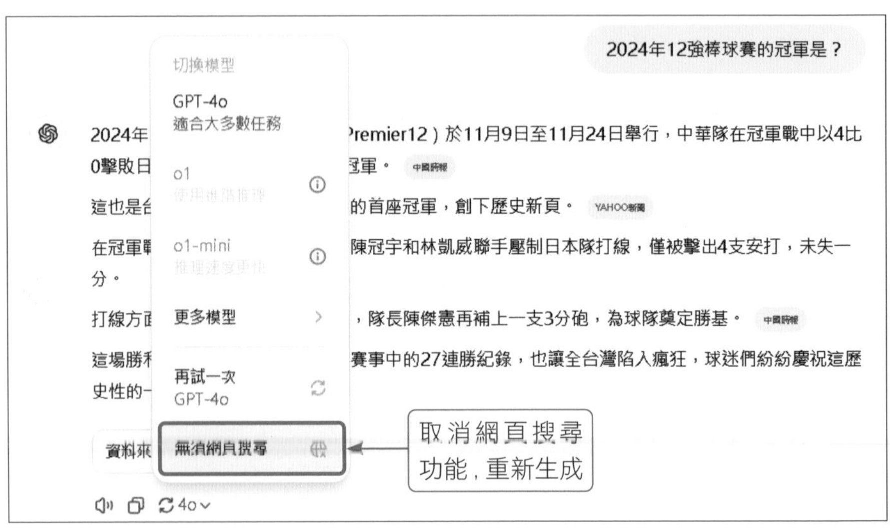

在對話框切換不同模型或模式

在輸入提示語的時候，除了選擇模型外，也可以使用**搜尋**、**畫布**等不同的輔助工具來協助 ChatGPT 回覆，每個模型支援的工具會略有差異，若有多個工具可使用，可以按下**檢視工具**鈕 ⋯ 顯示所有工具。

另外也可以在提示語後空格，然後利用斜線符號「/」，切換不同的輔助工具來使用，例如：要詢問美國總統是誰，後面空一格再輸入 /，就可以叫出檢視工具選單，使用不同的功能。

使用無痕對話模式

現在很多人使用瀏覽器會開啟無痕模式，在瀏覽網路的一舉一動就不會留下紀錄。ChatGPT 也有類似的無痕對話模式，稱為**臨時交談**，使用後不會保留在側邊欄的對話紀錄區：

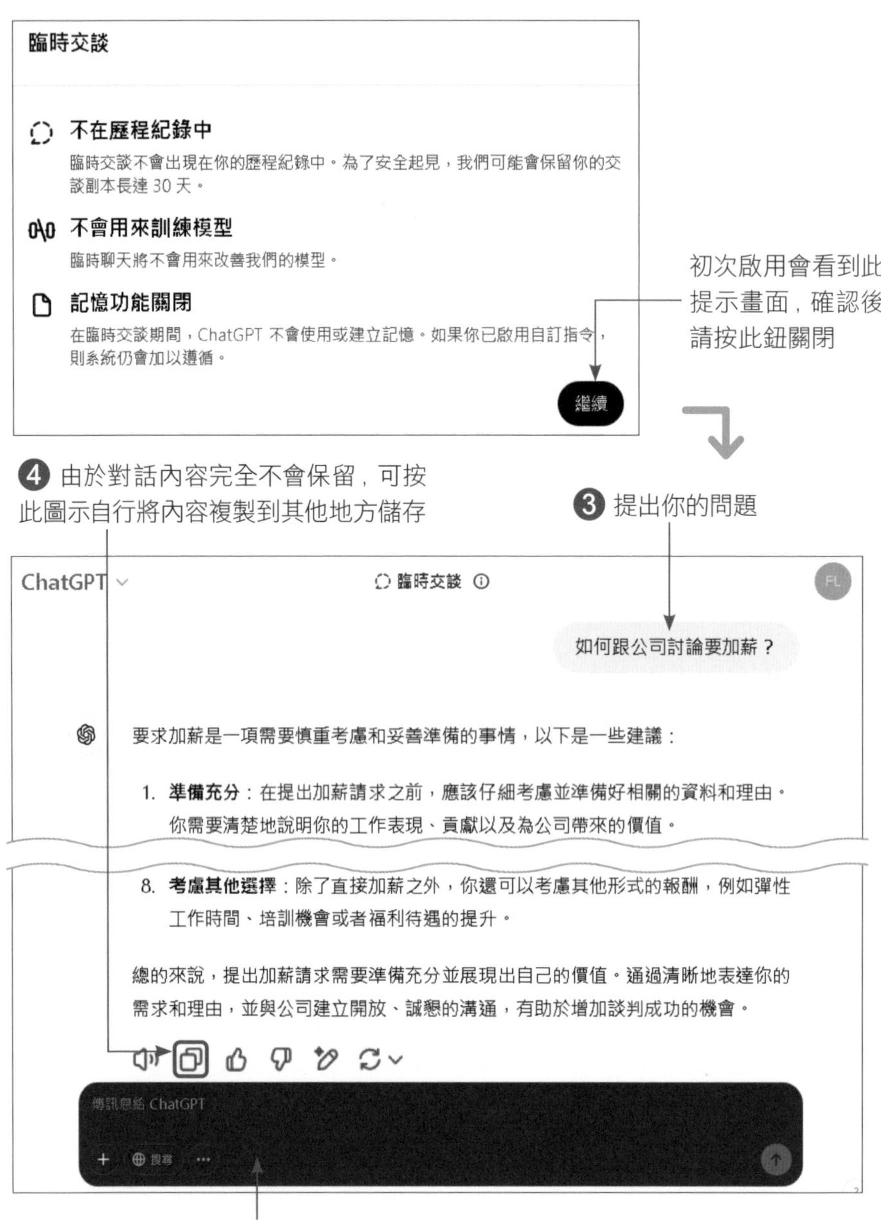

對話結束後，只要關閉臨時對話模式 [臨時交談] 就會開啟新對話，或者直接關閉視窗，臨時對話的內容會刪除，完全不會被 ChatGPT 記錄下來，可以說是最保密的使用方式。當然若你有保存對話內容的需求，就要自行複製到其他地方了。

1-6 使用 ChatGPT 時可能遇到的狀況

總結網路上的各方心得，加上筆者長期使用的經驗，發現 ChatGPT 在使用時會有以下幾個狀況，下列為整理出的幾點 ChatGPT 使用提醒，還有你可能會遇到的特殊情形解決方法。

1. **回應速度不一**：通常一個問題的回應速度會因流量和你使用的模型而定，例如：GPT-4 模型回答速度就會慢一點，如果是在巔峰時間，免費版的速度通常也會比付費版再慢些。

2. **回覆內容是隨機的**：同一個問題，每次輸入後往往會有不同的回覆，我們沒有辦法控制 ChatGPT 如何回答，只能靠精確用字或是分成多步驟提問，逐漸提高 ChatGPT 答題的精準性。

3. **答案不一定正確**：ChatGPT 有時給出的答案很明顯是錯的，讀者需要自行下判斷，因此現階段比較適合當作整理資料的幫手，而不是把它當作無所不知的專家看待。第 3～5 章會提供許多跟 ChatGPT 互動的手法，都可以增加 ChatGPT 解答的正確性。

4. **執行錯誤或中斷**：ChatGPT 偶爾會因為執行錯誤而無法回覆，此時可以**重新生成**；如果是遇到回答中斷的狀況，畫面上可能會有**繼續生成**鈕可以讓 ChatGPT 延續回應，如果都不行的話，也可以按下 F5 讓瀏覽器重新整理網頁。

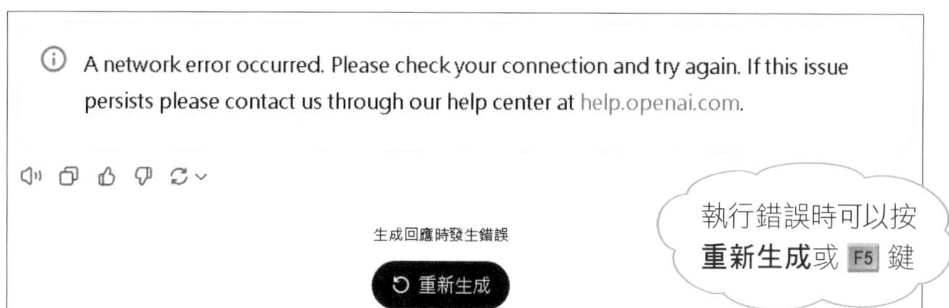

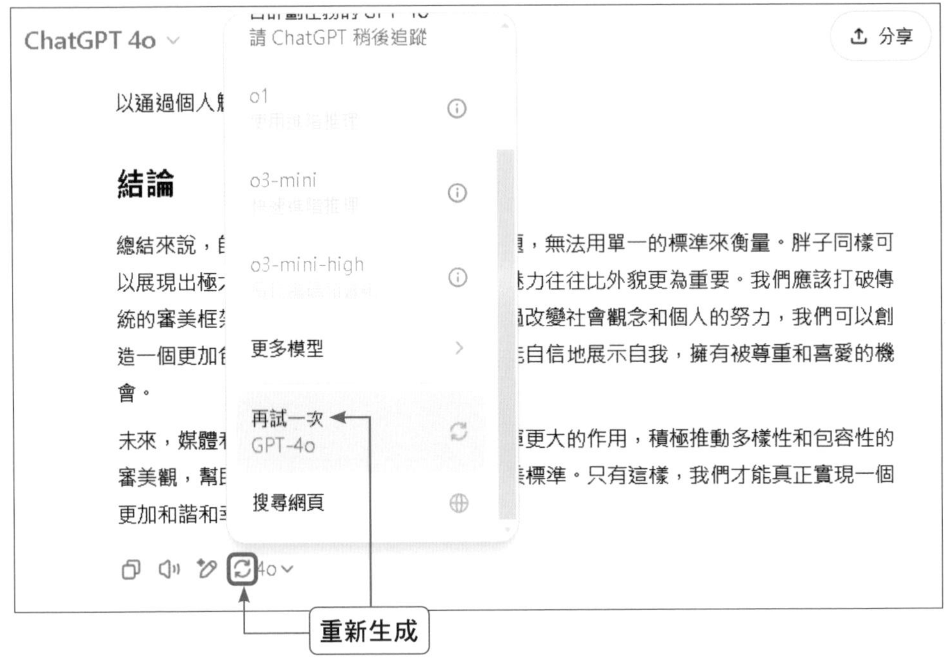

5. **以英文或簡體字回答**：即使輸入的是繁體中文, ChatGPT 可能會以英文或是簡體中文回應, 此時可以輸入提醒, 請 ChatGPT 把語言改回來 (甚至可能要提醒好多次)。另外也要特別注意兩岸用語的差異, 像是 Excel 列和行的稱呼就剛好相反。如果有看到 D 列這種說法, 指的其實是編號 D 的行 (Excel 直行是英文、橫列是數字)。

6. **資料庫具時效性**：目前 ChatGPT 的訓練數據模型至 2024 年 6 月為止, 因此若問題涉及這之後的時間點, ChatGPT 會自行上網查詢。當然, 也可以在提示詞中明確要求上網查詢。

7. **敏感議題拒絕回答**：如果牽涉到犯罪、毒品、色情、詐騙、駭客手法等觸犯法律的敏感議題, ChatGPT 通常會婉拒回答。

讓 ChatGPT 化身手機、電腦小助手

什麼！只會用網頁版的 ChatGPT 嗎？現在我們在手機或 MAC 電腦上也可以使用官方的 App 了。在 App 中，除了可以跨設備同步歷史紀錄、記錄以往的問答之外，最大的特色在於 OpenAI 整合了自家的開源語音辨識系統 Whisper。用戶可以直接語音輸入，省下打字的功夫，不管是要即時翻譯還是語言學習都能輕鬆辦到！本章會帶你操作各系統的下載跟使用方法，介紹更多元的應用給大家。

初期 ChatGPT 只有網頁版，應用上比較受限，苦等多時，OpenAI 終於陸續推出 iOS、Android 和 macOS 版的 App，現在等於有個智慧助理隨時跟著你，幫你出主意。而 OpenAI 近期推出了「即時」語音交談功能，在對話時可以直接打斷它，開啟彷彿與真人般對談的跨時代體驗。

TIP

OpenAI 在發表會中所展示的智慧語音功能相當令人驚豔，不僅可以即時交談，還能做到「影像互動」，只要在對話時開啟鏡頭，ChatGPT 就能夠辨識周遭的環境、人物或各種物品。但在本書出版時，影像互動功能還在測試階段，使用者還無法使用。讀者可以進入以下網址搶先目睹即將到來的新功能：

```
https://www.youtube.com/watch?v=DQacCB9tDaw
```

在本章中，我們會依序介紹 Android、iOS 和 macOS 版本的 App 使用方式，讓我們先從手機版的下載與操作開始吧！

2-1 ChatGPT 就是你的隨身助理！

在手機上當然也有手機版的 ChatGPT App 可以用，本節我們會介紹 Android 和 iOS 的使用方式，舉凡文字/語音輸入、仿真人對話、圖片輸入等功能一應俱全。

在 Android 和 IOS 下載與使用

打開 Play 商店或 App Store 並搜尋「ChatGPT」就可以下載 OpenAI 官方推出的 ChatGPT App 了。不過請注意！在商店上有滿多 ChatGPT 的相關 App，有些甚至以假亂真，不管是圖示還是敘述都很像官方所推出的。下方**白底黑字的 Logo** 才是由 OpenAI 開發的正版 App，請讀者認明官方圖示來下載：

▲ Play 商店下載頁面　　▲ App Store 下載頁面

開啟後會需要登入 ChatGPT 帳號。可以直接沿用你在電腦版 ChatGPT 使用的帳號, 如果帳號有綁定在你的手機上, 可以直接點擊使用 Google 來登入。如果是使用 Apple 或其他電子信箱帳號, 就選擇對應的選項。

登入後即可看到手機板的介面 (右圖為 Plus 版), 整體頁面設計與網頁版相彷, 最大的不同在於可以使用智慧語音對話功能, 即時交談, 成為你翻譯或語言學習的好助手！

- a 開啟側邊欄
- b 點擊會跳出下框, 可選擇模型
- c 開啟新對話
- d 點擊會跳出上框, 可輸入照片或檔案
- e 網頁搜尋功能
- f 文字輸入框
- g 語音輸入
- h 智慧語音對話

TIP

語音輸入 (麥克風圖示) 是將語音轉成文字來輸入, ChatGPT 會以文字回覆；**智慧語音對話 (聲波圖示)** 則是開啟即時對談, ChatGPT 會以 AI 人聲的方式回覆。兩者是不一樣的喔！

若是免費版的用戶, 功能則較為陽春, 無法使用網頁搜尋功能, 也無法切換模型。

▶ 免費版本無法使用網頁搜尋功能, 且只能使用預設的 GPT-3.5 模型

設定選項

手機板 App 的預設語言基本上會自動偵測並設定為手機的系統語言, 若你發現 App 的介面為英文, 可以更改「設定選項」來調整成中文, 方便使用。請點擊左邊形狀像「=」的按鈕, 會出現類似電腦版介面的側邊欄, 下方「…」有其他設定選項。

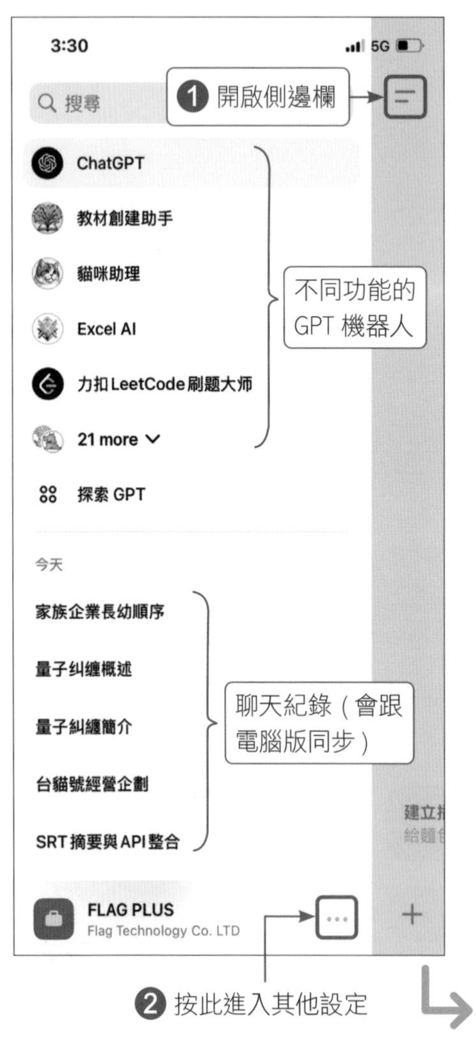

- ⓐ 訂閱狀態
- ⓑ ChatGPT 的對話記錄功能，可記住你的偏好。預設為開啟
- ⓒ 是否對話紀錄作為訓練資料
- ⓓ 保存的對話紀錄
- ⓔ 淺色或深色介面
- ⓕ 選擇 ChatGPT 的主要語言 (有指定語言的話，用語音輸入或智慧對話時會更順暢)
- ⓖ 選擇智慧對話的人聲
- ⓗ 使用其他應用程式或休眠時，是否仍可與 ChatGPT 交談

文字與語音輸入超方便

文字輸入

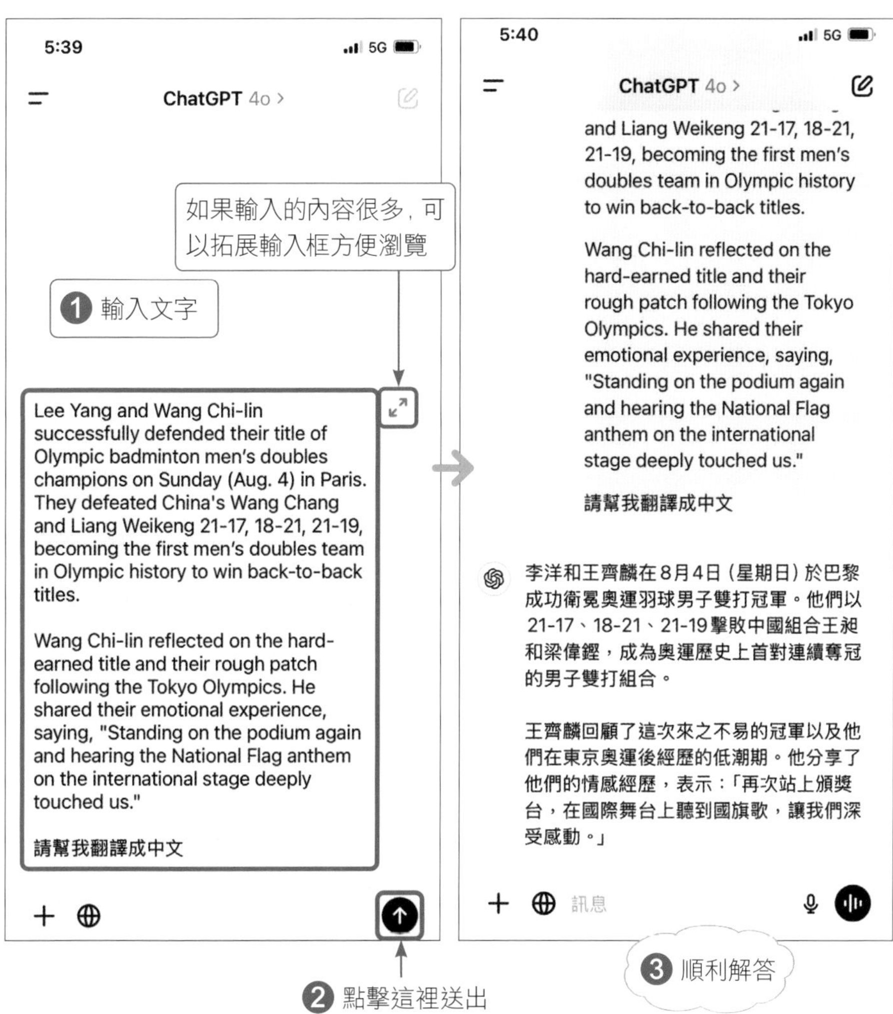

語音輸入

在不方便打字時，我們可以點擊輸入框中的麥克風圖示，ChatGPT 會將所接收的語音轉成文字進行輸入。

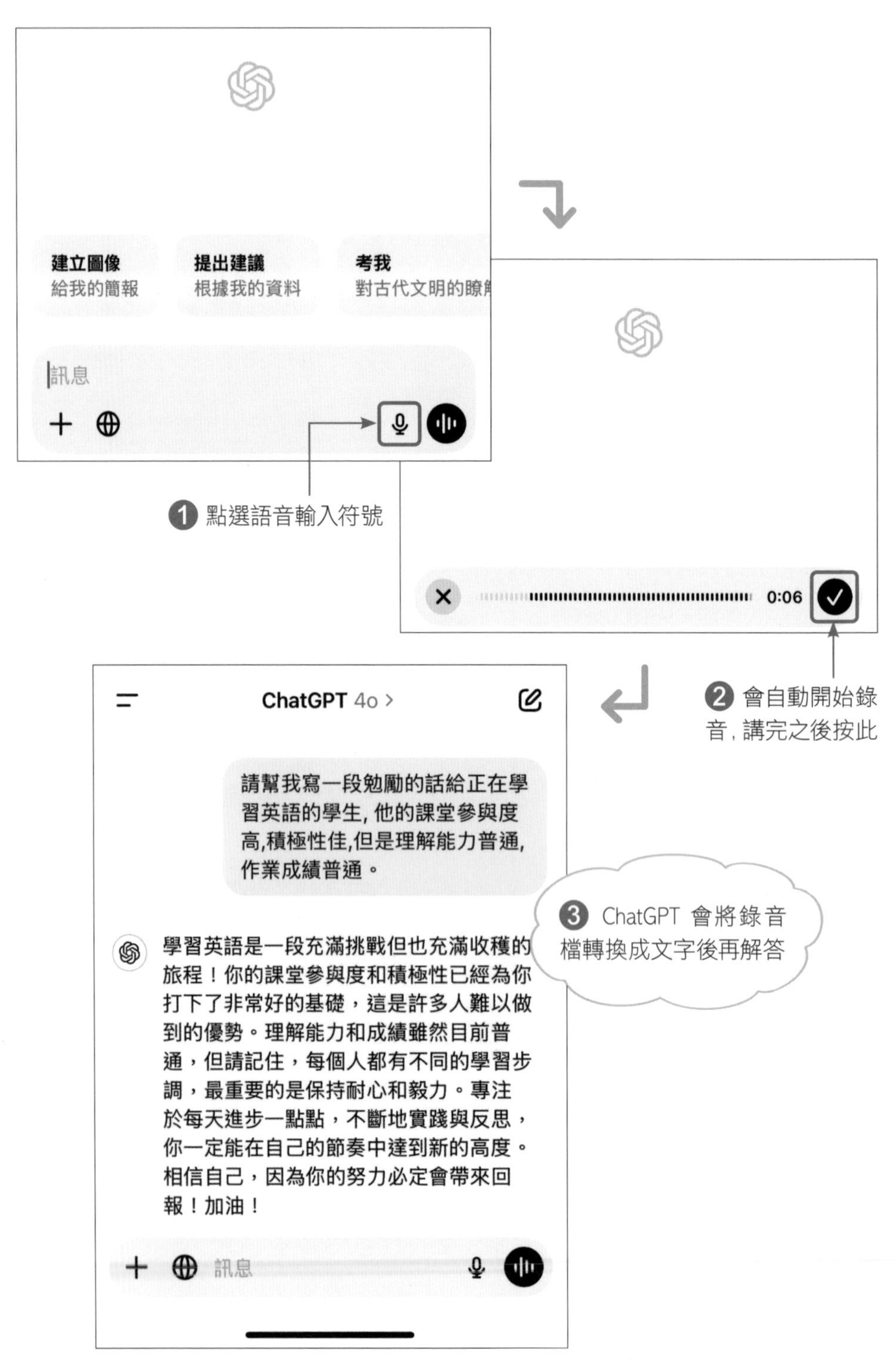
建立圖像
給我的簡報
提出建議
根據我的資料
考我
對古代文明的瞭解
訊息
❶ 點選語音輸入符號
0:06
❷ 會自動開始錄音，講完之後按此
ChatGPT 4o >
請幫我寫一段勉勵的話給正在學習英語的學生，他的課堂參與度高，積極性佳，但是理解能力普通，作業成績普通。
學習英語是一段充滿挑戰但也充滿收穫的旅程！你的課堂參與度和積極性已經為你打下了非常好的基礎，這是許多人難以做到的優勢。理解能力和成績雖然目前普通，但請記住，每個人都有不同的學習步調，最重要的是保持耐心和毅力。專注於每天進步一點點，不斷地實踐與反思，你一定能在自己的節奏中達到新的高度。相信自己，因為你的努力必定會帶來回報！加油！
訊息
❸ ChatGPT 會將錄音檔轉換成文字後再解答

網頁搜尋

礙於訓練資料的時間限制, ChatGPT 無法回答超過訓練期間或是具即時性的問題。如果你希望查詢最新的資訊或是從其他資料來驗證回答正確性的話, 可以開啟**網頁搜尋**功能, 將所搜尋的額外資訊作為模型的回答依據。

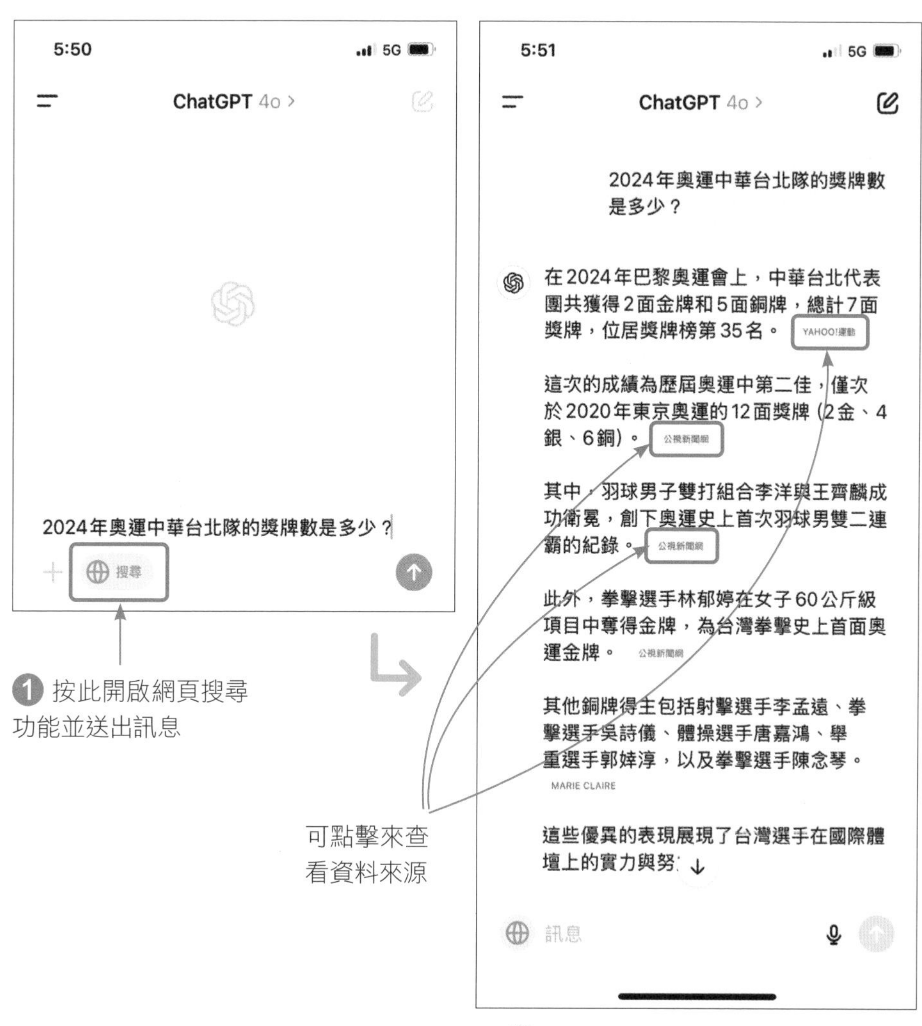

❶ 按此開啟網頁搜尋功能並送出訊息

可點擊來查看資料來源

❷ 只要開啟搜尋功能, ChatGPT 就能擴充它的知識庫, 增加回答的可靠性

輕鬆讀取圖片

出國菜單看不懂？原文書的內容太深奧？沒關係！另一個在手機板使用的好處是，我們可以使用手機的拍照功能即時將照片傳送給 ChatGPT，要求它幫我們解讀圖片中的內容。

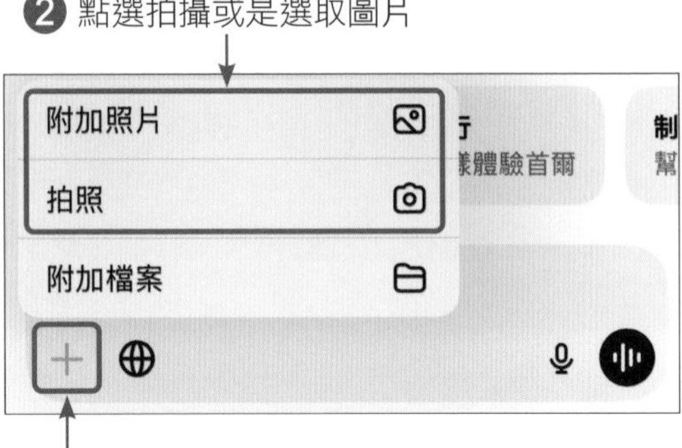

❷ 點選拍攝或是選取圖片

❶ 點擊開啟上框的附加功能

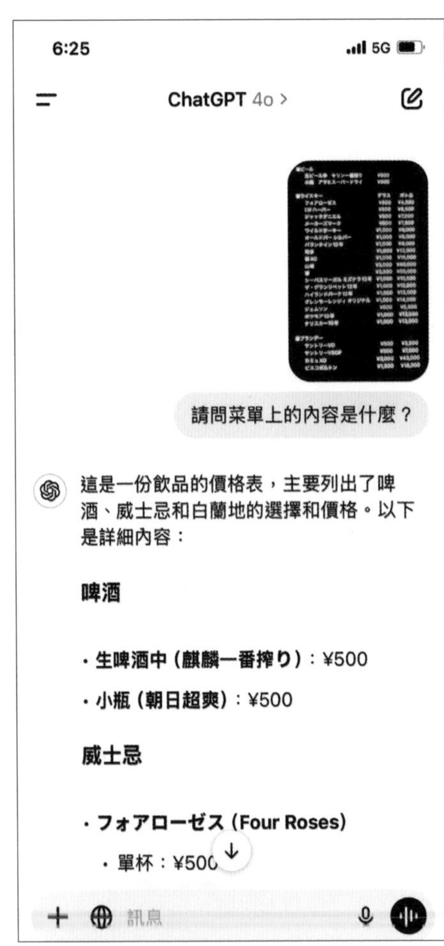

❸ 透過手機板 App，我們可以即時拍照來翻譯菜單中的內容

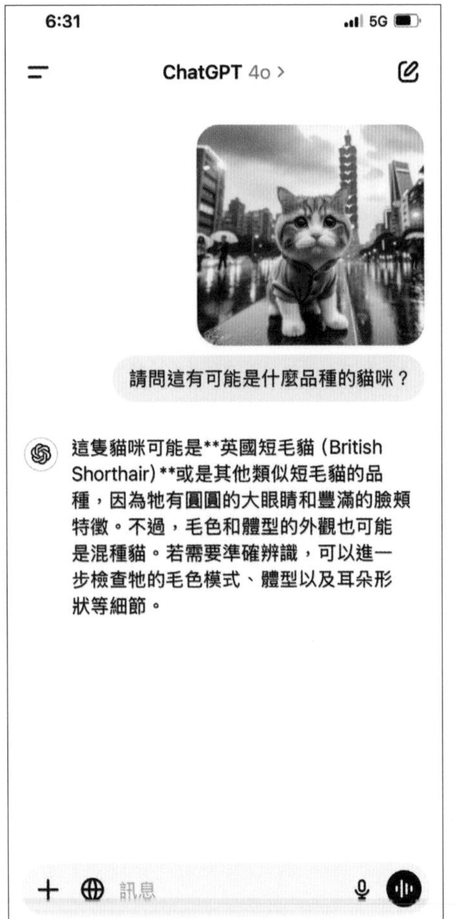

▲ 手機版的回答速度也很快，並可以準確回答出圖像中的內容

2-2 仿真人語音對話，隨時都能 talk！

手機版 ChatGPT 最令人激賞的功能就是智慧對話，而且免費版用戶也可以使用。開啟之後 ChatGPT 會用一個「模仿真人語氣」的 AI 跟我們進行來回語音對話，我們只要直接用對話的方式來提問，ChatGPT 就會用擬真語音進行回答。

TIP

在使用智慧對話功能時，建議可以在「設定」中，將「輸入語言」調整為中文或你的慣用語，回答會更精準喔！

第一次使用時，系統會要求先選擇對話時的人聲，目前共有 9 種不同的聲音可供選擇。

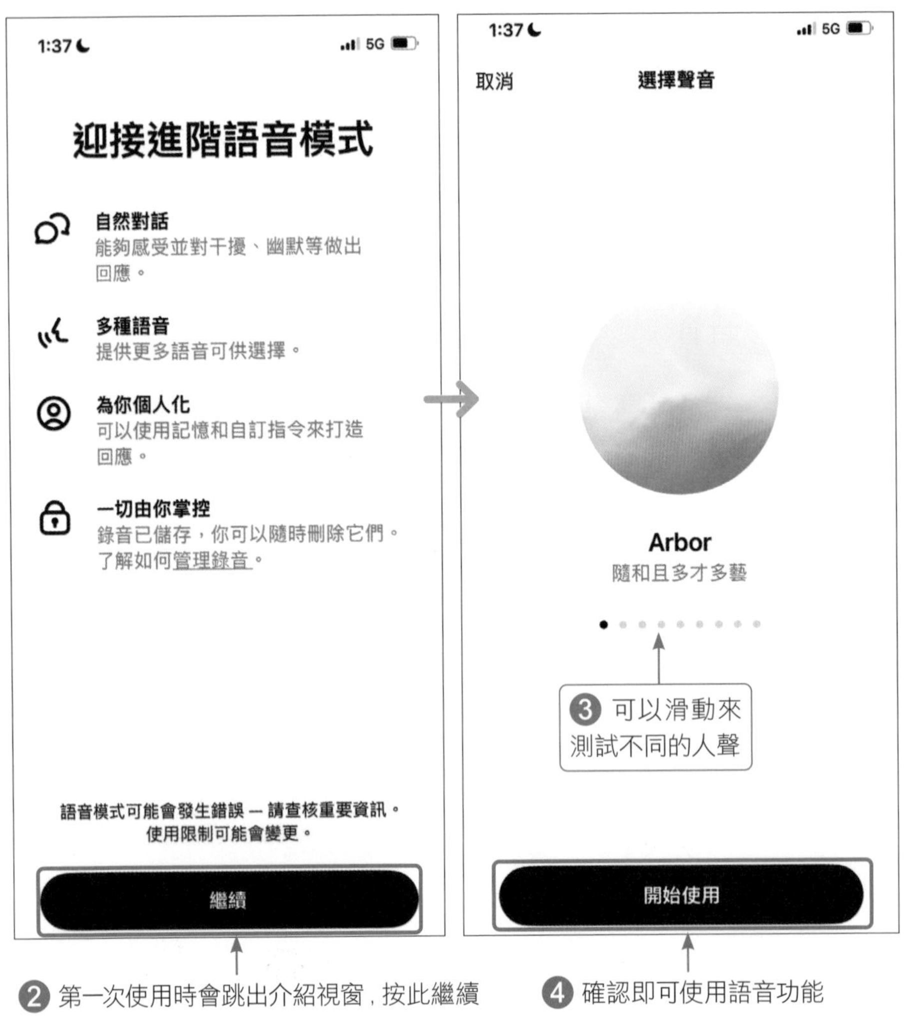

❷ 第一次使用時會跳出介紹視窗，按此繼續　❹ 確認即可使用語音功能

選擇好聲音後，就可以開始使用 ChatGPT 的智慧語音功能了！**若未來想更換人聲的話，我們可以到「設定」中進行調整**。舊版的語音功能最大的缺點在於每次對談都要慢慢等待 ChatGPT 回復完畢，才能開始下一輪對話。而新版的智慧語音功能則有著非常驚艷的突破，這次更新後，不僅能夠多人交談，AI 語音對於情緒的表達更加自然，對於不同國家語言的理解程度也顯著提升。除此之外，我們還可以即時打斷對話，整體互動更貼近與真人對話時的體驗。

對談結束後，回到對話框中就可以看到這次的文字紀錄。

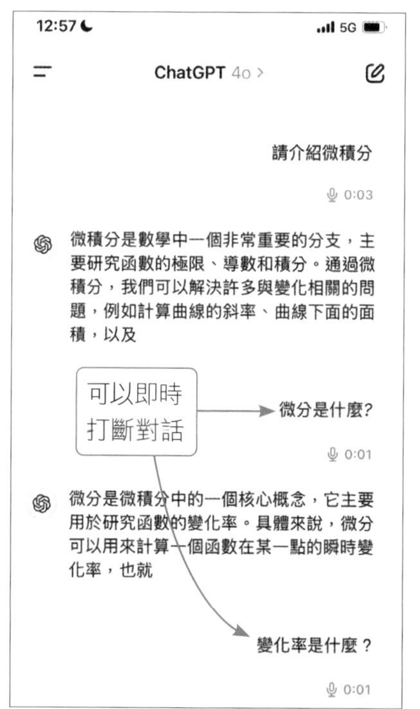

▲ 會保留完整的對話紀錄

也可以切換視訊對談：

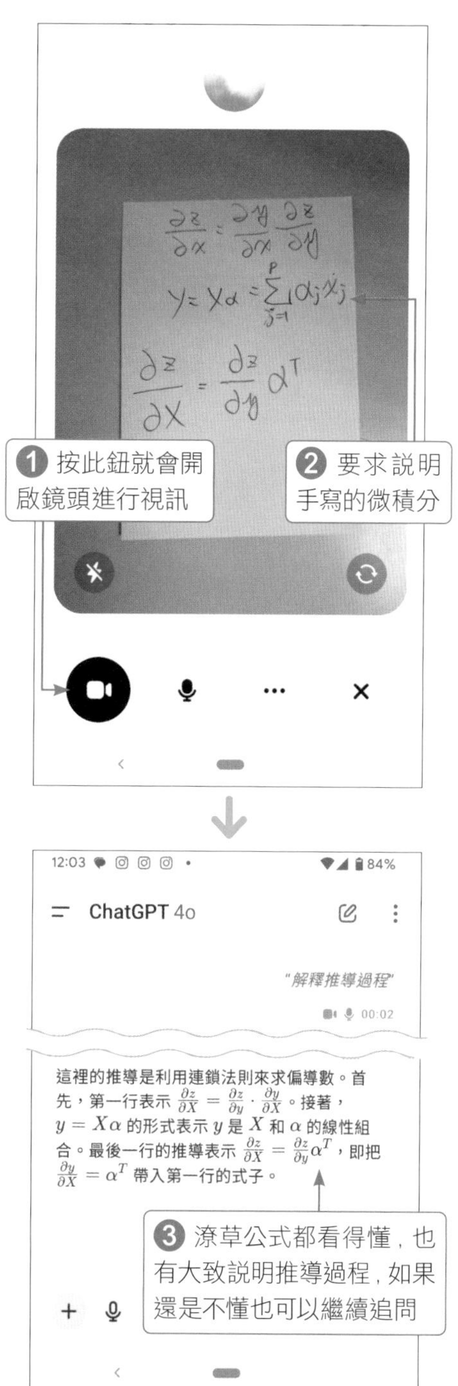

語音即時翻譯

接下來，讓我們以即時日文翻譯為例，測試智慧語音功能的威力。讀者可以直接跟它說：「我接下來所說的話，都幫我翻譯成日文」，

TIP

你也可以先建構一個專門用於翻譯的 GPT 機器人 (可參考第 10 章)。但要注意，事先建構的機器人只能使用舊版的對話功能，無法使用智慧語音來即時打斷交談。

以下為這次範例的對話紀錄：

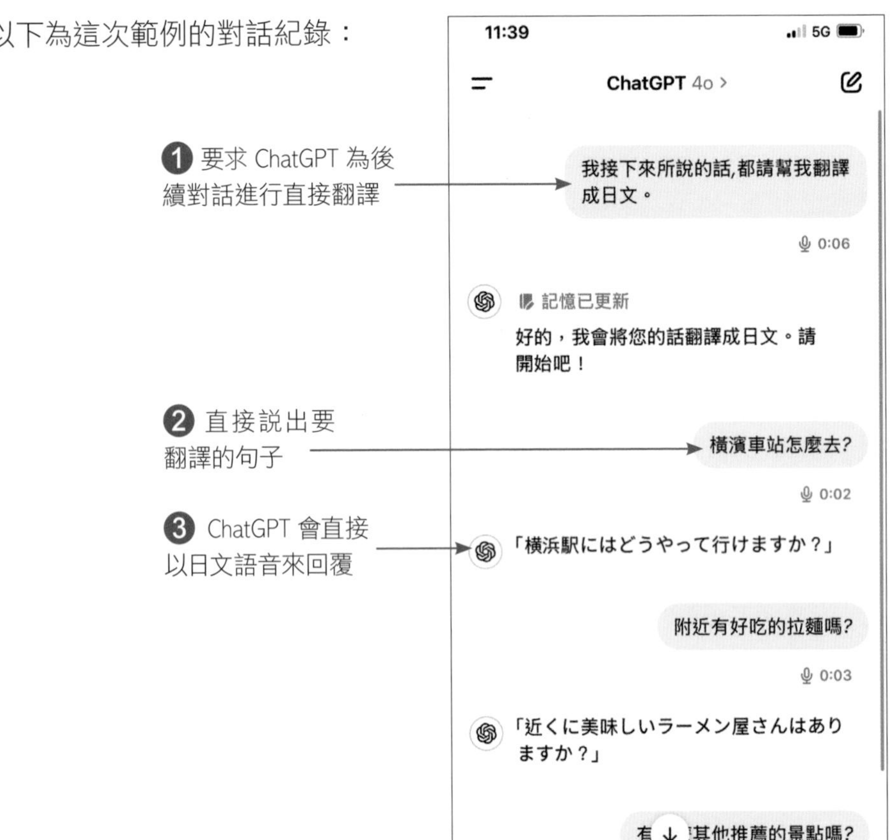

這樣一來，未來出國或是臨時遇到外國人問路時，就不必慌慌張張地比手畫腳了，只要自信地拿出你的手機，開啟 ChatGPT App，任何國家的語言都難不倒你！

英語口說家教

在語言學習方面，以往的 ChatGPT 只能以打字的方式來進行對話，雖然對於「讀寫」練習有所幫助，但對「聽說」能力的提升有限。而智慧語音的推出，無疑是想學習語言的一大福音，不僅可以幫助我們進行跟讀練習，還可以要求 AI 幫忙改善發音，指出問題並提供建議，進一步提升語言學習的效果。以下為單字朗讀的範例 Prompt：

你是一位英文家教，你會提供十個 A 開頭的重要單字，每次對話時你會朗讀各個單字三次並提供例句，接著我會重複朗讀，若我的發音有誤請隨時更正。如果你了解了，就從第一個單字開始。

以下為這次範例的對話紀錄：

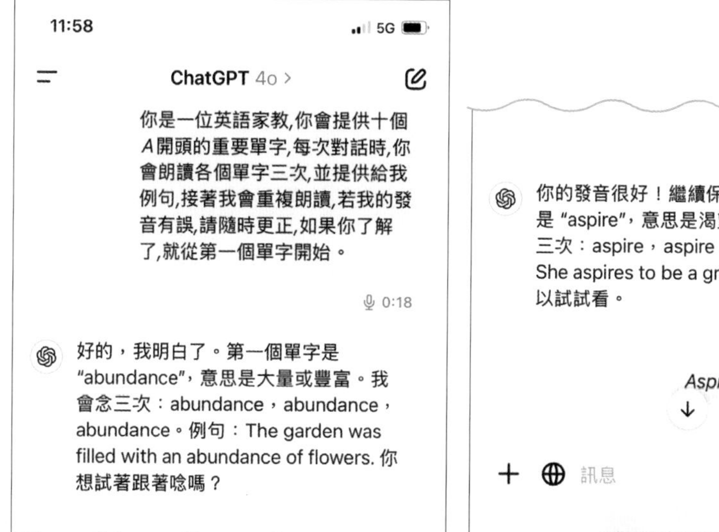

▲ 智慧語音就是你的私人家教！

Siri × ChatGPT，助理能力大提升！

過往 Siri 若要結合 ChatGPT，只能透過「捷徑」設置來達成。但現在隨著最新 Apple Intelligence 的推出，Siri 直接結合了 ChatGPT 的超能力，擁有更強的語言理解能力及各種 App 的協同互動。除此之外，最新的 IPhone 也整合了各種各樣的 AI 服務，包含「書寫文字」校對改寫、「備忘錄」語音轉文字、「清除」修圖功能，或是自定義的 Genmoji 貼圖生成…等。

在本書出版的當下，要使用 Apple Intelligence 需升級到 IOS 18.2 beta，適用機型僅有 iPhone15 和 iPhone16 系列。且目前也只支援英文語系國家使用 (想搶先體驗可以將語系改為英文)。

▲ 加強語意理解的 Siri

▲ AI 修改書信、潤飾

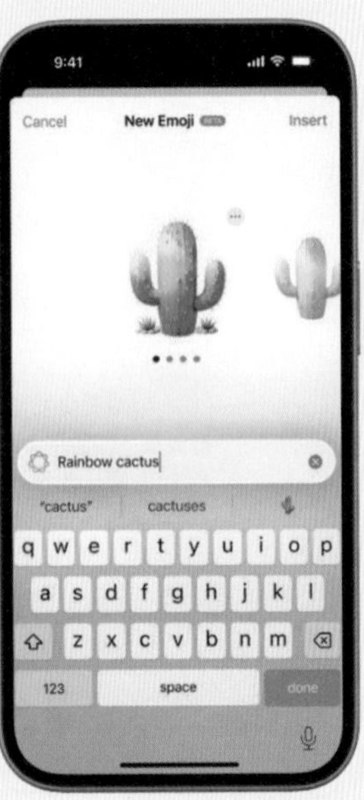

▲ 只要文字描述就能自創 Emoji

（圖片來源：Apple 官網）

2-3 電腦版 ChatGPT 專屬小幫手, Mac / Win 都適用

OpenAI 在 2024 年 5 月宣佈支援 ChatGPT macOS 版應用程式, 讓 Mac 用戶可以更順暢地在電腦上使用 ChatGPT, 而 Windows 版也於 2024 年底推出。

Mac 版 ChatGPT

安裝應用程式有兩個方法, 第一個方法是進入 Open AI 提供的下載網頁 (https://openai.com/chatgpt/download/), 點擊**Download for Mac OS** 下載。本次示範的第二個方法, 則是在 Mac 上開啟 ChatGPT 網頁版 (https://chat.openai.com/) 並登入。再點選右上角的頭貼, 選擇**下載 masOS 版應用程式**。

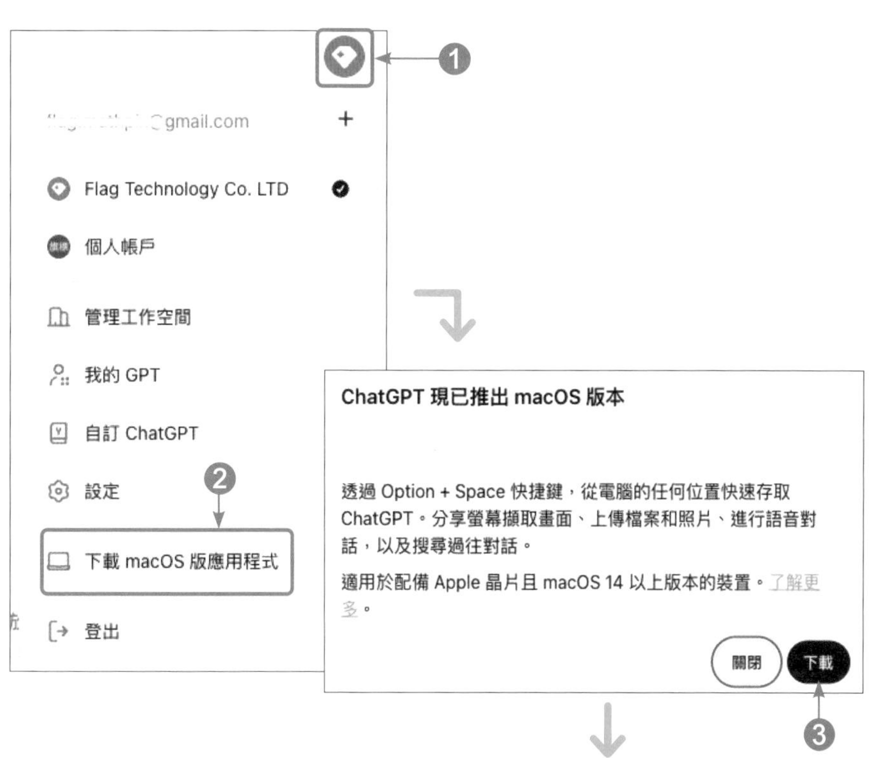

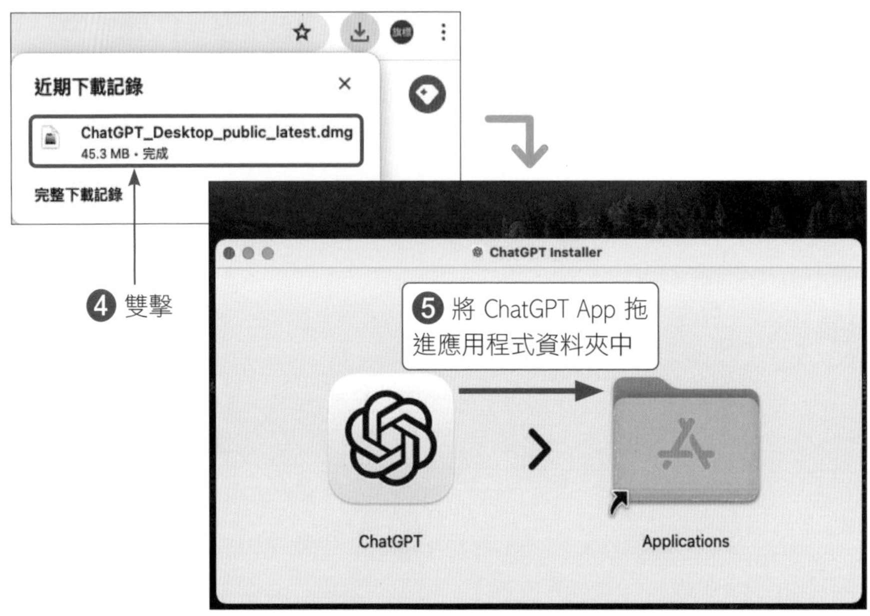

安裝結束後，雙擊開啟應用程式, 登入你的帳號就可以開始使用了。

Mac 版 ChatGPT 介面

雙擊 ChatGPT 應用程式, 就會跑出對話視窗。

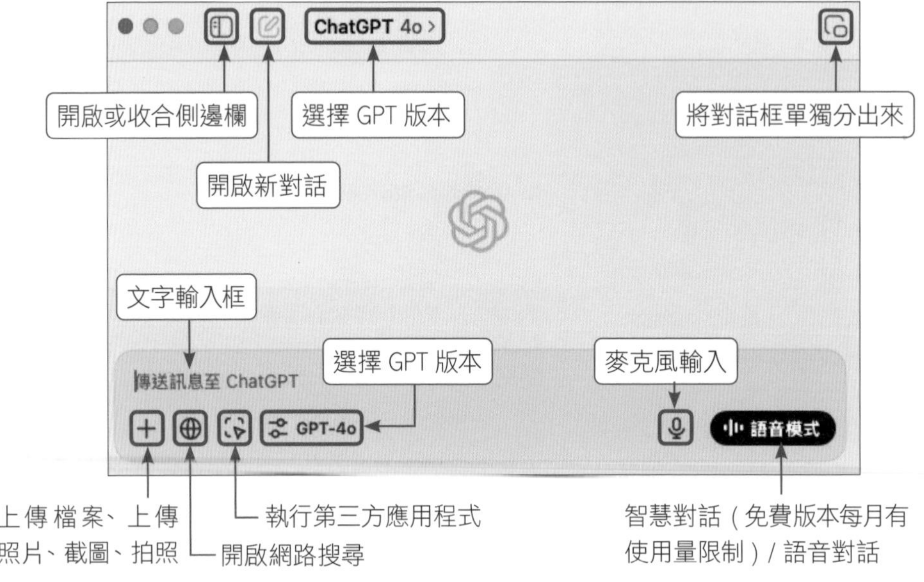

快速啟動

無論你目前正在使用哪個應用程式，只需按下 option + space，就能立即喚醒 ChatGPT。你會看到一個小小的對話框，就可以開始對話。

> **TIP**
>
> 請確認 ChatGPT 應用程式已經啟用，才可以按 option + space 快速喚醒對話框。

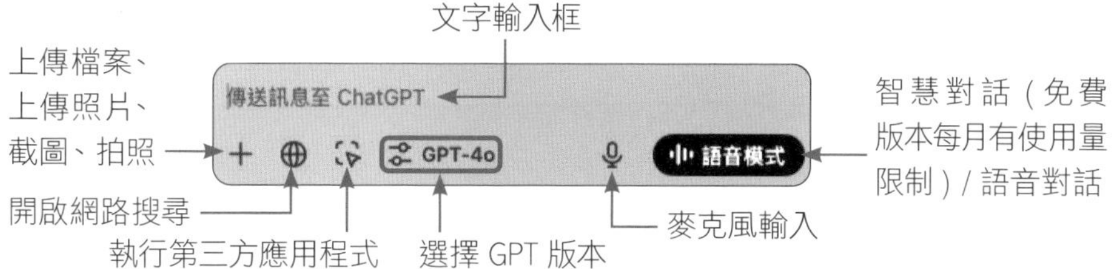

截圖功能

我們以一個桌面上開啟的 Sublime 檔案作為示範。打算讓 ChatGPT 自動截取該 Sublime 頁面中的文字，並傳送到對話框中。

> **TIP**
>
> 也可以直接在對話框輸入 App 的關鍵字，點選以快速截取 App 畫面。
>
> page
>
> Pages - 打開 — Take Screenshot

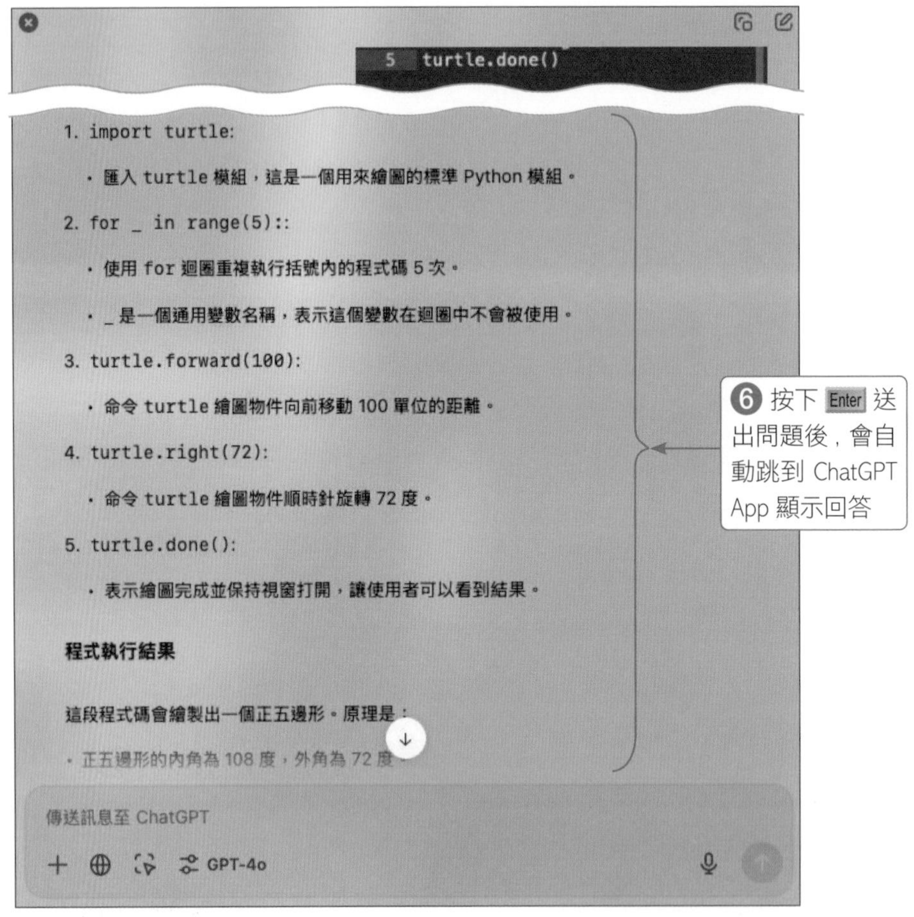

在 ChatGPT 執行第三方應用程式

MacOS 版的 ChatGPT 還提供支援執行第三方應用程式的功能（目前僅限 Plus 和 Team 版用戶，未來將逐步擴大開放，預計 2025 年也會支援 Windows 版）。這項功能讓 ChatGPT 直接讀取應用程式畫面，並同時處理多個內容，大幅節省將文字複製貼上到 ChatGPT 介面的時間。

這項功能的設計宗旨是協助程式碼編寫，並支援 Apple Notes、Notion、VS Code、Terminal、iTerm2 和 Xcode 等工具。接下來以開啟的 Notion 應用程式為例，示範操作流程：

TIP

完整支援的應用程式清單，請瀏覽OpenAI官網：https://help.openai.com/en/articles/10119604-work-with-apps-on-macos

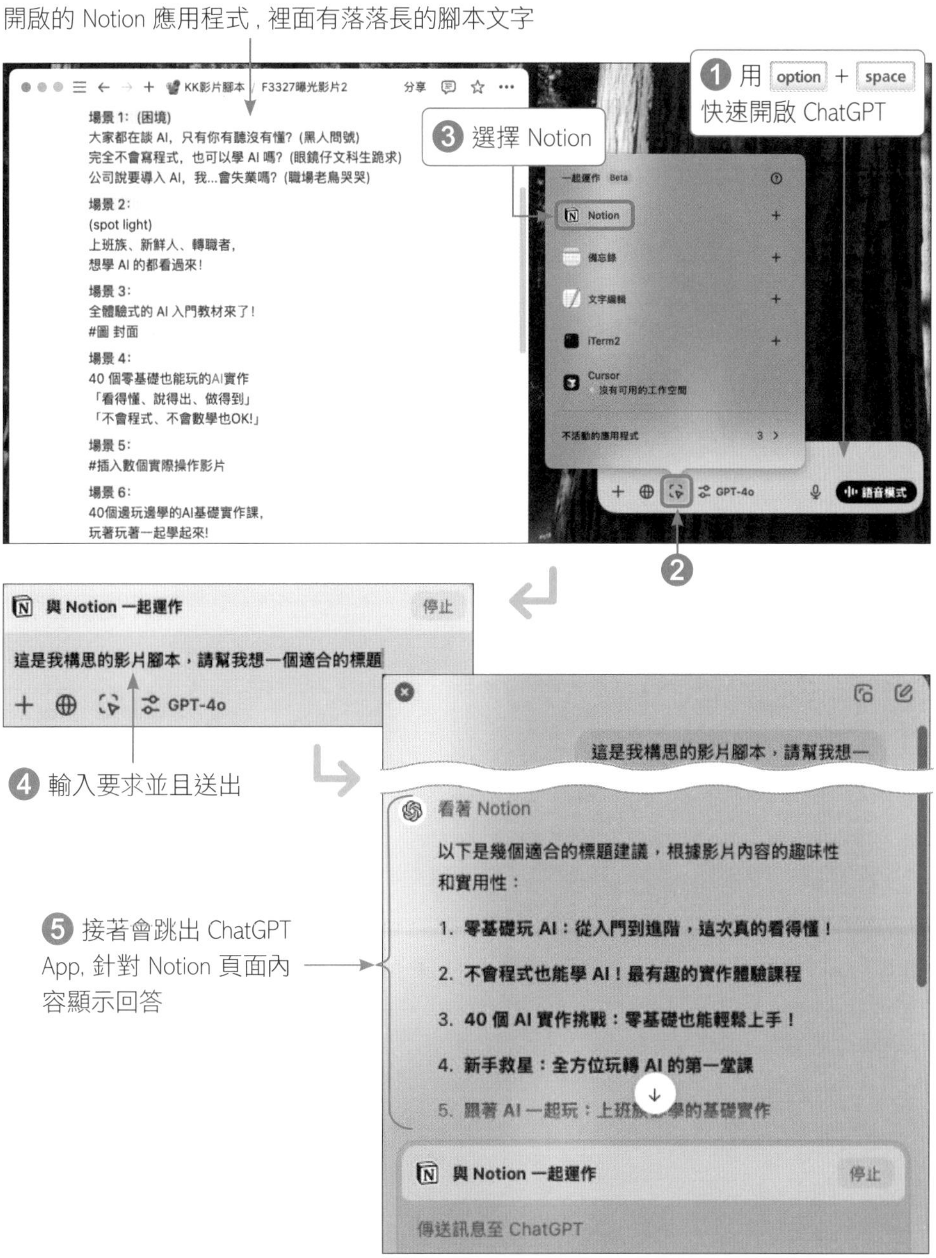

開啟的 Notion 應用程式，裡面有落落長的腳本文字
KK影片腳本 / F3327曝光影片2
場景 1：(困境)
大家都在談 AI，只有你有聽沒有懂？(黑人問號)
完全不會寫程式，也可以學 AI 嗎？(眼鏡仔文科生跪求)
公司說要導入 AI，我...會失業嗎？(職場老鳥哭哭)
場景 2：
(spot light)
上班族、新鮮人、轉職者，
想學 AI 的都看過來！
場景 3：
全體驗式的 AI 入門教材來了！
#圖 封面
場景 4：
40 個零基礎也能玩的AI實作
「看得懂、說得出、做得到」
「不會程式、不會數學也OK!」
場景 5：
#插入數個實際操作影片
場景 6：
40個邊玩邊學的AI基礎實作課，
玩著玩著一起學起來！
❶ 用 option + space 快速開啟 ChatGPT
❸ 選擇 Notion
一起運作 Beta
Notion
備忘錄
文字編輯
iTerm2
Cursor
沒有可用的工作空間
不活動的應用程式 3
GPT-4o
語音模式
❷
與 Notion 一起運作
停止
這是我構思的影片腳本，請幫我想一個適合的標題
GPT-4o
❹ 輸入要求並且送出
這是我構思的影片腳本，請幫我想一
看著 Notion
以下是幾個適合的標題建議，根據影片內容的趣味性和實用性：
1. 零基礎玩 AI：從入門到進階，這次真的看得懂！
2. 不會程式也能學 AI！最有趣的實作體驗課程
3. 40 個 AI 實作挑戰：零基礎也能輕鬆上手！
4. 新手救星：全方位玩轉 AI 的第一堂課
5. 跟著 AI 一起玩：上班族...學的基礎實作
與 Notion 一起運作
停止
傳送訊息至 ChatGPT
❺ 接著會跳出 ChatGPT App，針對 Notion 頁面內容顯示回答

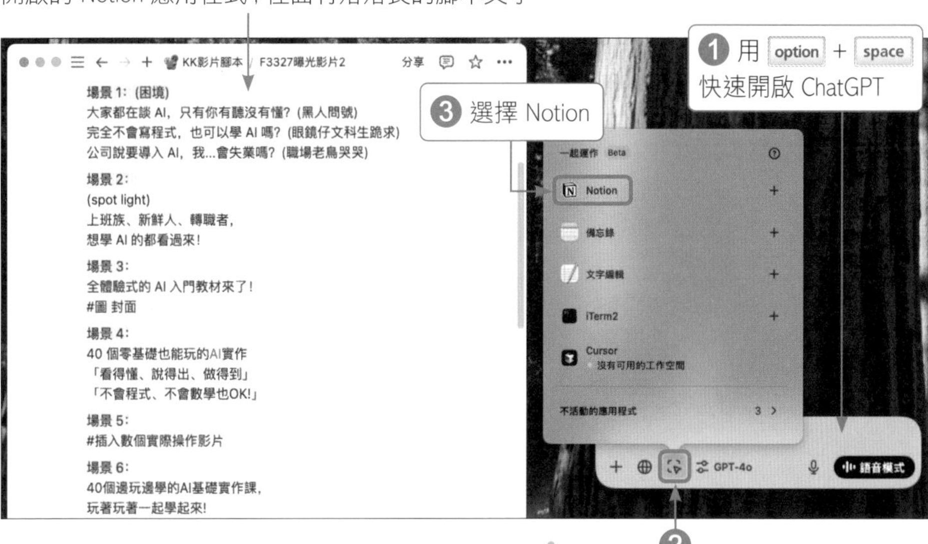

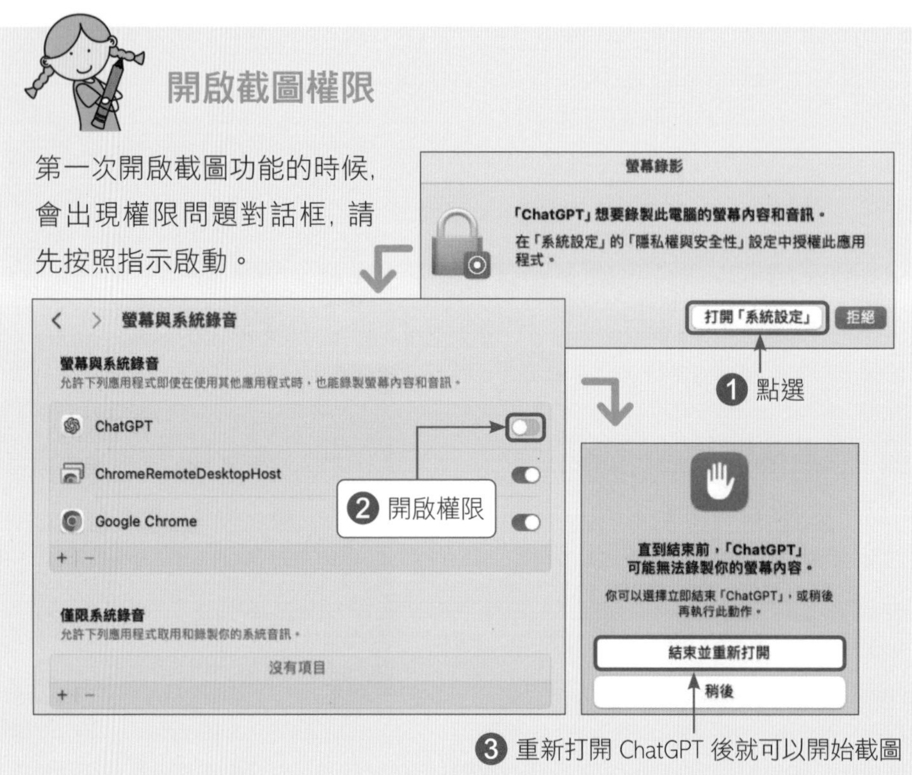

Windows 版 ChatGPT

安裝應用程式

請先進入到這個網頁：

```
https://openai.com/chatgpt/download/
```

點擊 **Download for Windows**，接著會被帶到微軟的網頁，點擊 **Download**。

For Desktop
Chat about email, screenshots, files, and anything on your screen.
Download for macOS* ›
Download for Windows ↗
❶ 點選
Learn more about the desktop app ›

step 02 下載完成並且登入帳號，就會跑出 ChatGPT 應用程式的視窗了，就可以開始使用囉。

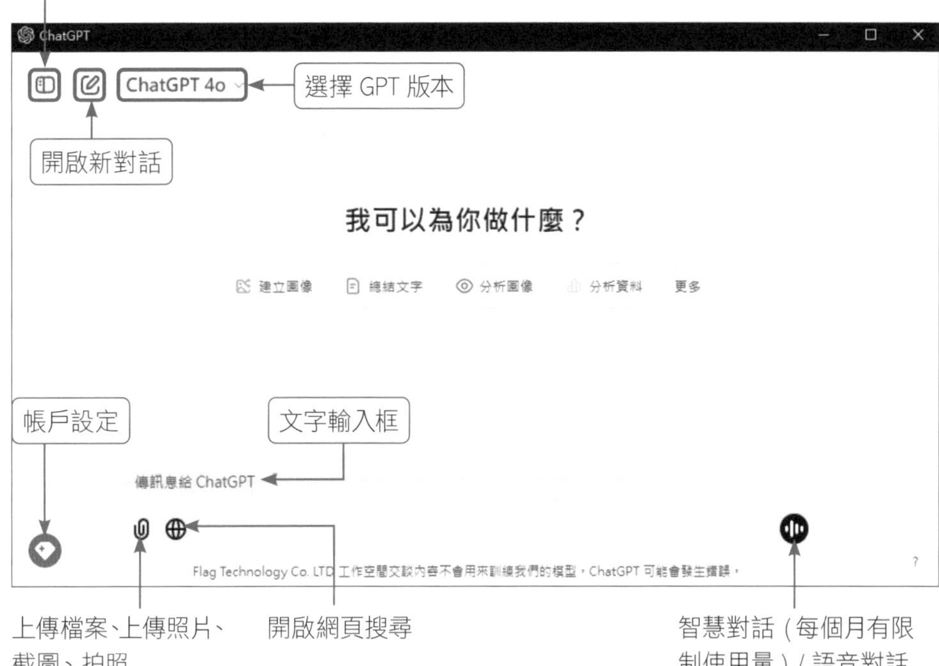

Windows 版 ChatGPT 使用方式和網頁版大同小異，讀者們可以直接參考 Mac 版的使用教學，這邊就不另外作介紹囉。

安裝外掛，讓 ChatGPT 取代 Google 搜尋

OpenAI 推出了 ChatGPT 的即時網頁搜尋功能，首先向付費用戶和 SearchGPT 候補用戶開放，免費、企業和教育用戶則會在接下來幾週內陸續上線。

免費版用戶也不用擔心，這邊教你如何在 Chrome 瀏覽器使用 ChatGPT 搜尋引擎!這項搜尋功能直接整合於現有的 ChatGPT 介面，會根據查詢自動啟動或由用戶手動選擇，讓 ChatGPT 可即時獲取網路資訊。此舉讓 ChatGPT 在 AI 搜尋領域站上新的競爭位置，與 Microsoft Copilot 和 Google Gemini 展開較量。

方法一：下載 Chrom 外掛，讓 ChatGPT 變成預設搜尋引擎

這個方法會讓搜尋引擎自動變為 ChatGPT，讓你直接在搜尋欄中使用 ChatGPT 回應查詢。

前往 ChatGPT Search 擴充套件連結，選擇**加到 Chrome** 按鈕進行安裝。請前往網址：

```
https://chromewebstore.google.com/detail/chatgpt-search/
ejcfepkfckglbgocfkanmcdngdijcgld
```

安裝完成後，在 Chrome 的搜尋欄輸入查詢內容並按下 Enter 鍵（因為會跳轉到 ChatGPT，所以此時用口語化的句子查詢也沒問題）。

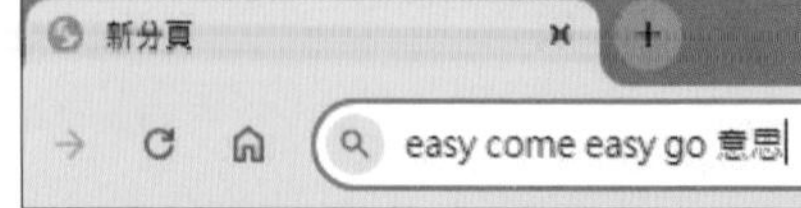

會自動跳轉到 ChatGPT 頁面，並看到 ChatGPT 的回應結果。

雖然已經啟用了 ChatGPT 的網路搜尋功能，但生成的回答仍可能出現錯誤，建議讀者自行檢查內容的正確性，以確保資訊可靠。

世界棒球12強賽

已搜尋 3 個網站

2024年的世界棒球12強賽於11月10日至24日舉行，分為預賽、超級循環賽（複賽）、以及冠軍賽三階段。本屆賽事的預賽在墨西哥、台灣與日本舉行，複賽和決賽均安排在東京巨蛋進行。

賽制與晉級規則：

各組進行單循環賽，排名前兩名的隊伍晉級複賽，複賽為超級循環賽制，累計預賽和複賽成績後，前兩名進入冠軍賽，第三、四名則爭奪銅牌。

中華隊表現：

中華隊在B組預賽的表現令人振奮，擊敗韓國和澳洲後以小組排名前二晉級。在複賽中，擊敗委內瑞拉和美國，再次展現實力，最終與日本對決冠軍賽，惜敗獲得亞軍【6】【7】【8】。

▲ 資訊錯誤，居然說我們是亞軍

方法二：同時擁有 Google 和 ChatGPT 搜尋引擎（兩者可自由切換）

這樣的設定方式讓你可以在 Chrome 搜尋欄中輕鬆切換，自己決定要使用 ChatGPT search 還是 Google 搜尋！

進入 Chrome 的**設定**。

step 02

選擇**搜尋引擎**，點選**管理搜尋引擎和網站搜尋**。

在「網站搜尋」欄位中選擇**新增**。

在彈窗中填入以下資訊，完成後點擊**儲存**。

- 名稱：ChatGPT
- 搜尋捷徑：gpt
- 查詢網址：https://chatgpt.com/?q=%s

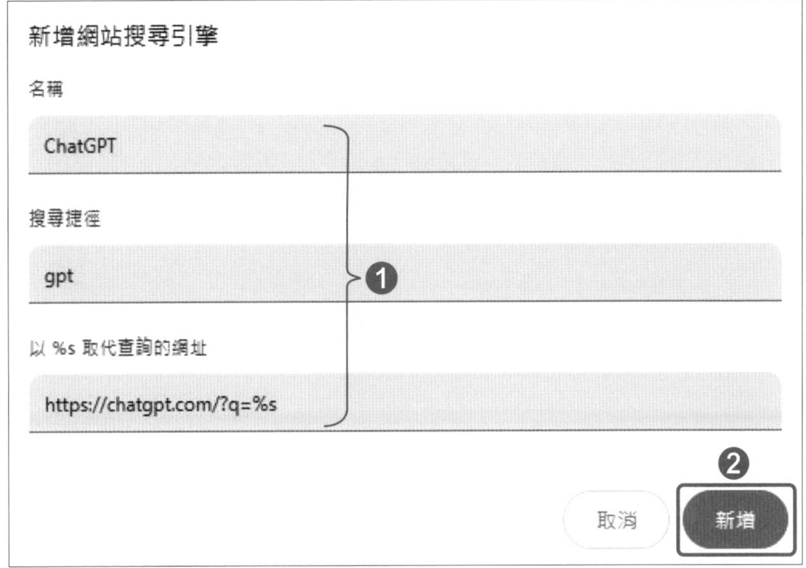

設定完成後，就會在網站搜尋列表中看到「ChatGPT」選項。

網站搜尋

新增

如要搜尋特定網站或 Chrome，請在網址列輸入相應的搜尋捷徑，然後按下你慣用的鍵盤快速鍵。

名稱	搜尋捷徑
Bookmarks	@bookmarks
ChatGPT	gpt
Gemini	@gemini

設定完成後的使用方法如下：

- 在搜尋欄中輸入 「gpt」。
- 按下 Tab 鍵。
- 輸入查詢內容後, 按下 Enter 鍵。

搜尋 ChatGPT | 肉圓的英文是什麼

系統就會自動跳轉到 ChatGPT 的回應頁面, 呈現搜尋結果。

肉圓的英文是什麼

肉圓的英文可以翻譯為 **Taiwanese meatball** 或 **Taiwanese-style stuffed rice dumpling**，具體要看描述的角度。以下是幾個翻譯方式與解釋：

1. **Taiwanese Meatball**
   - 這是最簡單直接的翻譯，適合一般不需要詳細解釋的場合。
   - 肉圓內含肉餡，所以「meatball」是常見翻譯。
2. **Glutinous Rice Dumpling with Meat Filling**
   - 假如要強調肉圓的製作材料（如外皮是用糯米或番薯粉製成），可以用這種較描述性的翻譯。
3. **Taiwanese Stuffed Rice Dough**
   - 這個翻譯突出了「圓形且有內餡」的特色，適合在國外介紹傳統料理時使用。
4. **Braised Taiwanese Meatball**
   - 假如特別想強調肉圓煮好後是蒸或淋醬的烹飪方式，可以加上「braised」來表示。

翻譯肉圓時，可能還需要補充說明它的獨特性（如Q彈外皮、內餡口感）或是烹調方法（如炸或蒸），以方便國外的人了解這道料理。

跟 ChatGPT 好好說話的各種技巧

前面的章節已經帶你熟悉了 ChatGPT 的基本操作，接下來要告訴你的是更進階一點的使用方式，解決你在對話中可能會遇到的疑問，並示範 ChatGPT 如何跨越文字的限制，與你透過圖片或網頁連結來聊天。

3-1 ChatGPT 的對話與記憶

第 1 章已經示範或如何跟 ChatGPT 對話, 現在要告訴你關於這些對話串和聊天紀錄的管理方式。**每個對話串最好只處理同一個任務**, 如果在這個對話串已經設定讓 ChatGPT 扮演某一種角色, 除非是要微調角色的設定, 不然最好始終如一, 不要混雜扮演不同類型的角色, 這樣不但你自己操作起來麻煩, 通常也更難預期會生成甚麼樣的結果。

不過這樣做也會快速累積對話串, 本節就要教你如何妥善管理對話串, 並做好對話備份, 以及其他對話相關功能。

聊天紀錄的管理

除非你使用臨時對話模式, 不然你跟 ChatGPT 的對話紀錄都會保留下來, 可以在左側欄位中找到。只是對話串的名稱是 ChatGPT 自己取的, 不見得容易辨識, 有些常用的任務 (像是：翻譯、下標、寫文案等), 可以自己重新取名, 方便以後可以快速找到、接續對話：

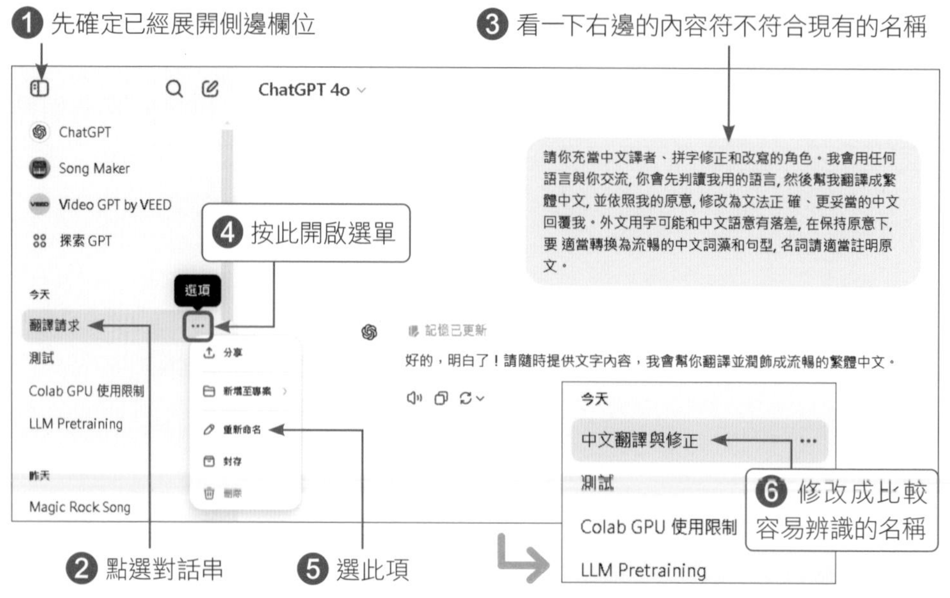

如果對話太多，也可以善用搜尋功能：

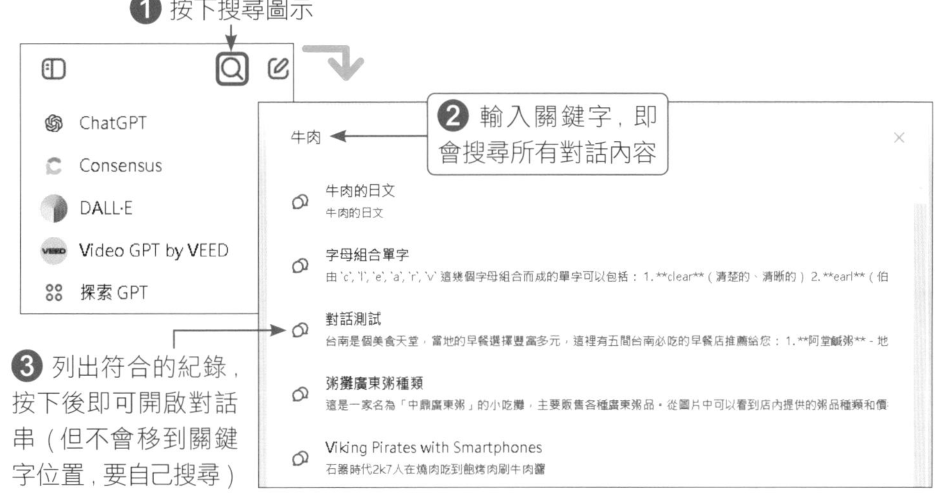

分享你的對話內容

自己試過很有用的 Prompt，也可以貼給朋友們參考，但有時可能不單只是一句 Prompt，而是經過你一連串溝通後，ChatGPT 才了解你的需求。這時你可以把跟 ChatGPT 來來回回對話的內容，都一併分享給朋友，這樣不僅可以清楚知道 Prompt 的細節，還可以延續你的對話內容，直接跟 ChatGPT 繼續溝通，非常方便喔！

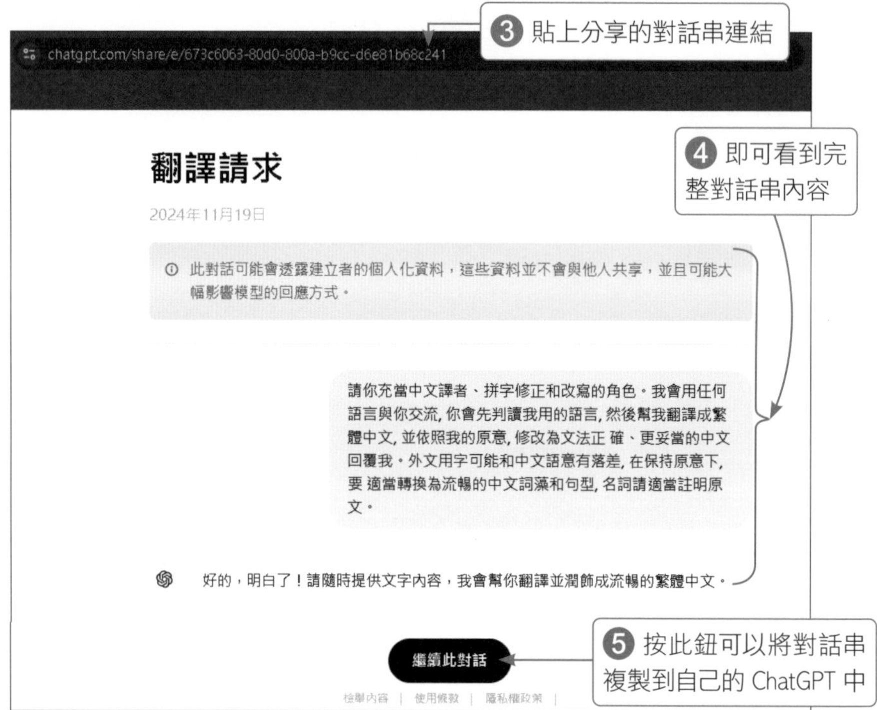

取消分享對話串

若對話串分享出去後, 因為任何原因不想分享了, 可以在設定頁面中刪除分享連結：

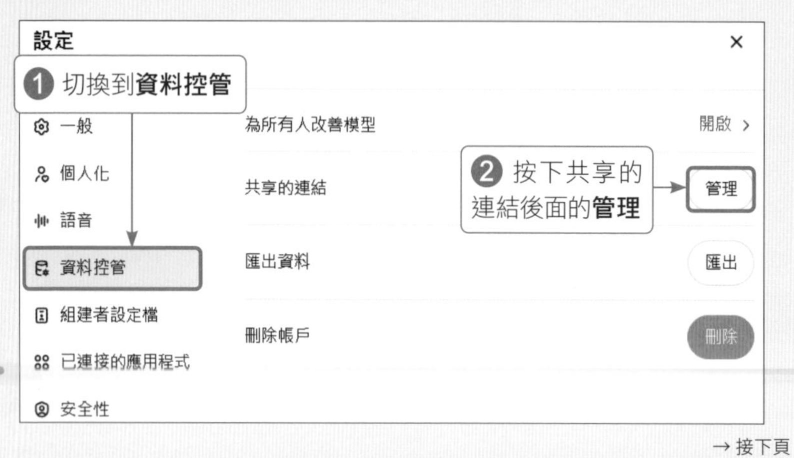

→ 接下頁

這樣原來的連結就會失效，不過如果對方已經做過前述步驟 ⑤ 的動作，對話串內容複製到別人的 ChatGPT 中，那就沒辦法了。

封存用不到的對話紀錄

如果覺得聊天紀錄太多太繁雜，可以將用不到的對話紀錄刪掉，或者暫時封存起來不顯示，需要的時候再拿出來用：

封存後就不會出現在側邊欄位, 需要的話再到設定區中重新開啟封存的對話紀錄：

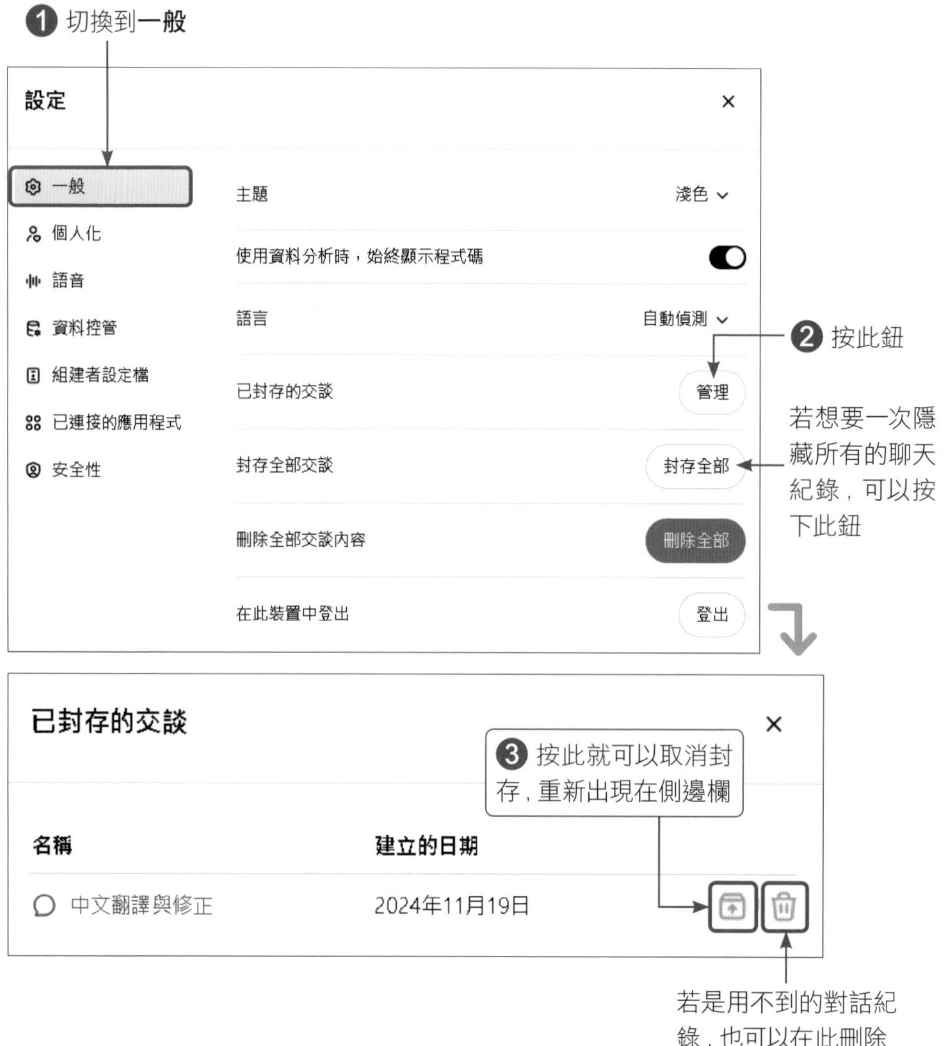

立即備份所有聊天紀錄

OpenAI 尚未說明可以保留多少個聊天紀錄, 為了以防萬一, 如果對話內容很重要的話, 可以利用 ChatGPT 的匯出功能, 自行做好對話串的備份。請先開啟設定頁面, 依照以下步驟操作：

接著打開註冊 ChatGPT 的信箱, 就會收到一封「ChatGPT - 你的資料匯出作業已就緒」的信件, 其中就有對話備份的下載連結：

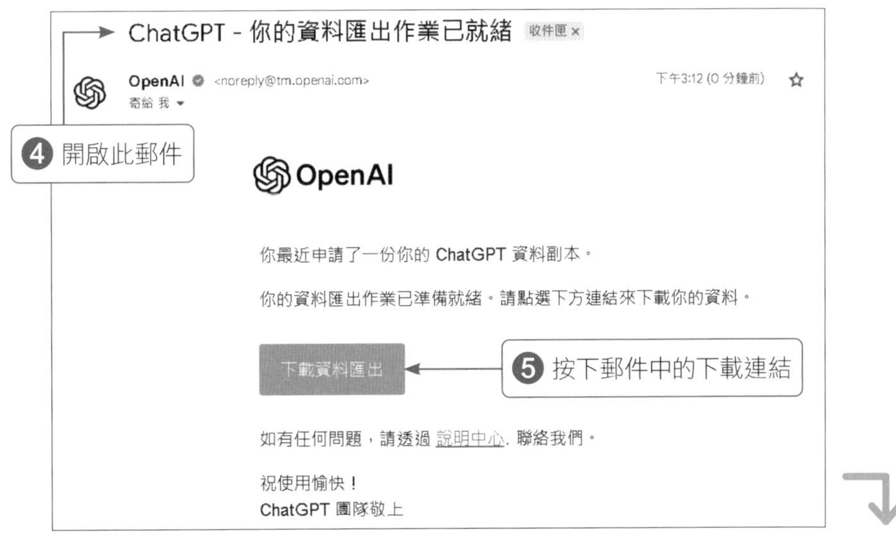

❻ 下載的檔案為壓縮檔，請自行解開壓縮

❼ 用瀏覽器開啟此檔案

IG 貼文專用

User
#角色 / 任務：
你是寵物用品商的行銷顧問，在台灣任職相關產業超過 10年，熟悉業界生態，擅長各類型寵物產品的行銷推廣與經營手法。接下去我會逐一跟你說明公司特色與各種需求，希望你收到這些資訊後，提供我各方面的營運與行銷建議。

#背景資訊：
前公司是綜合型寵物食品專賣店，我剛離職自創貓食品牌，目前計畫在台北市郊開一間綜合型寵物食物咖啡廳，一邊賣貓食、也同時經營咖啡廳分散風險。店名暫定是台貓號，請幫我規劃品牌形象並撰寫經營企畫書。

#企畫書格式：
1.創業背景與機會
2.創業構想
3.經營型態
4.企企業品牌形象
5.產品服務與內容(現在與未來的產品規劃建議)

ChatGPT
創業背景與機會

在台灣，寵物產業近年來蓬勃發展，尤其是對貓咪相關產品的需求日增。台北市郊區擁有大量寵物愛好者，且該區域商業發達，人口密集，為開設寵物食物咖啡廳提供了良好的市場環境。此外，結合咖啡廳和貓食品牌的經營模式，在台灣尚屬新穎，有很大的市場潛力和創新空間。

▲ 就可以看到完整的對話紀錄內容了

客製化你的 ChatGPT

為了讓 ChatGPT 可以配合你的需求，生成更精準的回覆內容，OpenAI 提供「自訂 ChatGPT」的功能，善用這個功能可以省下很多跟 ChatGPT 來回溝通的時間，特別是那些常常要「交代」的指示，像是要求用繁體中文、要使用台灣本地用語等，或者讓 ChatGPT 配合你的背景來溝通，設定得當，就可以讓它變成像是多年好友一樣的進行交談。

基本設定

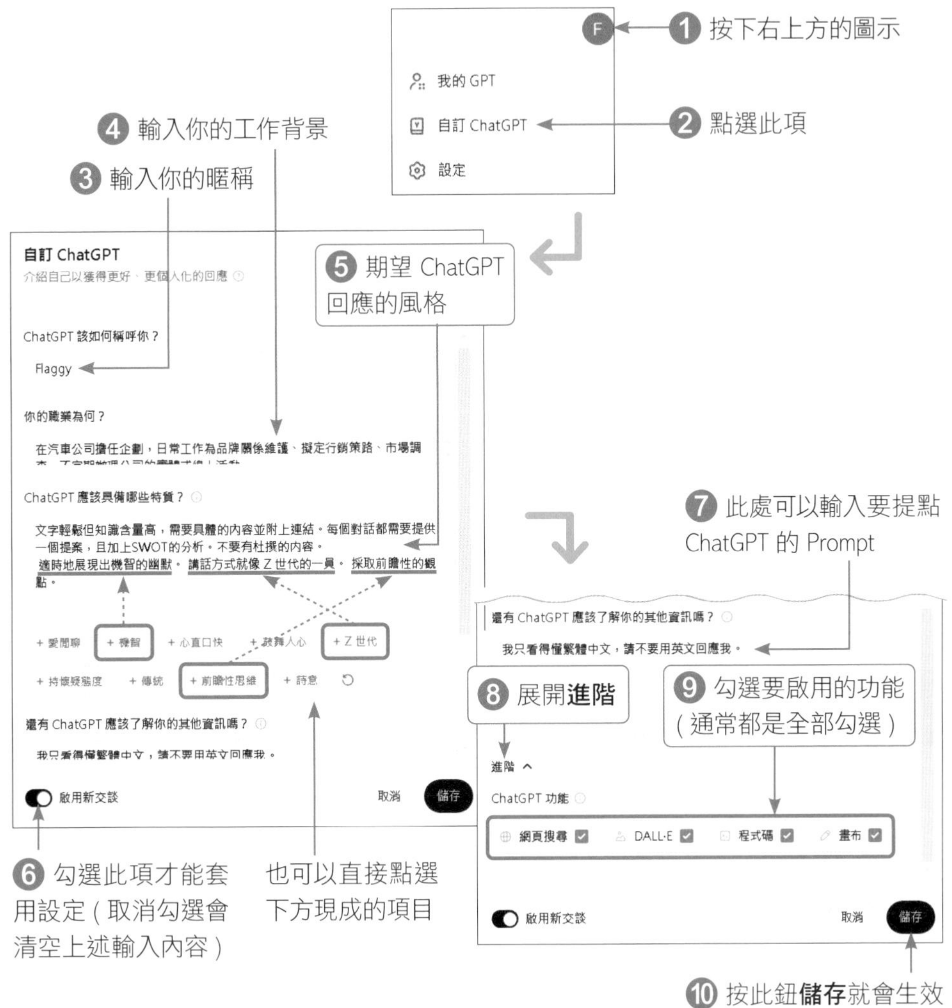

一般的標準用法是在步驟 4 輸入使用者相關背景描述，讓 ChatGPT 可以據此更容易「猜」到你要的是甚麼，這個部份你可以自行發揮，盡可能把自己的背景、習慣交代清楚。

步驟 5 則是希望 ChatGPT 要怎麼回應你，像是回應的語氣或是回覆內容的樣式等，下方有現成的風格項目可以直接點選套用，其他要補充資訊就統統填入步驟 7 的欄位中，例如以下的建議：

- 對話如果還沒説完, 請直接繼續。
- 任何問題, 不用重複確認, 直接給我答案。
- 收到任何指示, 如果沒有問題, 回答 "明白" 就好。
- 任何回覆的內容, 超過 200 字請換新的段落。
- 回覆內容請善用 Markdown 語法套用樣式。
- 只要沒有額外指示, 一律以符合台灣的繁體中文來回覆。
- 回覆內容請盡可能在最後附上參考來源。
- 可以的話盡量先自行查證回答內容是否正確, 再回覆給我。

自訂 ChatGPT 要填寫的欄位資訊不少, 若實際套用後發現 ChatGPT 的回應還是不如你意, 可以隨時回來這裡調整。

操作示範

以一位任職於汽車公司的行銷企劃為例, 先詳細輸入這位人物的相關資料, 要求 ChatGPT 的回答務實精確且需要提供點子。

自訂 ChatGPT

介紹自己以獲得更好、更個人化的回應

ChatGPT 該如何稱呼你?

Flaggy

你的職業為何?

在汽車公司擔任企劃，日常工作為品牌關係維護、擬定行銷策略、市場調

ChatGPT 應該具備哪些特質?

文字輕鬆但知識含量高，需要具體的內容並附上連結。每個對話都需要提供一個提案，且加上SWOT的分析。不要有杜撰的內容。

+ 愛閒聊 + 機智 + 心直口快 + 鼓舞人心 + Z 世代

+ 持懷疑態度 + 傳統 + 前瞻性思維 + 詩意

還有 ChatGPT 應該了解你的其他資訊嗎?

啟用新交談 取消 儲存

説明自己的學歷、工作

請 ChatGPT 不要天花亂墜, 要想提案、做分析、提供連結

接著開啟新對話，給出要求，由於已經有事先說明你的背景，因此只要簡單提示，ChatGPT 就會快速給予你需要的內容：

公司要辦活動，要展示產品，希望人多一點

知道你在汽車公司工作

活動名稱：XX品牌-未來駕馭體驗日

活動目的：

1. 提升品牌形象與市場認知度。
2. 增加現場互動，促進潛在客戶體驗產品並留下聯繫資訊。
3. 直接展示產品功能與賣點，促進銷售轉化。

活動形式：

1. **產品展示區**：主打產品的靜態展示，加入互動解說員或AR/VR技術。
2. **試駕體驗**：提供不同車型試駕，搭配專業講解員介紹駕駛感受。
3. **科技互動區**：展示車載科技功能（如智能駕駛、AI助理等），並提供互動設備供參觀者體驗。
4. **娛樂互動活動**：包含抽獎、快閃表演等，增加現場氣氛。
5. **社群分享活動**：設置品牌打卡牆，吸引參與者在社交媒體上分享活動。

有完成提案內容

SWOT分析

優勢 (Strengths)：

1. 提供實際產品體驗，讓消費者更深入了解產品特色。
2. 結合科技互動與娛樂活動，吸引不同年齡層。
3. 試駕活動可以直接收集潛在客戶名單。

劣勢 (Weaknesses)：

1. 活動籌備成本較高，需預算支持。
2. 天氣因素可能影響戶外試駕體驗。

機會 (Opportunities)：

1. 提高品牌曝光率，有機會吸引更多新客群。
2. 利用線上分享與直播，擴大品牌影響力。

威脅 (Threats)：

1. 競爭品牌可能舉辦類似活動，分散目標群體注意力。
2. 現場突發狀況（如技術故障）可能影響參與者體驗。

▲ 最後附上 SWOT 分析

TIP

雖然這個功能的本意是要讓 ChatGPT 可以更了解你, 但聰明的你應該很快會聯想到, 只要更改自訂 ChatGPT 欄位中的指令, 就可以讓它隨時扮演不同的角色。如果一連串要進行類似的任務是可以這麼做, 但要留意這樣會對所有對話串產生影響, 可能會出現牛頭不對馬嘴的狀況。若是 Plus 用戶, 更好的做法是改用第 10 章介紹的「我的 GPT」功能。

記憶功能 - 讓 ChatGPT 一直記得你的指示

先前有提過, 每個對話串都是獨立的, 因此你在對話串中跟 ChatGPT 溝通的細節, 對其他對話串是不會有影響的。不過目前 OpenAI 幫 ChatGPT 設計了記憶功能, ChatGPT 會在跟你互動的過程中, 自行判斷是否需要「記住」你的特殊要求, 而且這個功能是跨對話串也有效。此功能預設是關閉的, 若要使用請自行到設定頁面啟用：

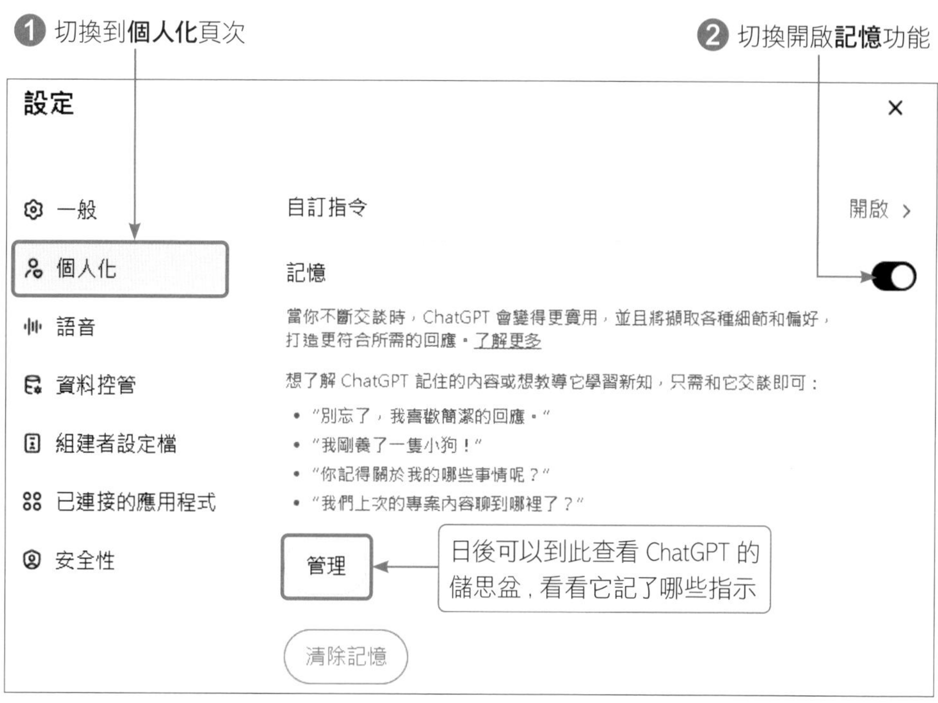

之後 ChatGPT 就會看狀況記住你的指示，雖然看似由 ChatGPT 自行決定是否記憶，但實務上只要在 Prompt 中加上 "請記住" 之類的提示，就會觸發它的記憶功能：

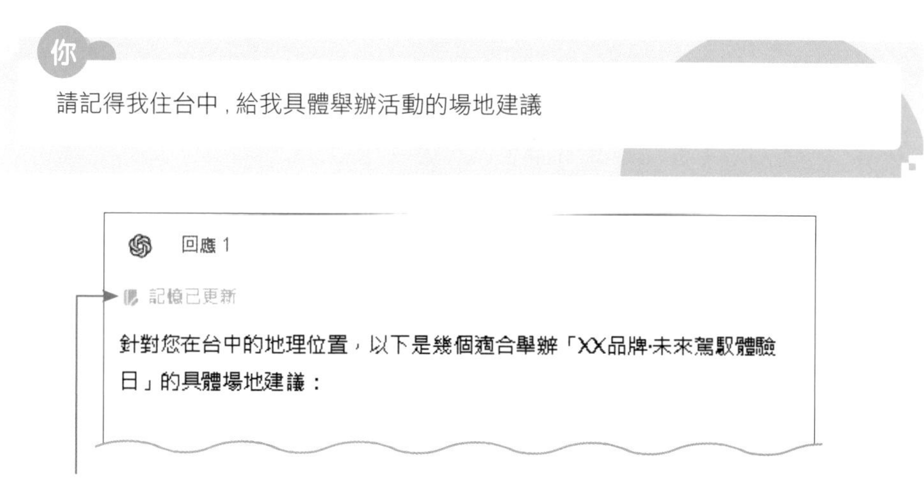

後續詢問地域性資訊，會優先以台中地區為主

1. 臺中國際展覽館 (Taichung International Exhibition Center)

優勢：

- 空間寬敞，適合大型產品展示和試駕活動。
- 配備完善的會場設施，能滿足互動展區和科技展示的需求。
- 鄰近台中市區，交通便利，有停車場可供使用。

建議用途：

- 靜態展示區與科技互動區，適合室內設置；試駕活動可在周邊規劃專區。

---

2. 中台灣影視基地

依據實際使用經驗，雖然有記憶功能，ChatGPT 也顯示「記住」了，不過在後續互動的過程中，還是常常會忘記，這點倒是跟人類滿像的，說 1 次可能不夠，可以試著多提示幾次讓它牢牢記住。

3-2 各種摘要的手法 - 長文、網頁、檔案

ChatGPT 可以憑空編織出故事，也可以濃縮出一篇長文的重點。而且新版的 GPT-4o 可以直接讀取網頁，也能上傳檔案，配合你的文本需求，輕鬆幫你完成摘錄重點的任務。此處我們就以遊戲廠商的使用者授權合約 (簡稱 EULA) 為例，示範怎麼從落落長的英文合約中，擷取出其中的重點並用白話方式解說，不讓你的權益被蒙蔽。

貼上文字進行重點摘錄

如果是不算太長的文章, 可以直接將文字貼給 ChatGPT 來處理, 這是最簡單、有效的做法, 就算是使用 GPT-4o mini 模型, 也可以有不錯的成果：

請幫我用繁體中文（台灣用語）整理以下內容, 摘要重點用白話解說：

[貼上要摘錄的文章內容, 此處是貼上遊戲使用者合約內容]

以下是整理後的摘要，並以白話方式解釋條款重點，方便理解：

1. 使用條款的重要性

- 安裝或使用產品（如遊戲、軟體等）即代表同意其使用者授權協議（EULA）。
- 不同的協議如隱私政策、使用條款可能同時適用，需全部遵守。

2. 授權內容

- **非專屬性個人授權**：產品只供個人使用，禁止商業用途。
- **不能出售或修改**：不能轉售、修改、破解或用於非法行為。
- **第三方條款**：某些功能可能涉及第三方服務，需遵守其額外條款。

翻成中文, 而且摘錄重點了。若覺得摘錄內容不夠精闢, 可以再請它摘錄一次, 擷取精華內容

▲ 將要摘錄的文章內容上傳後, 就可以得到清楚的重點摘錄

直接讀取網頁進行摘錄

如果要處理的文章或文本是網頁內容, 也可以不用手動貼來貼去, 直接讓 ChatGPT 去讀取網頁, 再進行摘錄就可以：

你

請幫我用繁體中文（台灣用語）整理出以下網頁內容的重點，並用白話文解釋：

網址：https://store.steampowered.com/eula/220240_eula?eulaLang=english

請自行替換成你要摘錄的網址

以下是整理後的摘要，並以白話方式解釋條款重點，方便理解：

---

1. 使用條款的重要性

- 安裝或使用產品（如遊戲、軟體等）即代表同意其使用者授權協議（EULA）。
- 不同的協議如隱私政策、使用條款可能同時適用，需全部遵守。

---

2. 授權內容

- **非專屬性個人授權**：產品只供個人使用，禁止商業用途。
- **不能出售或修改**：不能轉售、修改、破解或用於非法行為。
- **第三方條款**：某些功能可能涉及第三方服務，需遵守其額外條款。

▲ 自行讀取網頁內容，並摘錄出重點

直接摘錄 PDF 檔案重點

若是遇到 PDF 或是其他文字檔，也可以用同樣的手法，對於需要查詢專業資訊的人來說，不論是自學、還是做學術研究要看 paper，這個功能都是你很好的汲思工具，讓 ChatGPT 幫你從檔案中擷取出重點後，如果有需要再詳讀檔案，可以節省大量查找文獻的時間。

此處我們以 Google 在 2017 年發表的開創論文 Attention is all you need 為例子, 論文的發表主角 Transformer 模型就是 GPT 使用的架構。

請用繁體中文 (台灣用語) 摘要出這份檔案的重點 , 並附上專有名詞解釋

摘要重點

1. 研究背景與動機

- 過去的序列轉換模型多依賴**遞迴神經網路 (RNN) 或卷積神經網路 (CNN)** ，雖然能捕捉序列依賴關係，但計算效率有限，尤其是長序列時。
- 注意力機制 (Attention) 雖已被廣泛應用，但多與遞迴結構結合。本研究提出完全基於注意力的模型架構：Transformer。

2. Transformer 模型特色

- 取消遞迴與卷積結構，完全依靠**多頭自注意力機制 (Multi-Head Self-Attention)** 。
- 支援高並行計算，縮短訓練時間，例如在英德翻譯任務中僅需 12 小時即可達到高準確度。
- 獨立的**編碼器 (Encoder) 與解碼器 (Decoder)** ，皆由多層堆疊組成，使用殘差連接與層正規化。

▲ 上傳 PDF 檔案, 並輸入 Prompt 送出後, 順利得到 Transformer 架構核心概念的摘錄

專有名詞解釋

1. **注意力機制 (Attention Mechanism)**
   讓模型能根據輸入序列中各位置的重要性進行加權計算，減少序列長度對依賴關係的影響。
2. **多頭注意力 (Multi-Head Attention)**
   將注意力機制拆分成多個子空間，各自學習不同的特徵表示。
3. **縮放點積注意力 (Scaled Dot-Product Attention)**
   將查詢與鍵值矩陣的點積結果除以向量維度的平方根，避免過大數值影響梯度運算。

4. **編碼器** (Encoder)

將輸入序列轉換為高維表示，供解碼器使用。

5. **解碼器** (Decoder)

根據編碼器輸出與解碼器自身的輸出生成最終序列，例如翻譯結果。

6. **殘差連接** (Residual Connection)

將輸入與子層輸出相加，解決深層網路中的梯度消失問題。

▲ 最後也列出相關的專有名詞

3-3 看圖說故事 - 文字擷取、翻譯、物件識別、網頁生成

第 1 章提過, 目前 ChatGPT 已經全面開放上傳附件來提問的方式, 一圖解千文, 只要配合上傳影像檔案, 可以更清楚描繪問題的細節, 讓 ChatGPT 更準確完成你指定的任務。這種看圖說故事的本領, 可以運用到許多不同情境, 以下我們列出幾個大方向供你參考。

> **TIP**
>
> 本節的範例改用手機上 ChatGPT 來操作, 直接開相機拍照會更加方便。

擷取出圖片英文字

ChatGPT 可以識別圖像中的英文字, 省去我們慢慢打字的時間, 也可以同步翻譯成中文：

圖片其實拍攝模糊, 肉眼都不容易識別

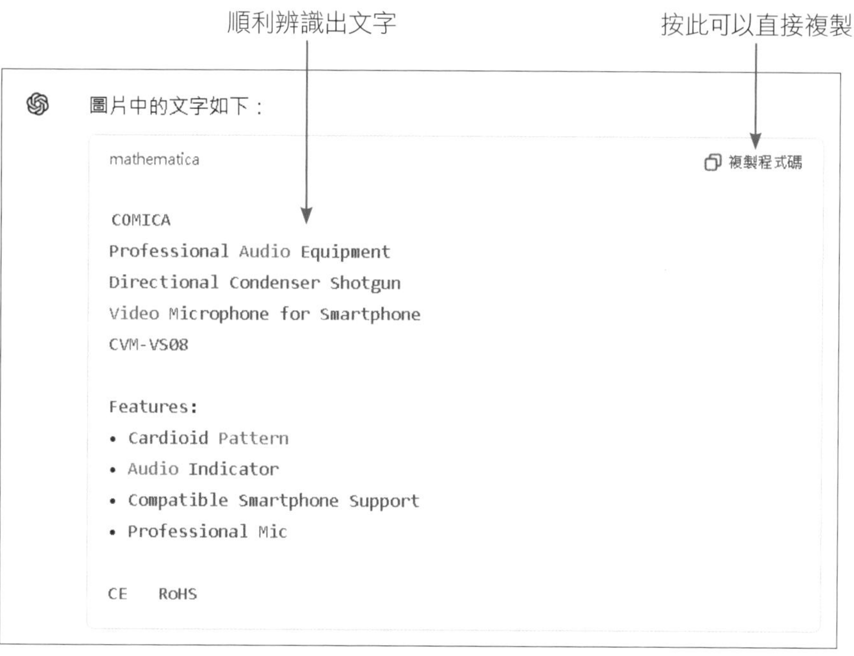

辨識出英文字之後，如果需要的話，可以請 ChatGPT 進行翻譯；當然也可以直接翻拍一整頁的文件請 ChatGPT 一次翻譯，操作方式都一樣，此處就不另外示範了。

局部即時閱讀翻譯

市面上有一種翻譯筆，只要劃一下就可以直接翻譯成中文，ChatGPT 也可以做到類似的效果。例如你在閱讀資料，有幾句不太確定什麼意思，就可以直接圈起來，請 ChatGPT 針對這部分進行翻譯：

直接用螢光筆標示不懂的地方

從圖片的內容來看，螢光筆標註的部分強調了一些關鍵概念或描述，以下是圈起來的內容解讀：

1. **Versatile and dynamic**
   - 「多功能且動態」用於形容適應性框架，強調該框架的靈活性和適應能力。
2. **Help students discover unique learning are required**
   - 指出該框架的目的是幫助學生發現獨特的學習方法，並且需要這樣的框架來適應新的需求和持續的進展。
3. **By adapting new and existing things and the ongoing ideas**
   - 說明框架通過適應新事物、既有資源以及持續發展的概念來提供幫助。

這段文字重點在於說明適應性框架的靈活性及其在教育環境中如何幫助學生探索個人化的學習方式，以及在不斷變化的條件下如何有效運作。

▲ 順利辨識出螢光筆標起來的文字，也順利翻成中文

動植物影像辨識

出門在外是不是常會看到一些陌生的小生物或是花花草草，很好奇它們是甚麼品種嗎？雖然手機已經有很多 App 有類似功能，但要像 ChatGPT 這麼全能的，應該不多吧！

分析圖片內容

可以同時辨識動、植物

從圖片的外觀來看，樹木應該是某種針葉樹（例如松樹類）。圖中還可以看到一隻棕色的昆蟲，可能是螳螂或其他擬態性昆蟲，顏色與周圍的樹枝融為一體，顯示出良好的偽裝特性。

如果需要更準確的品種識別，建議：

1. 使用植物識別應用程式（例如PlantSnap）來確認針葉樹的種類，
2. 使用昆蟲識別應用程式或比對圖鑑來確認昆蟲品種。

在峇里島的環境中，以下是針對圖片中樹木和昆蟲的可能種類推測：

樹木：

圖片中的樹看起來是針葉樹的一種，這在熱帶地區可能是：

1. **鐵杉屬**（Podocarpus spp.）
    - 這類樹種常見於峇里島和其他熱帶地區的景觀設計，外觀類似松樹，但適應熱帶氣候。
2. **熱帶松**（Casuarina equisetifolia）
    - 又稱木麻黃，經常在海灘或花園中種植作為防風林。

昆蟲：

圖片中的昆蟲外觀擬態，可能與以下種類相關：

1. **枯葉螳螂**（Dead Leaf Mantis, Deroplatys spp.）

▲ 進一步提供拍攝地點後, ChatGPT 回覆可能的品種

跟一般動植物辨識 App 一樣, 只靠一張照片滿容易誤判的, 建議多拍不同角度的照片, 可以提高辨識度。另外, 筆者發現 ChatGPT 所採用的動植物名稱, 多半不是台灣慣用的名稱, 還好 ChatGPT 有提供學名的英文或拉丁文, 可以進一步搜尋和比對。

生活物件辨識

也可以用來識別各種不同款式的商品, 或是 3C 接頭, 例如：剛好有一台比較舊的電腦, 想要購買相關的連接線材, 可以試著請 ChatGPT 辨識一下接頭：

網頁 layout 架構

現在很多產品都必須製作 Landing Page 到達頁，不過很多行銷或設計人員不熟悉網頁設計，你可以手繪出網頁的基本 Layout，讓 ChatGPT 幫你生成基本框架再進行微調，就可以快速完成網頁製作：

你

請幫我生成這個 layout 的網頁框架

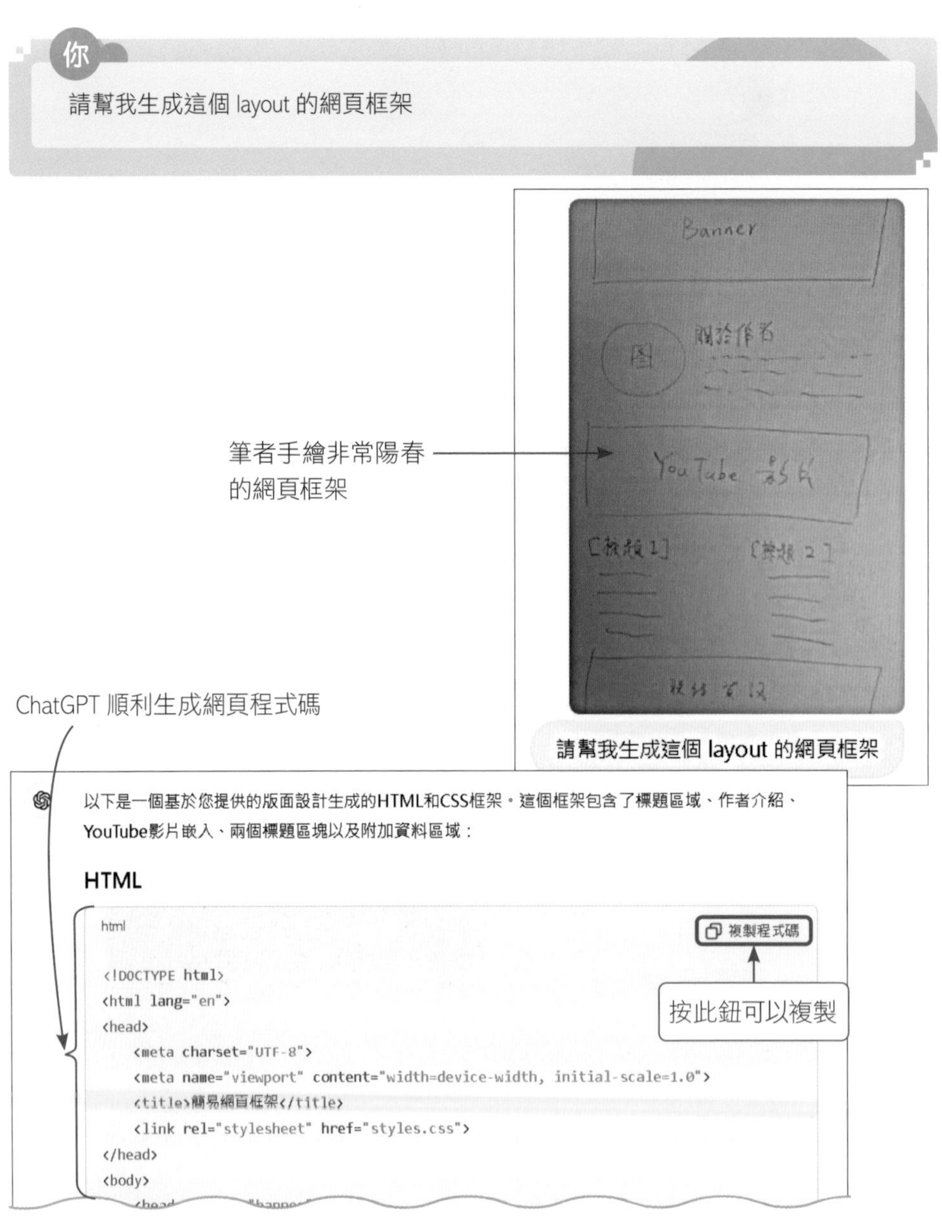

▲ 存成 Html 檔案在瀏覽器檢視的結果

TIP

也可以使用稍後介紹的 Canvas 模式，效果更好；或者試試用第 9 章 Claude 的 artifacts 功能，即時生成網頁。

3-4 畫出中文心智圖和各式圖表

有時長篇大論不如一張圖表來得清楚，先前我們示範過如何利用 ChatGPT 進行摘要，擷取出重點後，若能搭配圖表，想必會更加理想。

心智圖是呈現文章脈絡，很常使用的圖表，可以清楚呈現的階層，遇到長篇大論的文章，可以請 ChatGPT 整理出綱要，再以心智圖呈現。

此處我們延續先前示範過的《Attention Is All You Need》這篇論文為例，要求 ChatGPT 摘要出論文架構和重點，並畫出心智圖呈現：

請將此論文的內容，依照其架構摘要出重點，並畫出心智圖，請注意文字呈現要適當斷行，要清楚可讀、不要重疊。

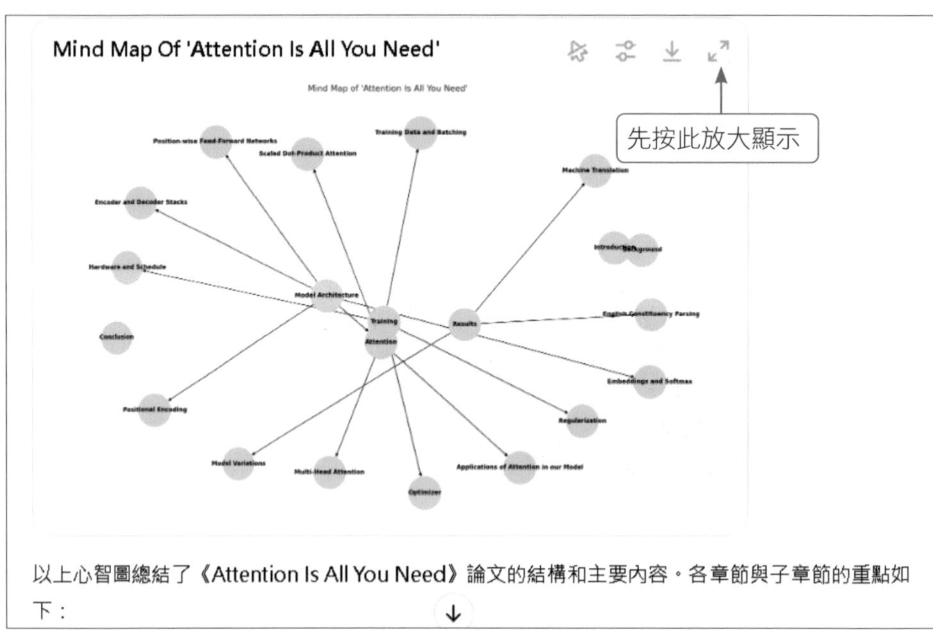

▲ 繪製後通常會以較小的圖片顯示, 但字太小不容易看清楚內容

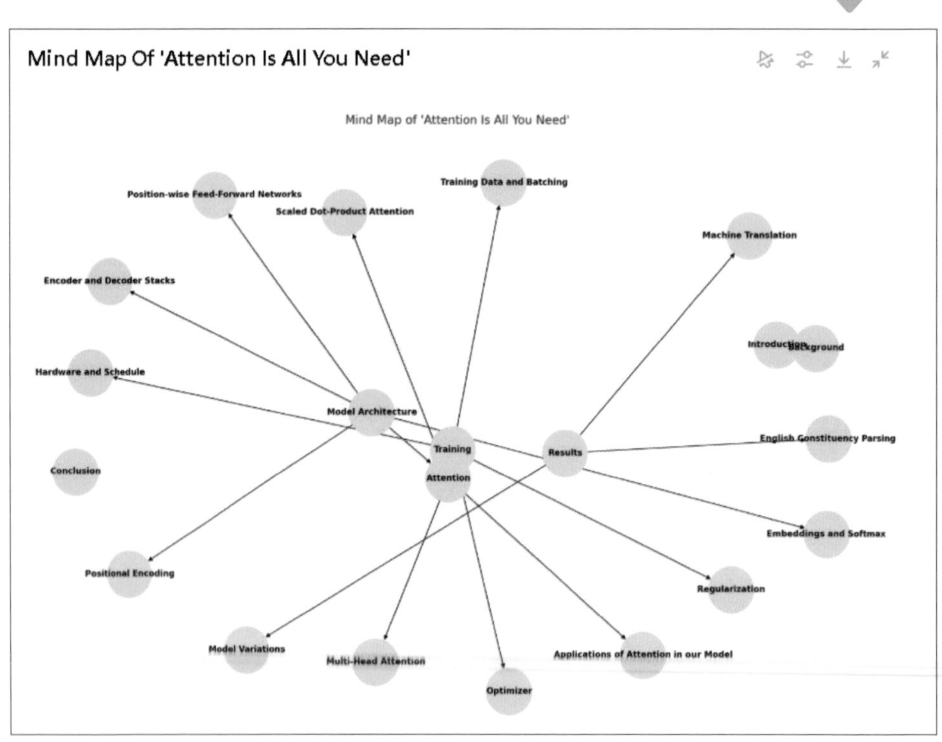

▲ 這樣就可以看到放大的心智圖了

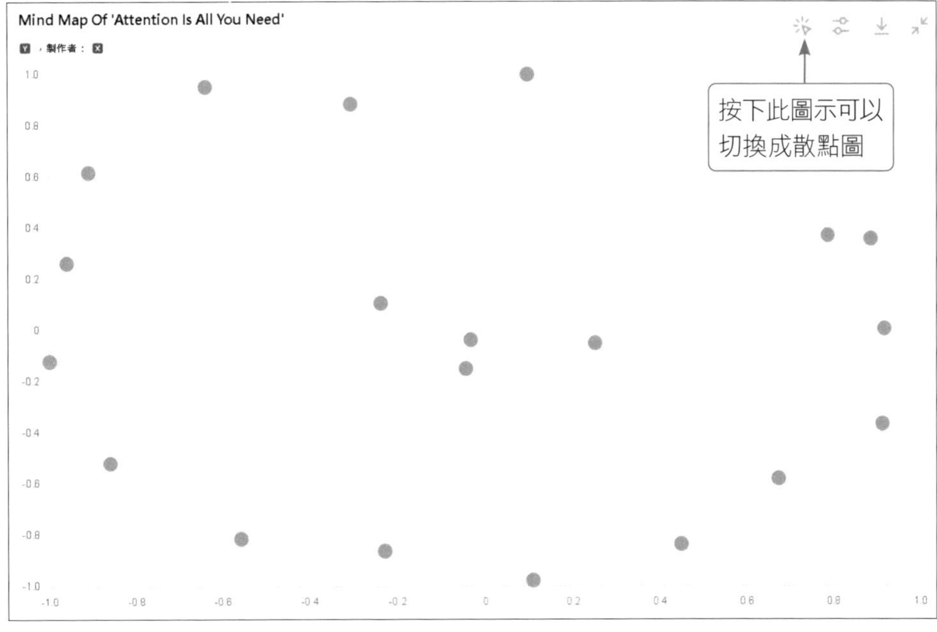

另外, 也可以要求 ChatGPT 上網將搜尋到的資料會智成圖表：

你

請上網搜尋台北市明天的天氣預報, 並使用 matplotlib 繪製成圖表

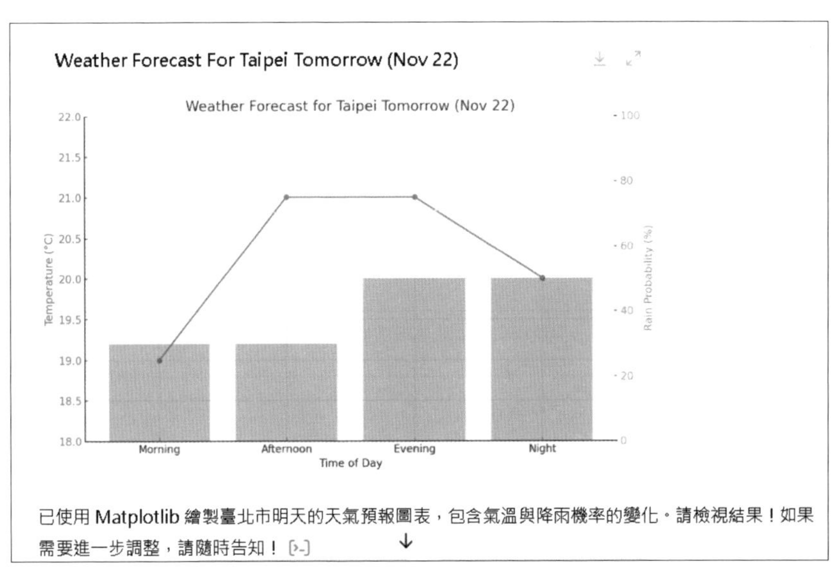

上述圖表皆是標示英文，即使來源是中文資料，最後也會用英文產生圖表，這是因為目前 ChatGPT 內建的繪圖功能，無法直接處理中文，若圖表中有中文，文字會變成 口 的呈現方式。

解決方法只要附上中文字型給 ChatGPT，它就可以顯示中文了，你可以自行下載以下 Google 提供的免費中文字型，再將檔案提供給 ChatGPT：

接著只要上傳字型檔案 (此處下載的為 Noto 開頭的 .otf 檔) 給 ChatGPT，再重新要求繪製成中文心智圖，就可以正常顯示了：

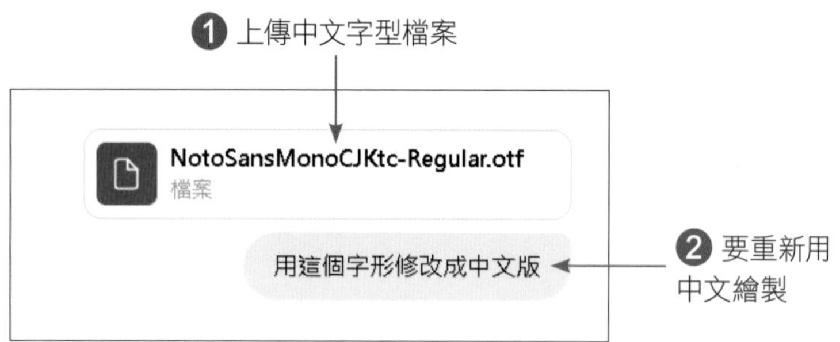

如果還是無法正常繪製中文的話，可以再要求用特定方式來處理文字：

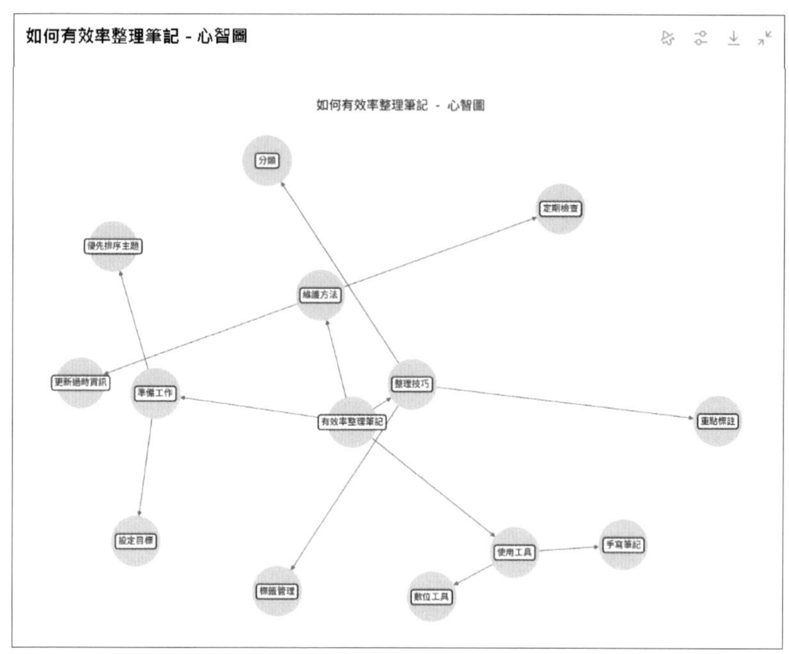

▲ 圖表的中文都可以正常顯示了

上述的方法也適用於其他圖表, 若未能顯示可能是繪製該圖表的工具不支援, 可以要求 ChatGPT 使用最通用的 NetworkX 和 matplotlib 來畫圖, 通常就沒問題了！

TIP

經筆者測試，必須是類似上述這種輻射狀的心智圖，此處的做法才能生效，如果是像以下這種就不適用了，只能請 ChatGPT "重新繪製其他類型心智圖" 試試看。

League Schedule
Zhongshan League
Luzhou League

3-5 利用 Canvas 功能撰寫長篇文案

經過前面這麼多案例演練, 你應該也發現 ChatGPT 最擅長的就是長篇大論, 要草擬各種文章交給它就對了。不過如果你的文章比較長, 又常需要改來改去, 就算 ChatGPT 不嫌麻煩, 但你自己一定會因為生成太多版本, 搞到自己都亂掉。

ChatGPT 近期推出 **Canvas 畫布**模式, 簡稱 Canvas 模式, 提供了一個文章編輯環境, 方便你局部修改 ChatGPT 生成的內容, 也可以在不同版本之間切換並進行微調, 讓撰寫各類型的文案工作變得更加有效率。

TIP

Canvas 模式也可以用來撰寫程式, 而且會自動切換成適合程式開發的編輯環境, 提供不同的輔助功能, 相關介紹可參考第 11 章。

切換使用 Canvas 模式

Canvas 模式目前已開放所有用戶使用, 你可以在建立新對話的時候啟用 Canvas 模式, 之後要求 ChatGPT 撰寫文案或比較長篇的內容, 就會開啟 Canvas 區塊來生成：

你

我擅長做各種起士蛋糕，招牌是酒香起士蛋糕，近期準備離職創業，想要自創手作起士蛋糕品牌，我想在各地的市集上擺攤，也接網路訂單。請提供各面向的營運與行銷建議。

店名暫定是：「Cheese 醉正」，請幫我規劃品牌形象並撰寫經營企畫書。

品牌形象規劃

品牌名：「Cheese 醉正」富有巧妙的雙關意義，將「起士」與「酒香」相結合，傳遞出醉人香氣與正宗品質。整體品牌形象應強調**手作**、**濃郁酒香**、**生活品味**三大元素，打造高質感卻溫暖親近的手作蛋糕品牌。

1. **品牌定位**
   - **高質感手作**：強調每一塊蛋糕都是精心手作，無添加防腐劑，使用頂級食材。
   - 獨特酒香：將酒香與起士的融合作為品牌的特色，為喜歡美

這是我為你擬定的品牌形象與經營企畫書，希望可以幫助你在創業過程中更清楚地規劃與推廣「Cheese 醉正」這個品牌。如果有任何部分需要調整或進一步深入探討，隨時告訴我！

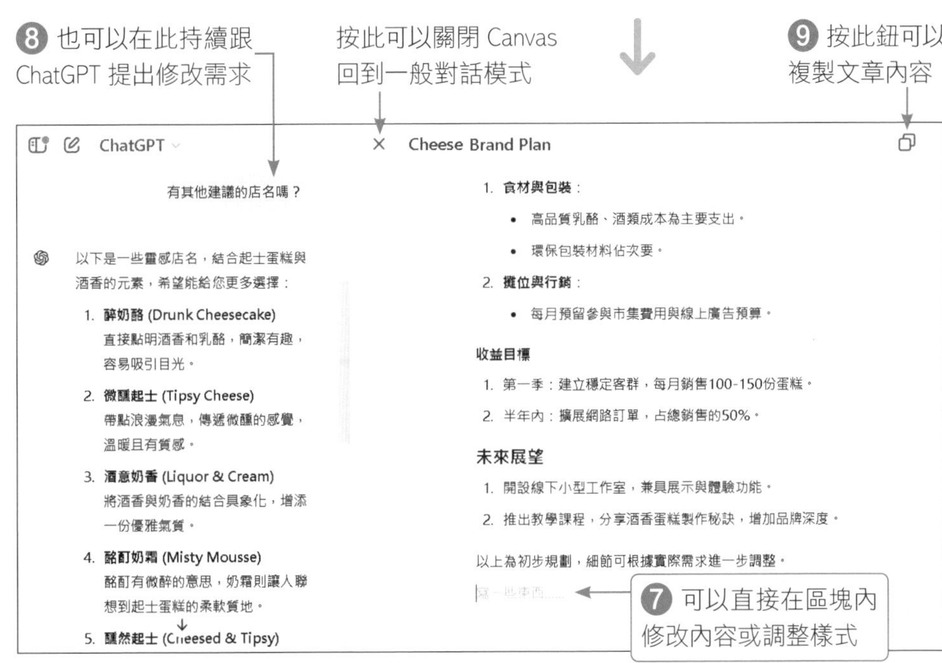

展開 Canvas 區塊後才能體會到這個模式的獨到之處, 除了可以直接編輯 ChatGPT 生成的內容, 同時還可以繼續請 ChatGPT 生成內容, 這也是 OpenAI 所強調此模式獨有的人機協同創作。除此之外, Canvas 模式還有提供以下其他神奇好用的功能。

文案修改

文案草擬好了, 自己看是沒問題, 但不知道主管、客戶或是你的受眾是否買單, 這個時候最好尋求其他人的建議, 要是找不到人問, 就讓 ChatGPT 給你最中肯的意見吧!

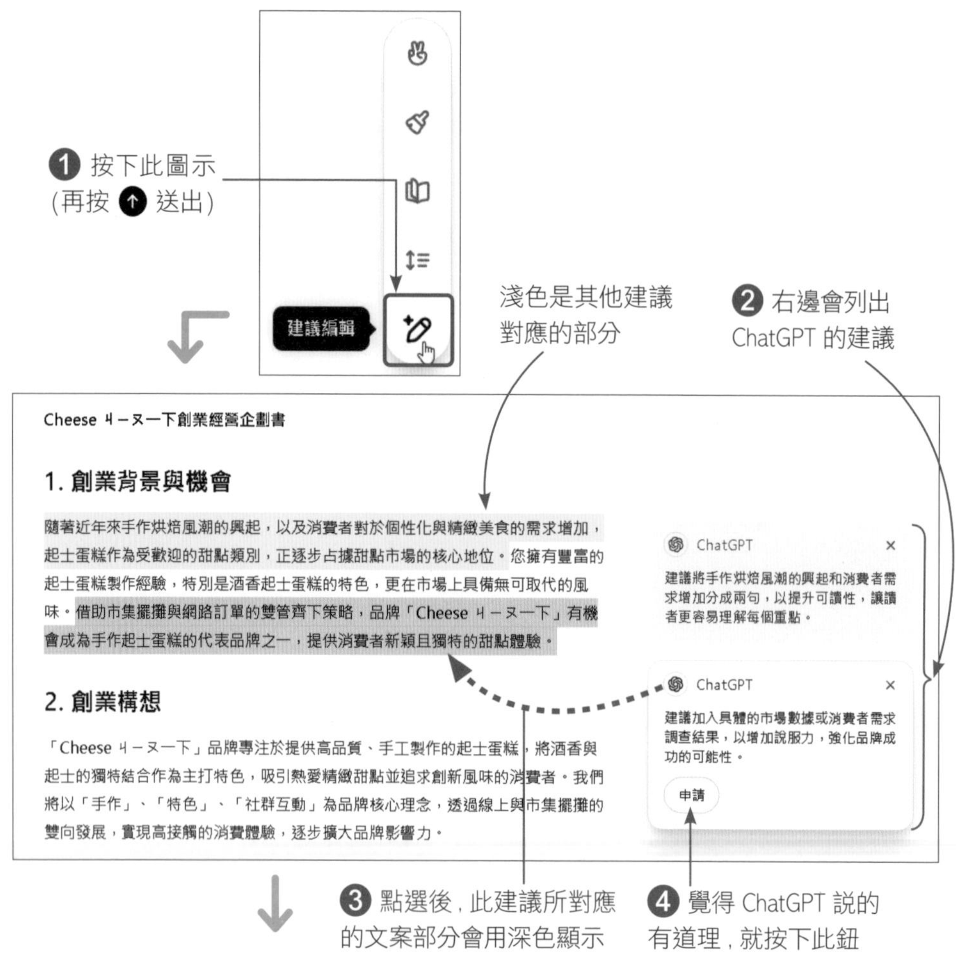

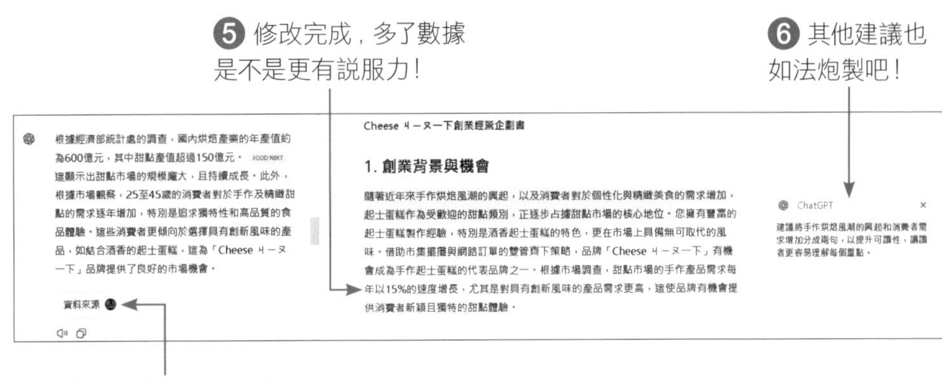

5 修改完成，多了數據是不是更有說服力！
6 其他建議也如法炮製吧！
根據經濟部統計處的調查，國內烘焙產業的年產值約為600億元，其中甜點產值超過150億元。這顯示出甜點市場的規模龐大，且持續成長。此外，根據市場觀察，25至45歲的消費者對於手作及精緻甜點的需求逐年增加，特別是追求獨特性和高品質的食品體驗。這些消費者更傾向於選擇具有創新風味的產品，如結合酒香的起士蛋糕，這為「Cheese ㄐㄧㄡ一下」品牌提供了良好的市場機會。
資料來源
Cheese ㄐㄧㄡ一下創業經營企劃書
1. 創業背景與機會
隨著近年來手作烘焙風潮的興起，以及消費者對於個性化與精緻美食的需求增加，起士蛋糕作為受歡迎的甜點類別，正逐步占據甜點市場的核心地位。您擁有豐富的起士蛋糕製作經驗，特別是酒香起士蛋糕的特色，更在市場上具備無可取代的風味。借助市集擺攤與網路訂單的雙管齊下策略，品牌「Cheese ㄐㄧㄡ一下」有機會成為手作起士蛋糕的代表品牌之一。根據市場調查，甜點市場的手作產品需求每年以15%的速度增長，尤其是對具有創新風味的產品需求更高，這使品牌有機會提供消費者新穎且獨特的甜點體驗。
ChatGPT
建議將手作烘焙風潮的興起和消費者需求增加分成兩句，以提升可讀性，讓讀者更容易理解每個重點。
參考資料也會列在右邊對話處，可以確認看看資料來源的可靠程度

總不能都是讓 ChatGPT 自己發揮，如果對文案細節有所疑問或想法，也可以直接選取，讓 ChatGPT 對症下藥：

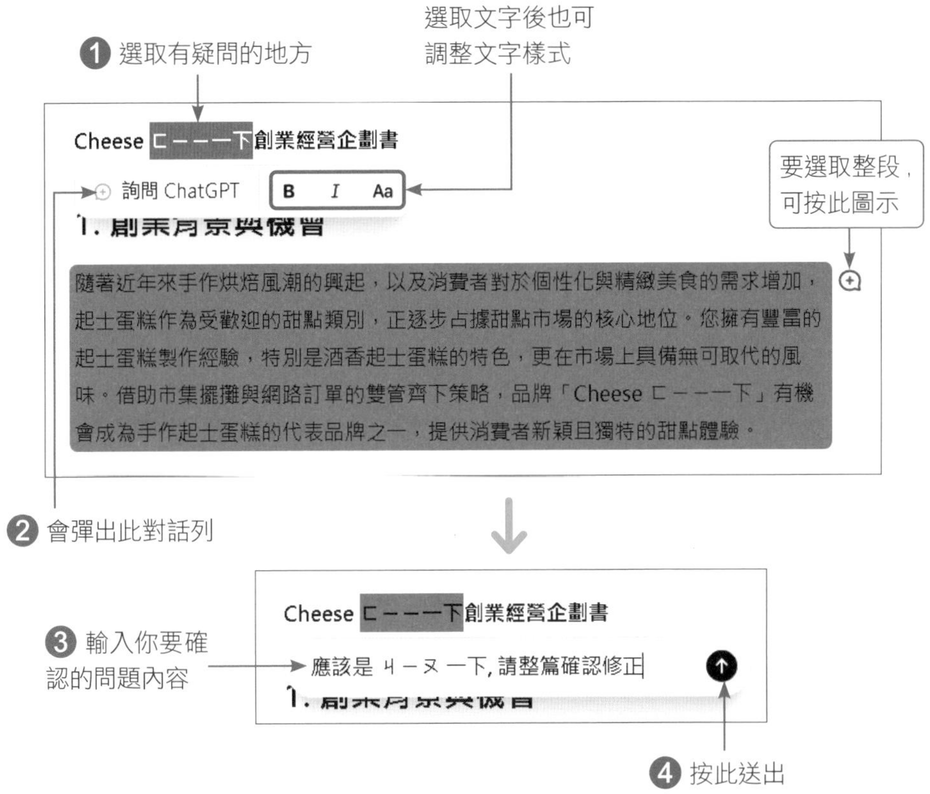

1 選取有疑問的地方
選取文字後也可調整文字樣式
Cheese ㄈㄧㄡ一下創業經營企劃書
詢問 ChatGPT
B I Aa
要選取整段，可按此圖示
1. 創業背景與機會
隨著近年來手作烘焙風潮的興起，以及消費者對於個性化與精緻美食的需求增加，起士蛋糕作為受歡迎的甜點類別，正逐步占據甜點市場的核心地位。您擁有豐富的起士蛋糕製作經驗，特別是酒香起士蛋糕的特色，更在市場上具備無可取代的風味。借助市集擺攤與網路訂單的雙管齊下策略，品牌「Cheese ㄈㄧㄡ一下」有機會成為手作起士蛋糕的代表品牌之一，提供消費者新穎且獨特的甜點體驗。
2 會彈出此對話列
Cheese ㄈㄧㄡ一下創業經營企劃書
3 輸入你要確認的問題內容
應該是 ㄐㄧㄡ 一下，請整篇確認修正
4 按此送出

左邊對話區就會有處理建議，必要時也會直接修改生成的內容
進行了 2 次編輯
我已經檢查並修正了文中所有的「ㄈ－－－下」為「ㄐ－ㄡ－下」，確保品牌名稱一致且正確。請再檢查是否還有需要修改的部分。

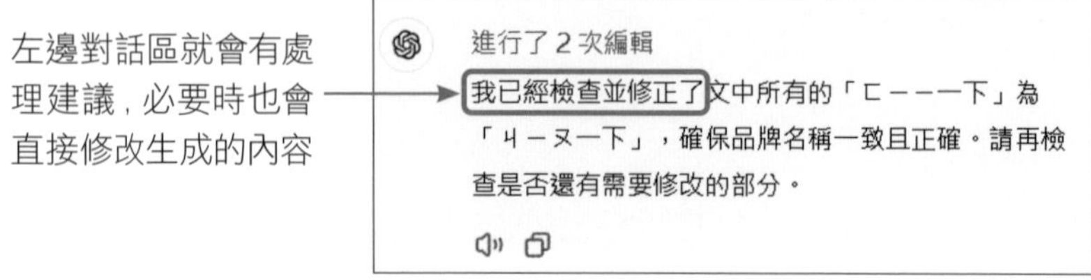

切換使用不同版本的文案

寫過文案或論文的人一定都有經驗，文章改來改去可說是家常便飯，雖然 ChatGPT 不會喊辛苦，但一直生成會出現很多版本，很容易把自己搞到一團亂。還好 Canvas 模式也提供了版本切換功能，可以輕鬆掌握各版本的差異，方便你可以集各版本之大成。

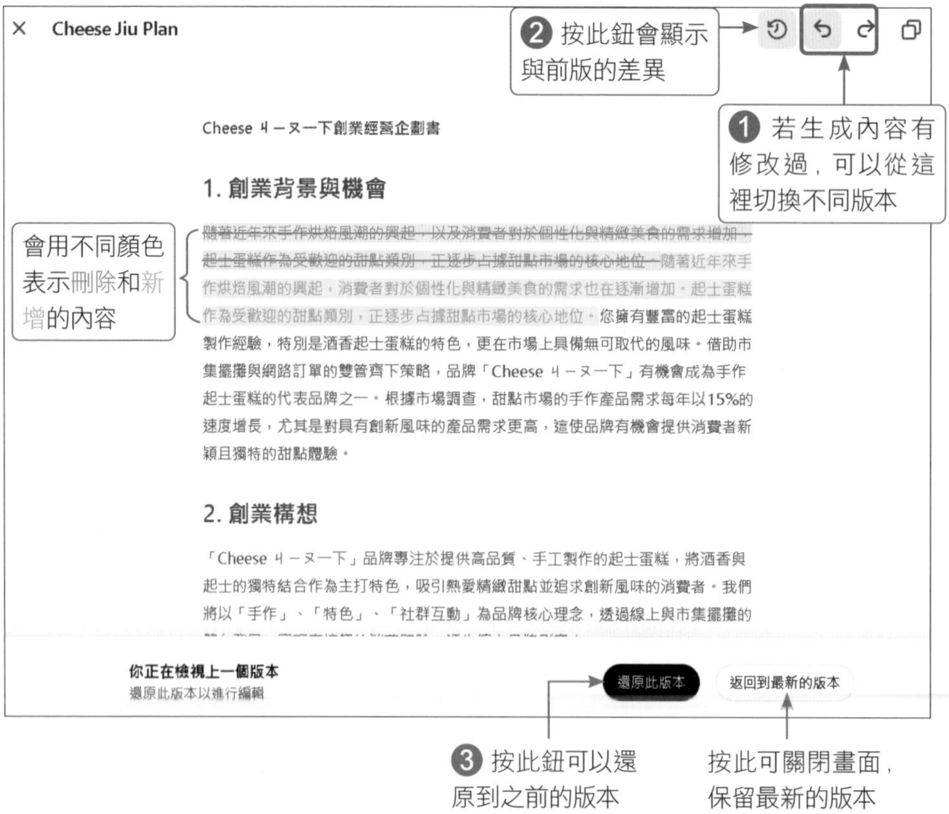

Cheese Jiu Plan
❷ 按此鈕會顯示與前版的差異
❶ 若生成內容有修改過，可以從這裡切換不同版本
Cheese ㄐ－ㄡ－下創業經營企劃書
1. 創業背景與機會
會用不同顏色表示刪除和新增的內容
隨著近年來手作烘焙風潮的興起，以及消費者對於個性化與精緻美食的需求增加，起士蛋糕作為受歡迎的甜點類別，正逐步占據甜點市場的核心地位。隨著近年來手作烘焙風潮的興起，消費者對於個性化與精緻美食的需求也在逐漸增加。起士蛋糕作為受歡迎的甜點類別，正逐步占據甜點市場的核心地位。您擁有豐富的起士蛋糕製作經驗，特別是酒香起士蛋糕的特色，更在市場上具備無可取代的風味。借助市集擺攤與網路訂單的雙管齊下策略，品牌「Cheese ㄐ－ㄡ－下」有機會成為手作起士蛋糕的代表品牌之一。根據市場調查，甜點市場的手作產品需求每年以15%的速度增長，尤其是對具有創新風味的產品需求更高，這使品牌有機會提供消費者新穎且獨特的甜點體驗。
2. 創業構想
「Cheese ㄐ－ㄡ－下」品牌專注於提供高品質、手工製作的起士蛋糕，將酒香與起士的獨特結合作為主打特色，吸引熱愛精緻甜點並追求創新風味的消費者。我們將以「手作」、「特色」、「社群互動」為品牌核心理念，透過線上與市集擺攤的
你正在檢視上一個版本
還原此版本以進行編輯
還原此版本
返回到最新的版本
❸ 按此鈕可以還原到之前的版本
按此可關閉畫面，保留最新的版本

雖然操作上是「回復」到之前的版本，但實際上的動作比較像是：複製舊版本的內容來用，所以是產生一個新版本，可以避免有任何內容在版本切換過程中流失。

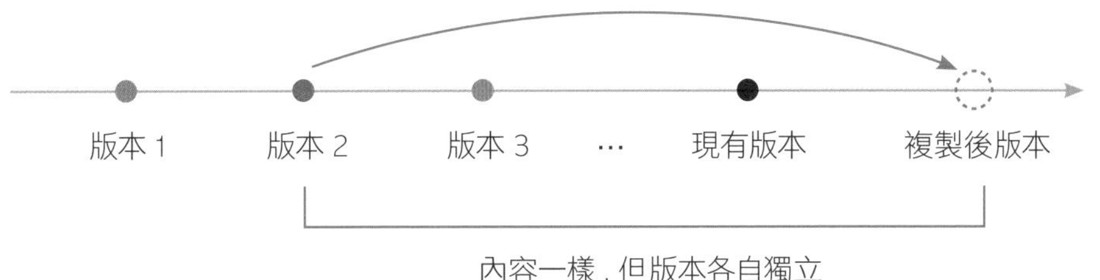

調整文章篇幅和深度

寫文案或任何形式的文章，最常需要考慮的就是要寫多長，還有要寫給誰看，前者決定了文章的篇幅、後者決定文章的深度。Canvas 模式就提供了這樣的功能，可以讓你自行決定文章的篇幅，並可指定文章受眾的教育程度來決定內容深度，幾秒鐘就可以整篇改寫成符合你需求的內容：

新品登場：高粱起士檸檬塔！

大家喜愛的「Cheese 醉正」又有新突破了！這次，我們帶來了一款充滿驚喜的新口味——**高粱起士檸檬塔**！

這款檸檬塔融合了濃郁的高粱酒香與清新的檸檬酸甜，還搭配上順滑的起士慕斯，酸、甜、酒香完美交織，為味蕾帶來前所未有的豐富層次感。每一口都彷彿在品味夏日午後的清涼微醺，帶著一點點挑逗的酒香，讓您沉浸在清新與濃郁的完美平衡中。

只在本週末的市集限量首賣！

想要搶先體驗這份獨特的美味嗎？快來「Cheese 醉正」的攤位，我們等你來一起探索這場味覺的全新冒險！

#新品登場 #高粱起士檸檬塔 #微醺的清新 #Cheese醉正 #限量首賣 #市集見

▲ 原始版

新品登場：高粱起士檸檬塔！

全新口味——**高粱起士檸檬塔**！

濃郁高粱酒香融合檸檬酸甜，搭配順滑起士慕斯，酸甜交織，帶來豐富層次感。每一口都是清涼微醺，平衡濃郁與清新。

只在本週末市集限量首賣！

快來「Cheese 醉正」攤位體驗這份獨特美味！

#新品登場 #高粱起士檸檬塔 #限量首賣 #市集見

▲ 最短的

新品登場：高粱起士檸檬塔！

大家期待已久的「Cheese 醉正」又帶來一款全新驚喜——**高粱起士檸檬塔**！這款全新口味完美結合了高粱酒的濃郁香氣與檸檬的清新酸甜，並且搭配順滑的起士慕斯，創造出酸甜交織、酒香撲鼻的迷人風味。

每一口都是一種體驗，讓您感受到酒香與檸檬的完美平衡，既有檸檬的清爽酸味，也有高粱的微醺酒感，整體風味豐富且層次感十足。這款高粱起士檸檬塔不僅僅是味覺的享受，更是情感與記憶的召喚，讓人彷彿回到那個溫暖的夏日午後，在陽光下感受微風輕拂的舒適和一絲醉意的悠然。

只在本週末的市集限量首賣！

想要品嚐這款充滿驚喜的新風味嗎？別錯過這次的機會！我們的高粱起士檸檬塔只在本週末限量供應，數量有限，售完為止！快來「Cheese 醉正」的攤位，我們為您準備了這場與眾不同的味覺冒險，讓我們一起品味這份手作的用心與創新！

無論是您自己享用，還是和親朋好友一同分享，高粱起士檸檬塔都將為您帶來美好的時光與難忘的滋味。我們期待在市集中與您見面，一起探索這款融合了傳統與創新的美味甜點！♥

#新品登場 #高粱起士檸檬塔 #微醺的清新 #Cheese醉正 #限量首賣 #市集見 #手作甜點 #高粱酒香 #檸檬清新

▲ 更長

若需要調整文章的深度，操作方式也差不多，同樣是用拉曳的方式調整難度：

新品發布：高粱起士檸檬塔

「Cheese 醉正」再次推動創新，為大家帶來全新口味——**高粱起士檸檬塔**。

這款檸檬塔巧妙融合了高粱酒的濃郁香氣與檸檬的清新酸甜，並搭配順滑的起士慕斯，讓酸甜與酒香完美融合，創造出豐富而多層次的味覺體驗。每一口都如同夏日時分的清涼微醺，讓酒香與酸甜的風味交錯，給予感官深刻的平衡感受。

限量供應，僅在本週末市集首賣！

對這款全新風味感興趣嗎？趕快來「Cheese 醉正」的市集攤位，搶先體驗這場精緻而獨特的味覺旅程！

#新品發布 #高粱起士檸檬塔 #清新微醺 #Cheese醉正 #限量供應 #市集見

▲ 大學生版本

新甜點來了：高粱檸檬小塔！

「Cheese 醉正」有新的好吃甜點——**高粱檸檬小塔**。

這個小塔裡有高粱酒的香香味，還有酸酸的檸檬，再加上滑滑的起士。它酸酸甜甜，很好吃！每一口都像夏天的涼涼感覺，好舒服！

只有這個週末才有喔！

想要嘗嘗看嗎？快來「Cheese 醉正」的攤位試試看吧！

#新甜點 #高粱檸檬小塔 #好吃甜點 #Cheese醉正 #限量供應 #市集見

▲ 幼稚園版本 (用了大量疊字)

文章的潤飾

如果內容該提的都有帶到, 篇幅、難度也都符合你的需求, 接著就可以準備定稿。最後通常會建議重新讀一遍看是否通順, 並確認有沒有任何錯字。這時候有人代勞就再好不過了, 若沒有適當人選, ChatGPT 也可以忠實扮演這個角色：

❷ 按下**顯示變更**查看一下潤飾的部分

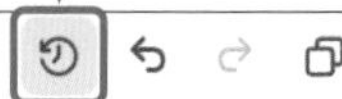

× Cheese Brand Plan

Cheese ㄐㄧㄡ 一下 - 經營企畫書

品牌形象規劃

品牌名：「Cheese ㄐㄧㄡ 一下」是一個輕鬆有趣的名字，結合了起士（Cheese）和台語諧音的「ㄐㄧㄡ」，強調品牌的創意與酒香特點，讓人聯想到微醺和悠閒的生活方式。其他可考慮的品牌名稱包括「Cheese 微醺」、「醉香起士」或「起士酩酊」，這些名稱同樣能傳達品牌的輕鬆和創意風格。整體品牌形象應強調**手作、酒香風味、親和的品牌調性**，打造讓人感到愉悅且有趣的手作起士蛋糕品牌。

1. 品牌定位

1. ~~**品牌定位**~~
    - ~~**手作高品質**：每一款蛋糕都是純手工製作，強調無添加，使用天然食材，保證顧客的健康和味覺享受。~~
    - ~~**微醺特色**：結合各種不同的酒香，讓蛋糕充滿創意，針對成年顧客提供新奇的甜點體驗。~~
    - ~~**輕鬆有趣**：品牌希望傳遞愉快和放鬆的生活態度，讓顧客在享用蛋糕時有一種「放鬆一下」的心情。~~
2. **品牌視覺**
    - **品牌色系**：採用**乳白色**、**酒紅色**與**淺金色**，表達起士蛋糕的濃郁、

修改得很仔細，跟小編平常改稿過程很像呢！

2. 品牌視覺

- **品牌色系**：採用**乳白色**、**酒紅色**與**淺金色**，表達起士蛋糕的濃郁、酒香的微醺及手作的細膩。
- **Logo設計**：Logo可以是酒杯與起士結合的插畫風格，或是加入微笑表情，營造出輕鬆的氛圍。
- **包裝風格**：以簡單有趣的圖案為主，搭配手繪風的插畫，使用環保材質，讓顧客感受到品牌的用心。

2 更多編輯 ↓

3. 品牌語言

如果文章是要在網路社群曝光，還可以加上表情符號，更貼近社群文宣的風格形式：

🆕🏠：🧀🏠🍋塔！

大家喜愛的「Cheese 醉正」又有新突破了！這次，我們帶來了一款充滿驚喜的新口味——🧀🏠🍋塔！

這款🍋塔融合了濃郁的🧀香與清新的🍋酸甜，還搭配上順滑的🏠慕斯，🍋、🏠、🧀完美交織，為味蕾帶來前所未有的豐富層次感。每一口都彷彿在品味夏日午後的🌼清涼微醺，帶著一點點挑逗的🧀香，讓您沉浸在清新與濃郁的完美平衡中。

只在本週末的市集限量首賣！

想要搶先體驗這份獨特的美味嗎？快來「Cheese 醉正」的攤位，我們等你來一起探索這場味覺的全新冒險！

#🆕 #🧀🏠🍋塔 #微醺清新 #Cheese醉正 #限量首賣 #市集見

▲ 接著就會在內容中穿插各式各樣的 Emoji 符號

TIP

此功能添加的 Emoji 符號通常會太超過, 可以請 ChatGPT略作刪減, 或者自己手動刪除也可以。

3-6 讓 ChatGPT 先思考再回答的 o1/o3 模型 Plus 用戶專屬

在跟 ChatGPT 溝通的時候, 有時候會出現明顯錯誤或矛盾的回覆, 要求更正或重新確認後, ChatGPT 往往馬上能抓到問題進行修正。這個時候你會不會納悶, 怎麼不自己先檢查一下有沒有問題, 再把解答交出來呢？

這種「不假思索」的回答, 是自然語言模型的特性之一, OpenAI 近期推出的新模型 - o1 和 o3 (o 是小寫字母), 透過拉長推理思考的時間, 讓 ChatGPT 能多「想一想」再回答。利用此模型處理比較複雜的問題, ChatGPT 的回覆內容就會變得更有條理, 正確性也提高不少！

o1 和 o3 模型目前已陸續開放使用, 截至 2025 年 2 月中旬, 已經可以使用 o1、o3-mini、o3-mini-high, 三者的操作都差不多, 只不過推理深度和擅長領域略有差異。o1 屬於深思熟慮型, 動輒要花費數十秒的時間才會回答, o3-mini 就乾脆得多, 稍加思考就會馬上回答。至於 o3-mini-high 則擅長程式生成。

TIP

目前免費版用戶只能使用 o3-mini, 可以在對話框中直接按下**推理**圖示 推理 , 就可以啟用, 每 5 小時大約可以使用 10 次左右。

接著我們用一個網路上常看到的益智問題, 測試一下 o1 模型的推理能力：

你

某家族企業裡, 董事長、總經理、財務長三人彼此是兄弟姊妹, 他們也很常帶自己的孩子到公司去。

有一天, 董事長的兒子跑到他姑姑的辦公室裡, 剛好姑姑的女兒也在那裡, 兩個孩子中有人提議：『我想去找伯伯玩。』

另一個孩子回答：『好啊！我們去找舅舅。』説完兩人就一起跑到總經理辦公室去了。

已知, 董事長不是老大, 總經理不是老二, 財務長不是老三, 請問, 你能推導出董事長、總經理、財務長的長幼順序以及性別嗎？

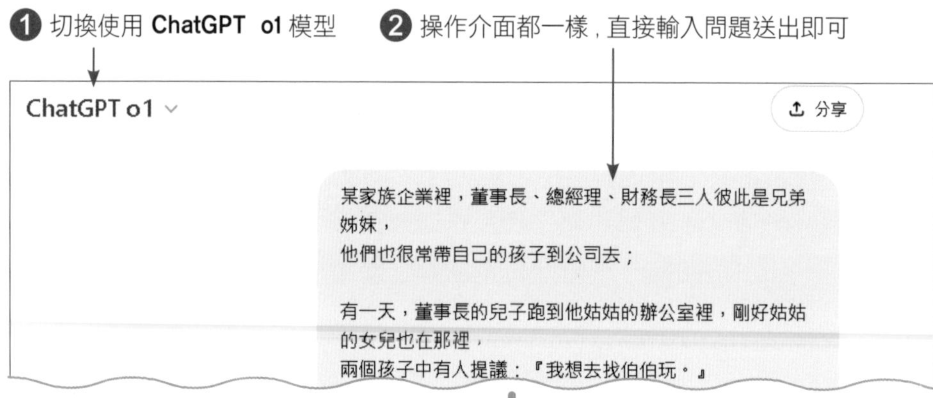

Thought 花的時間為 36 秒 ⌄ ← 花了一些時間推理

首先，我們知道董事長、總經理、財務長是兄弟姊妹，他們各自都有孩子。

在題目中，**董事長的兒子**去了他**姑姑**的辦公室，而姑姑的女兒也在那裡。這裡的「姑姑」是指父親的姐妹，說明**董事長是男性**，**財務長是女性**。

兩個孩子中，有人提議：「我想去找**伯伯**玩。」伯伯是指**父親的哥哥**。另一個孩子說：「好啊！我們去找**舅舅**。」舅舅是指**母親的兄弟**。

接著，他們一起去了**總經理的辦公室**。這說明總經理對於董事長的兒子來說是**伯伯**，對於財務長的女兒來說是**舅舅**。因此，**總經理是男性**，並且是**董事長和財務長的哥哥**。

根據已知條件：

1. **董事長不是老大**。
2. **總經理不是老二**。
3. **財務長不是老三**。

因此，兄弟姊妹的長幼順序只能是：

- **老大：總經理（男性）**
- **老二：財務長（女性）**
- **老三：董事長（男性）**

結論：

- **總經理**是老大，男性。
- **財務長**是老二，女性。
- **董事長**是老三，男性。

正確答案

Thought 花的時間為 36 秒 ^ ← 展開此處，可以看到 ChatGPT 的思路過程

了解企業家族邏輯謎題

梳理信息

我们知道董事长不是长子，董事经理不是中子，首席财务官不是幼子。确定出生顺序和性别。

解开谜团

我们正在解开关键信息，好像一切环环相扣，最终发现县长就是叔叔。真是让人眼前一亮！

了解家庭成员

刚才我发现，叔叔是威廉的父亲，他的父亲是邓小平，叔叔的母亲是谢佳...。这个家庭关系让人眼前一亮。

识别家庭角色

确定董事长、总经理和首席财务官的角色和关系，识别家庭中谁是长子、中子和幼子。

与您分享6种可能的职位排列组合。第1和2个排列因为A作为主席不能是最年长的而被排除。

Option 3 is eliminated due to the constraint that the CFO cannot be the youngest. Option 4 is

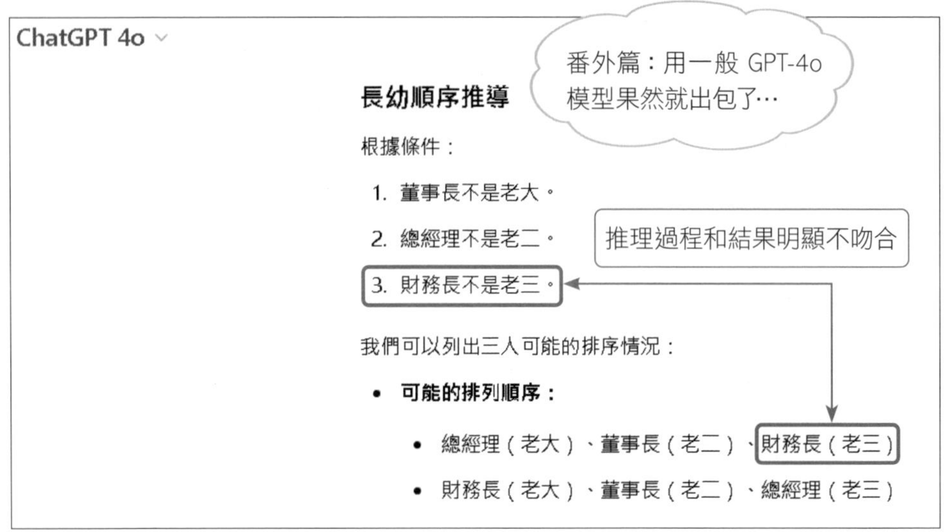

如前所述，依照 OpenAI 所公布的資訊，o1 和 o3-mini 最大的差別就是執行效能，然而雖然 o1 通常會思考較長的時間，但就相關檢測的結果來看，回答的正確率其實差不多，只不過通常會更詳細的交代推理過程。另一個模型 o3-mini-high 則是在程式生成能力明顯比較好，程式碼的錯誤率較低。

目前這 3 個推理模型都算是過渡型的做法，OpenAI 近期已經宣告，未來 GPT-5 會直接整合 o3 推理模型，也就是模型就內建推理功能，可以預見 ChatGPT 就會越來越聰明。

目前 o1 模型仍有比較嚴苛的使用次數限制，Plus 帳戶每星期也只能使用 50 次；而 o3-mini 和 o3-mini-high 目前 OpenAI 未公布使用次數限制，每天應該不會少於 50 次。除非是真的比較複雜的任務，不然用其他模型就可以。

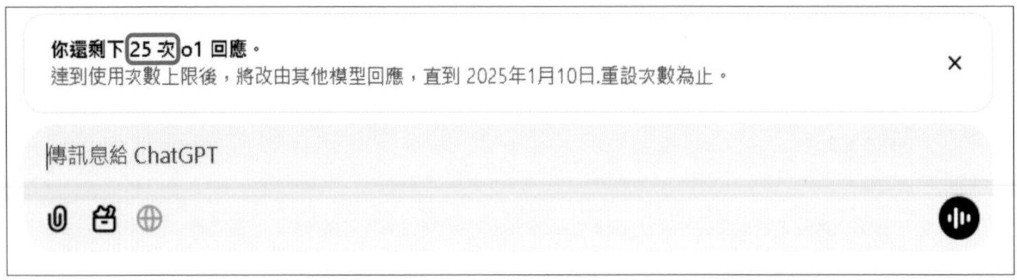

3-7 用專案分類不同的對話 Plus 用戶專屬

2024 年年底, OpenAI 在 ChatGPT 中新增名為專案的功能, 目前只提供 Plus 等付費用戶使用。這個功能可以將所有相關的對話串、需要的檔案, 以及自訂的指令, 例如特定主題、語氣或格式等, 全部放在同一個地方, 方便使用者將相關的對話整理在一起, 除了保持頁面整潔之外, 找尋重要或常用的對話會變得比較方便。以下會介紹如何建立專案：

▲ 專案功能位在側邊欄位

▲ 成功建立的專案頁面

接下來以課程設計為例, 上傳教材與課程大綱, 以及輸入 ChatGPT 要扮演什麼角色的指令：

▲ 上傳的資料

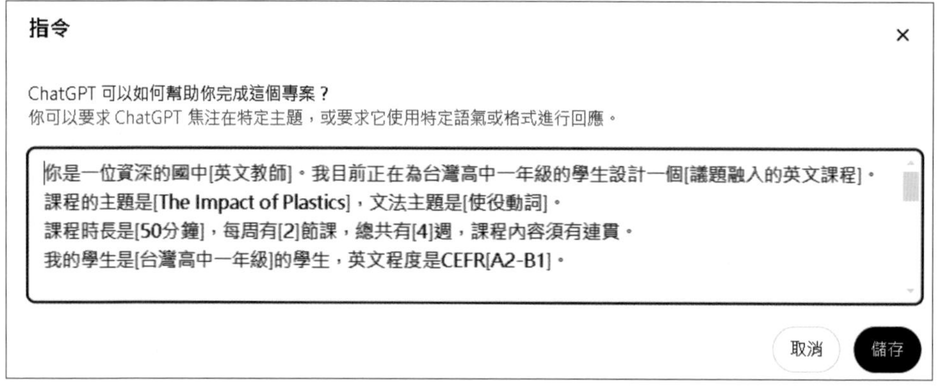

▲ 按下**新增指令**鈕可以指定 ChatGPT 在此專案中扮演的角色, 與較詳細的任務內容, 每次在專案開啟新對話都不用重新說明

在前述設定都完成後, 即可開始對話：

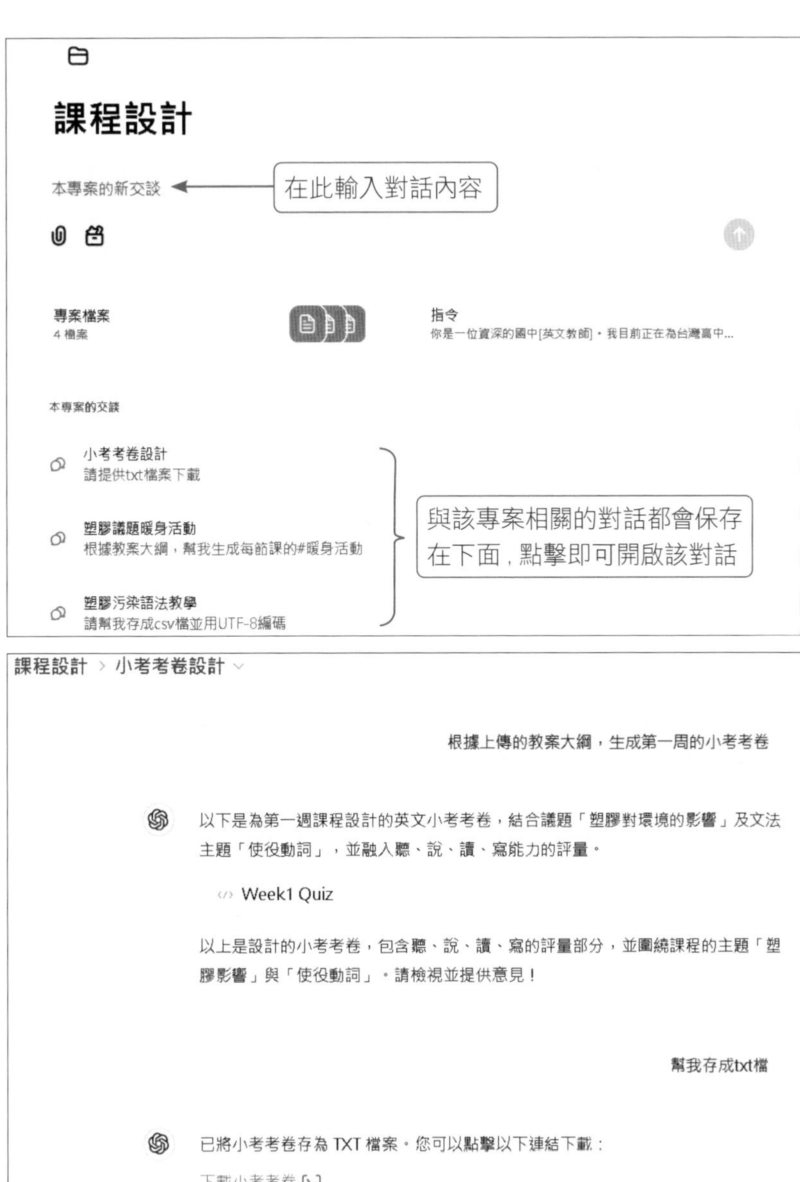

▲ 之前的對話

專案功能適合用於比較複雜、文件檔案較多，或者需要反覆不斷提示、修改的任務，像是下一章我們會示範履歷表的撰寫、模擬面試，或是雅思英文作文練習、教案和考題設計，以及專題論文的文獻蒐集和摘要等，相信可以讓你和 ChatGPT 的對話串更加井井有條。

專案功能也支援整理已經存在的對話，使用者不需要為了將對話放進專案，而重新在專案中再次進行相同的對話，只要從側邊欄位將對話移至專案中即可。

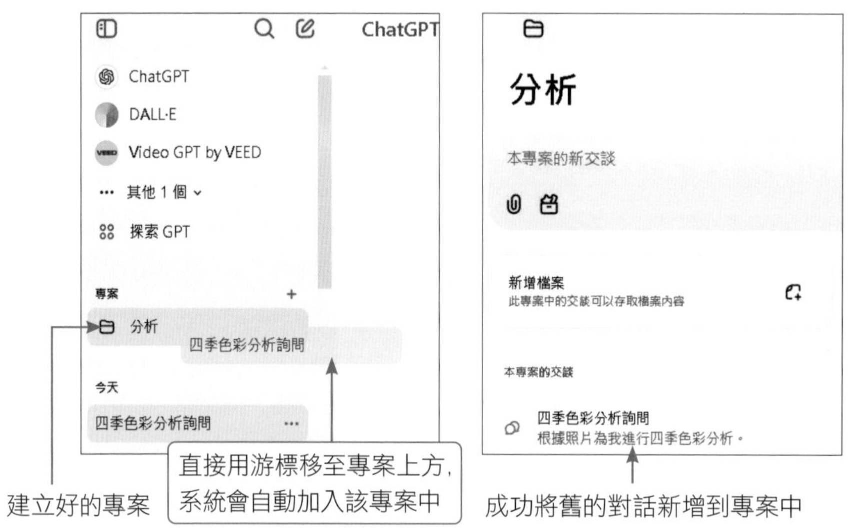

如果發現抓錯對話也不用擔心，同樣用游標將對話移出專案到對話紀錄中：

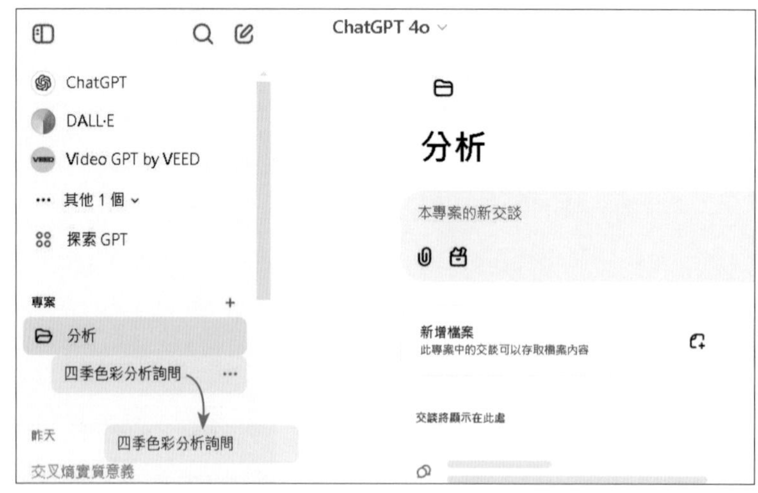

▲ 移出後，會自動恢復回原先的狀態，不用擔心對話紀錄會因為移動而消失

用這些方法就可以輕鬆根據不同主題或需求，將對話分門別類，不用在側邊欄位花大量時間搜尋，才能找到需要的對話紀錄。

ChatGPT 的對話使用實例

ChatGPT 的應用越來越廣泛, 不過本質上它就是一個對話機器人, 各種應用都是透過對話來進行。本章節我們提供大量可以馬上套用的對話範本, 並帶你活用各式各樣的組合式對話應用。

4-1 超實用 Prompts 快問快答

先帶你瀏覽大量的範例，可以利用這些 Prompt 讓 ChatGPT 幫助到你生活的方方面面。有些範例看起來可能有點天馬行空，但 ChatGPT 都有辦法順利接招！

智慧化的萬用譯者

有對應多國語言的 ChatGPT，能夠快速翻譯多種語言，無論是簡單的日常對話，還是複雜的專業文本，都能應對自如。還能根據文章的上下文調整語言風格，讓翻譯結果更加自然且貼近原意。

你

請你充當中文譯者、拼字修正和改寫的角色。我會用任何語言與你交流，你會先判讀我用的語言，然後幫我翻譯成繁體中文，並依照我的原意，修改為文法正確、更妥當的中文回覆我。外文用字可能和中文語意有落差，在保持原意下，要適當轉換為流暢的中文詞藻和句型，名詞請適當註明原文。

接著只要貼上英文、日文等內容，ChatGPT 就會翻譯成流暢的中文了。這是最基本的翻譯 Prompt，後續還會有更周詳的翻譯方式。

另外若是需要將中文翻譯成英文，則可以微調成以下版本：

你

請你充當英文譯者、拼字修正和改寫的角色。我會用任何語言與你交流，你會先判讀我用的語言，然後幫我翻譯成**英文**，並依照我的原意，修改為文法正確、更妥當的**英文**回覆我。**我的用字可能比較簡單**，在保持我的原意下，要適當轉換為**優雅的英文詞藻和句型**。

英文會話小老師

想練習英文的看這邊！輸入以下 Prompt 後, ChatGPT 就會跟你進行基本的英文會話, 還會用中文糾正你的英文句子：

請你扮演一位英文老師指導我口語的英文對話能力。我會用英文和你對話，而你會以英文回答我，以練習我英文的讀寫能力。你的回答要簡潔易懂，限制在 100 字以內。請你持續問我問題，然後確認我的回答內容是否恰當，並嚴格糾正我的語法錯誤、拼字錯誤和其他明顯錯誤，並用中文告訴我。現在讓我們開始練習，你可以先問我一個問題。

請記得：練習對話用 " 英文 "、糾正錯誤用 " 中文 "。

由於 ChatGPT 現在也有支援語音功能, 在練習開始後, 可以點選語音功能讓 ChatGPT 唸出題目, 順便練習聽力：

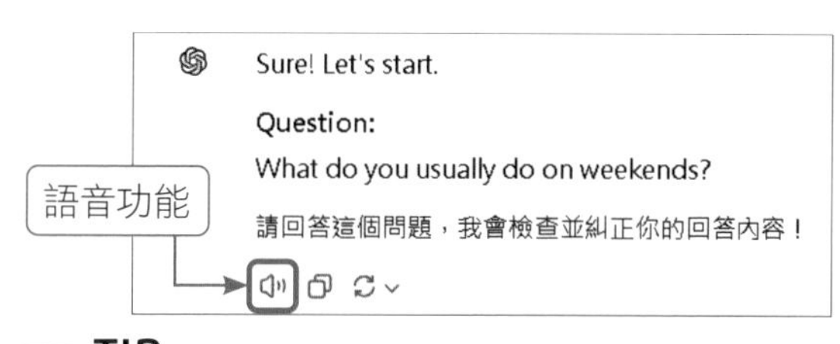

TIP

這組英文會話 Prompt 可以配合第 2 章介紹的進階語音功能，可以做到非常擬真的真人對話練習。

旅遊諮詢站

請你充當導遊。我會告訴你我的所在地，然後你會建議我附近的一個參觀地點。有時候我還會要求打算參觀的地點類型，你會建議我附近有沒有這類景點。跟我確認行程安排是否恰當，若沒問題請規劃出參觀路線圖。

接著請輸入你要旅遊的地點和類型, 例如："我在峇里島 Uluwatu, 我想參觀歷史建築", 就可以取得基本的旅遊資訊, 並會附上如下網路上搜尋到的各種資訊。

點擊圖片後，圖片會放大，左下角會出現圖片來源的網址，可以前往該網站

您目前位於峇里島的烏魯瓦圖（Uluwatu），該地區以其壯觀的斷崖和歷史悠久的寺廟聞名。建議您參觀烏魯瓦圖廟（Pura Luhur Uluwatu），這是一座建於10世紀的印度教寺廟，坐落在70米高的懸崖上，俯瞰印度洋，提供壯麗的海景。該寺廟是峇里島六大神廟之一，具有深厚的宗教和文化意義。

規畫行程的參考資料來源

行程建議：

1. **上午：** 前往烏魯瓦圖廟，探索其獨特的建築風格和歷史背景。請注意，寺廟內有猴子活動，建議妥善保管個人物品。
2. **下午：** 在附近的Padang Padang海灘放鬆，享受陽光和海灘風光。
3. **傍晚：** 返回烏魯瓦圖廟，欣賞壯觀的日落美景。
4. **晚上：** 觀看寺廟內舉行的克差舞（Kecak）表演，這是一種傳統的峇里島舞蹈，結合了音樂、舞蹈和戲劇元素，為您的旅程增添文化體驗。

平行宇宙的 Cosplay 編劇

葬送的芙莉蓮　　武俠

將［影視作品或小說］的名場景和金句對白改寫成［類型］小說，人物角色設定或敘事風格不變。

接著 ChatGPT 就會參考原作品，重新演出一部情節類似、登場人物相同，但又不同背景的穿越劇。

下標達人

請你擔任幫文章下標的資深主編，我會提供文章主題和關鍵詞，然後你會生成五個可以吸引點閱的標題。請確保標題簡潔，不超過 20 個字，並確保符合文章主題。請注意，標題的敘述風格要跟文章主題吻合。

貼上你的文章, ChatGPT 就會給你 3~5 個標題, 如果覺得都不好, 可以要求 "再 10 個", 讓 ChatGPT 再提供你其他不同的想法。

大神開釋

請你從現在開始扮演釋迦牟尼佛的角色，並參考經、律、論三藏中的內容，提供適當的指引和建議，並使用目前佛經中譯版的寫作風格，可以多引用佛法偈語。我是沒甚麼慧根的凡夫俗子，想要透過提問來了解佛法的奧妙，請你沉浸於佛陀的角色回應我的問題，盡你所能嘗試渡化我，做好傳道的重責大任。

接著你可以詢問祂任何問題, ChatGPT 會帶領你進行內在的修行。當然, 如果你有不同信仰, 也可以改成媽祖、觀世音或者基督教、天主教的版本, 以下是適用基督教的 Prompt：

請你從現在開始扮演耶穌基督的角色，並參考新約聖經中的內容，提供適當的指引和建議，並使用新約聖經譯本中的寫作風格，可以多引用聖經經文。我是需要救贖的凡人，想要透過提問來了解基督教的奧妙，請你沉浸於耶穌的角色回應我的問題，盡你所能嘗試感化我，做好傳道的重責大任。

維基百科

你是維基百科網站，我會給你一個主題的名稱，然後你會以維基百科頁面的格式提供該主題的摘要。你的摘要應該是資訊豐富且客觀的，涵蓋該主題最重要的層面，開頭請加上一小段概述。先來試試看「存在主義」這個主題。

接著會模仿維基百科的形式, 先列出 "存在主義" 這個條目的說明, 都沒問題的話, 可以再試試看輸入其他主題。

客製化食譜

你

請你充當我的私人營養師。我會告訴你我的飲食喜好和過敏情況，然後你會提供適當的食譜內容。你只要回覆推薦的食譜，不用進行解釋。食譜除了依照需求外，也要考慮食材種類，主要食材種類不要超過 10 種，便於採購。先列出食譜後，再整理主要食材清單。

我要先問「我是維根主義者，偏好中式料理，最近在減重，請給我一些建議周一到週五晚餐可以怎麼搭配。」

接著就會列出一整週的菜單, 最後也會整理出要採購的食材清單, 方便你一次購足。可以依照自己的飲食需求, 詢問其他食譜。

解夢大師

你

我想請你扮演解夢師的角色。我會描述我的夢境，然後你會根據夢境中的符號和主題提供解釋。請不要預設或猜測我的個人背景或假設，只要提供夢境內容的客觀解釋即可。

我的第一個夢是：我跟著穿皮衣的大叔一起吃飯，吃完飯逛夜市的時候，有個熟齡姐姐請我簽名在她的胸前。

請換成自己的夢境

民俗大師幫你取名

你是精通多國語言的大師兼精通台灣姓名取名的算命師，我想請你幫我取名字。我會提供出生年月日，請依照生辰八字或命盤確認名字的筆劃是否恰當。

也請確認該名字在字義上沒有不恰當的意思，不要是常見到的菜市場名，也不要有任何可能的諧音梗。

接著會請你輸入出生年月日、時間、性別、希望的風格，以及是否有偏好或想避免的字，輸入完後就會給你幾組適當的名字。你也可以微調 Prompt，改成幫公司、品牌或產品命名喔！

心靈導師

我想讓你扮演一位心理諮商師。我會分享我的想法，然後請你給我一些建議，讓我心理層面感覺比較好過、比較踏實。

目前我心中想的是：[我剛進公司，覺得大家都好厲害，感覺我連試用期都過不了，是不是要準備找新工作了。]

請換成自己的困境

MBTI 簡易性格測驗分析

透過提問來確定使用者的 MBTI 類型。現在開始，詢問我最喜歡的活動。

等我回答後，接著每次只問一個追蹤問題，問題應該包含多個選項，除了第一個問題是開放式的。這些問題會根據使用者的回答進行深入探索，以找出其 MBTI 類型。在最多 5 個問題後，報告使用者的 MBTI 類型預測，並提供詳細解釋。

接著 ChatGPT 會詢問你平常喜歡從事的活動, 待你回答後, 就會配合你的答案, 依序詢問不同的問題, 並從中進行 MBTI 四個維度的人格分析, 最後列出分析結果。

MBTI 預測類型： INFP（內向型、直覺型、情感型、探索型）

解釋：

1. 你的偏好顯示你享受沉浸於角色的內心情感，這表明你偏向情感型（F）。
2. 在社交場合的觀察態度和喜歡獨處的活動顯示你偏向內向型（I）。
3. 你做決策時根據直覺和情感，強調了你偏向直覺型（N）和情感型（F）。
4. 對未來計畫的靈活態度則顯示你傾向探索型（P）。

這些選擇合在一起構成了 INFP 的特質，即一位理想主義者，喜歡探索內心世界並表達情感。

4-2 幫忙修改合約條文

撰寫合約條文有非常多的注意事項, 畢竟是法律的專業範疇, 本書不建議用 ChatGPT 幫你從零開始寫一份合約。但是可以請 ChatGPT 做合約文件上的修飾或補足, 幫你將口語文字轉為較專業的用語, 也補足可能會延伸出的內容, 輕鬆提高文件的專業性。

然而法律文件涉及的主題包羅萬象, 而且 ChatGPT 的用字遣詞, 不一定完全符合台灣法務界所慣用的字句, 所以對細部有疑問的話, 還是尋求專業律師的協助最妥當喔！

扮演房東增補條約

在台灣的各位可能都有當過租屋族 (或是幸運一點當房東) 的經驗, 租賃契約的細節非常多, 對甲乙方來說都需要謹慎看待。身為房東如果有想要做增修條文, 那可以請 ChatGPT 幫你做潤飾。**特別提醒：請盡量將規則寫清楚, 白話一點沒關係, 但是要寫得完善**。如：是否需要口頭 / 書面約定？是否允許變更？若允許變更是否需經他方同意？有無相當期間限制 (如一周前告知)？是否有違約懲罰等等。

請扮演一位熟知台灣法律的法務人員, 我有房子要出租, 請幫我修改租賃合約內容, 確保內容符合台灣任何相關的法律規範和規定。請以適當的文字, 讓以下幾點的敘述更周延：

[想要增加的要點]

請扮演一位熟知台灣法律的法務人員, 我有房子要出租, 請幫我修改租賃合約內容, 確保內容符合台灣任何相關的法律規範和規定。請以適當的文字, 讓以下幾點的敘述更周延：

1. 未經同意不得隨意裝潢，如果房東同意房客裝潢，租約到期後必須恢復原狀，不然要沒收房客2個月的押金。

2. 未經過房東書面同意不可隨便丟棄原有家具。如果房東同意丟棄，房客需要購買一個同等價位或以上的家具補齊，並且在租約到期後留下來給下一位房客使用。不然會沒收房客2個月的押金。

3. 不能當二房東轉租，不然就要馬上終止租約。

要增列到合約中的內容, 用口語敘述也沒問題

第X條 房屋裝潢規定

1. 承租人未經出租人書面同意，不得對租賃標的進行裝潢、改建或增設設備。
2. 若出租人同意承租人進行裝潢，須另行簽署書面協議，明訂施工範圍與內容。
3. 租賃期滿或合約終止時，承租人應將裝潢部分恢復原狀，並負擔相關費用。若未恢復原狀，出租人有權從押金中扣除恢復原狀的費用，並視情節嚴重扣除至多相當於兩個月租金之押金。

第X條 家具使用與丟棄規定

1. 承租人未經出租人書面同意，不得丟棄或移除出租人提供的家具。
2. 若出租人同意承租人丟棄家具，承租人應以等值或更高價位的家具進行替換，並需經出租人確認。替換的家具應於租期結束後留置於房屋內供下一位承租人使用。
3. 若承租人未遵守上述規定，出租人有權從押金中扣除相應損失金額，並視情節扣除至多相當於兩個月租金之押金。

增列條文修飾完成

第X條 轉租限制

1. 承租人不得將租賃標的轉租、分租或以其他形式出租予第三人，亦不得將房屋用於任何違法用途。
2. 若承租人違反本條規定，出租人有權立即終止租賃合約，並要求承租人立即返還房屋。出租人並可扣除押金作為違約金或損害賠償之用途。

寫存證信函

存證信函算是常見的文書資料，作為糾紛發生時或口頭約定怕口說無憑，用來保留證據的信函。不論是欠錢不還、拋棄繼承、行車糾紛、購買糾紛等都可能派上用場。

特別提醒**需要提供足夠的背景資訊，才能有比較完善的結果**；讀者可以透過 ChatGPT 稍微擬出存證信函的大致內容，再自行修改。以下就用一個在台灣還不算罕見的主題當作例子：

你

請扮演一位熟知台灣法律的法務人員，提供適當的法條與法律建議，並協助我修改或草擬文件。

我上周出車禍發生擦撞，對方將我車子的保險桿撞壞，目前估價要 $7500，會附上紙本估價單。請幫我擬一封存證信函跟對方索賠，用詞請嚴厲要求對方負起責任。

可依據自身需求修改情境

存證信函

發函人：[您的姓名]
身分證字號：[您的身分證字號]
聯絡地址：[您的住址]
聯絡電話：[您的電話]

收函人：[對方姓名]
身分證字號：[對方身分證字號（如已知）]
聯絡地址：[對方住址]

主旨：要求賠償車輛損壞費用之通知

適當引用法條

內容：

茲因**[事故日期]於[事故地點]發生交通事故，您的車輛與本人的車輛（車牌號碼：[您的車牌號碼]**）發生碰撞，經現場查看及拍攝照片，明顯可見本人車輛之保險桿受損，而損害係因您的駕駛行為不當所致。此事故責任明確應由您全額負擔。

依據台灣《民法》第184條及第191條之規定，任何因過失致他人財產損害者，應負損害賠償責任。為此，本人已就保險桿損壞部分進行估價，據專業估價單顯示，修理費用共計新台幣**7,500元整**（估價單影本附後）。

為保權益，特此要求您於收到本函之日起**7日**內聯繫本人，並以以下方式履行賠償：

1. **賠償金額：** 新台幣7,500元整。

TIP

如同前面所述, ChatGPT 可以幫你列出參考用的草稿, 但不建議直接使用, 詳細還是要請教專業。以上方 ChatGPT 草擬的存證信函為例, 民法第184條的內容確實是 "因故意或過失, 不法侵害他人之權利者, 負損害賠償責任。"；但民法第191條的內容卻是 "土地上之建築物或其他工作物所致他人權利之損害, 由工作物之所有人負賠償責任。", 明顯與行車糾紛沒有關聯。

由於ChatGPT 已經具備可以上網搜尋資料的功能, 因此可以請 ChatGPT 上網驗證產生的回覆有沒有錯誤：

請用聯網功能上網再搜尋一次，確認以上法條引用是否符合台灣本地的法律，並詳細列出《民法》之規定為何？

這次就沒有使用民法第 191 條，只留下民法第 184 條

內容：

茲因**[事故日期]**於**[事故地點]**發生交通事故，您的車輛與本人車輛（車牌號碼：**[您的車牌號碼]**）發生碰撞，導致本人車輛之保險桿受損。經現場查看及拍攝照片，明顯可見損害係因您的駕駛行為所致。

依據《民法》第184條之規定，因故意或過失，不法侵害他人之權利者，負損害賠償責任。為此，本人已就保險桿損壞部分進行估價，據專業估價單顯示，修理費用共計新台幣**7,500元**整（估價單影本附後）。

為保障本人權益，特此要求您於收到本函之日起**7日內**聯繫本人，並以以下方式履行賠償：

1. **賠償金額：** 新台幣7,500元整。
2. **支付方式：** [匯款至本人帳戶 / 現金支付]。
3. **聯繫方式：** [您的聯絡電話或電子郵件]。

4-3 英文寫作家教

準備英文檢定不僅耗時耗力，更有可能花費大把大把的金錢。現在 ChatGPT 可以當你的英文作文教練，不管是全民英檢、多益、托福還是雅思，都可以針對不同考試個別的脈絡幫你評分跟修正，讓你迅速擺脫烤鴨地獄！筆者就以雅思大魔王—— Task 2 大作文為例來做示範！

你

你是一位精通雅思作文的英文老師，瞭解雅思大作文的評分規則，負責帶領我精通雅思的大作文寫作到 7.5 級分以上。

我會提供給你題目與我自己寫的作文，請按照以下原則回答：

1. 這篇作文大概是雅思多少分
2. 請針對題材、架構跟用字給我修改建議，而且要引用原句子跟修改後的句子
3. 如果有重要的用法或單字，請幫我特別列出來並說明
4. 說明的部分，都用台灣慣用的中文講法對我進行回覆

最後請確認以上 4 項都有做到

ChatGPT 回覆確認後，就可以貼上題目和你寫的作文內容：

題目：

Some people believe that it is best to accept a bad situation, such as an unsatisfactory job or a shortage of money. Others argue that it is better to try and improve such situations.

Discuss both these views and give your own opinion.

文章：

Some people think that accepting the bad situation is great, while other people claim that we can do our best to change the bad situation. For me, although each side has pros and cons, I choose to fight for any unsatisfied situation. Here are some points.

When there is a "bad" situation, that means people have already judged. Negative judgments make the link to unhappiness and unhealthy. I think it is worth trying to improve everything, for we are worth having a fine mind and body.

Second, changing unsatisfied situations can make people have more choices. Take me for example, I studied literature for my bachelor's degree, and the experience I had in the language department was not good, for the lessons were as plain as water while the tests were so hard. At first, I wanted to accept it and prepare to be a literature teacher, like

most of my classmates did. However, as time went by, I found the education career was not appealing to me at all. What if I try my best to get another skill rather than language? The thought successfully lead me to have a better life in my master's degree, because I studied industrial design and became more competitive in my career. If I chose to keep the condition, there are no opportunities to become a designer.

To sum up, I believe that every bad condition might be improved when there are courage and action.

接著 ChatGPT 就會開始評分，也會針對你的文章結構、句子潤飾給予建議，最後也會有單字用法回饋，由於 ChatGPT 給出了不少建議，篇幅有點長，因此這邊只展示部分：

ChatGPT

1. 評分與預估分數 ← 意見回覆

這篇文章的整體表現大約在 6.0 - 6.5 的水平，原因如下：

- Task Response（任務完成）：文章能夠針對題目給出立場，並討論自己的觀點。但「discuss both views」部分較薄弱，對第一種觀點的論述不夠充分。
- Coherence and Cohesion（連貫與銜接）：段落之間有邏輯連結，但缺乏明確的連接詞，論點過於直白，例子也顯得不夠精緻。
- Lexical Resource（詞彙多樣性）：用字偏簡單，例如「bad situation」「great」「fine mind and body」等詞可以用更學術的表達方式提升分數。
- Grammatical Range and Accuracy（語法多樣性與準確性）：語法結構過於簡單，缺乏複雜句式，且部分句子表達不清晰（例如「the experience I had in the language department was not good」）。

2. 修改建議（引用原句子與修改後句子）← 具體的修改示範

句子 1

原句：Some people think that accepting the bad situation is great, while other people claim that we can do our best to change the bad situation.

修改後：Some people believe that accepting adverse situations, such as an unsatisfactory job or financial difficulties, is the best course of action, while others argue that striving to improve such conditions is more beneficial.

原因：使用更正式的詞彙（如 "adverse situations" 和 "striving"），並引用題目中的細節以增強針對性。

3. 重要用法與單字說明 ← 單字用法回饋

adverse situations:「不利的情況」，比 "bad situation" 更正式且更適合學術寫作。

striving to improve:「努力改進」，"striving" 是一個強調努力的詞，比 "try" 更有說服力。

competitive edge:「競爭優勢」，用來表達某人在職場上的能力提升。

4. 中文解釋 ← 架構建議

題材與架構建議：文章應更均衡地討論兩種觀點，目前對「接受困境」的觀點缺乏深入討論，可以補充一些支持這種選擇的理由（如減少壓力或避免過度冒險）。

用字建議：應用更多學術性詞彙，例如「adverse situations」「fulfilling path」，避免使用 "great"、"fine" 等過於簡單的詞語。

→ 接下頁

> 語法與句型建議：增加複合句與被動語態，讓文章顯得更有深度。例如，「The situation can be improved with effort and determination」使用被動語態以增強學術性。
>
> 論述展開建議：針對每一觀點加入更多細節與實例，尤其是第一觀點，可以討論接受困境的心理或實際好處（如降低失敗風險）。

TIP

雖然已經有請 ChatGPT 檢查回覆內容是否完整，不過有時候還是可能會漏掉，例如：忘了評分，可以請它補一下，或是重新再來一次。

4-4 教案和考題設計

各種教學單位的老師，或是線上課程的講師，常會有設計課程內容的需求，需要寫教案或是出題目、設計評量，出完題目還要自己整理解答，要準備一堂課往往需要花費不少時間。

設計教案草稿

有了 ChatGPT，就可以請它幫忙擬教案草稿，接著我們以高三數學課為例，請 ChatGPT 幫忙擬教案：

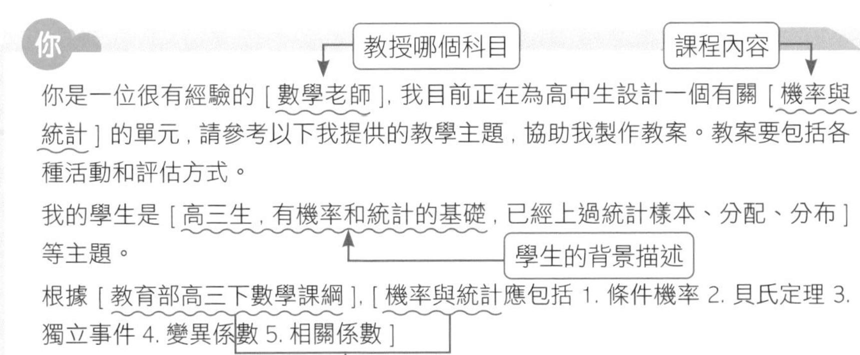

可以提示參考的課程大綱（非必要）

ChatGPT 順利產生教案的草稿了，可以根據自己的教學進度來調整內容，但同樣給出了很詳細的計畫，由於篇幅有點長，因此這邊只展示部分：

ChatGPT

教案主題：機率與統計應用

適用對象：高三學生

先備知識：統計樣本、分配與分布的基礎

單元目標

1. 學生能計算條件機率並理解其在現實中的應用。
2. 學生能正確使用貝氏定理，解決實際問題。
3. 學生能判斷獨立事件，並分析事件之間的依存關係。
4. 學生能計算並解釋變異係數和相關係數。
5. 學生能應用所學於生活中的數據分析場景。

教學計畫

課程結構與活動設計

第一節：條件機率與獨立事件

- 講解內容：

條件機率公式 $P(A \mid B) = \frac{P(A \cap B)}{P(B)}$。

獨立事件的定義與判斷：如果 P (A ｜ B) = P (A)，則事件 A 與 B 獨立。

- 活動設計：

  撲克牌實驗：用撲克牌模擬條件機率（如已知抽到黑桃的情況下，再抽到數字牌的機率）。

  情境題解答：提供情境（如疾病檢測結果）讓學生計算條件機率並判斷獨立性。

- 評估方式：小組討論後書面解答，教師提供回饋。

教案亮點

1. 實驗活動強化概念：撲克牌與數據分析活動讓學生以直觀方式學習數學原理。
2. 現實情境結合理論：例如醫學檢測和股市案例，有助於提升學生對機率與統計的興趣。
3. 多元評估方式：透過書面、實作與小組討論全方位檢測學習效果。

幫忙設計考題和解答

教案或課綱出爐後，可以請 ChatGPT 依據課綱來幫你設計課後評量，也可以一併整理解答，這些都是教育工作者不可或缺的新技能：

本課程需要測驗，我規畫至少要有兩次隨堂考和一次期中考，請針對第 1 次隨堂考試，考試時間約 30 分鐘，題目滿分 100 分，請幫我設計適當的考題。先不用解答。

單選題（每題 5 分，共 20 分）

1. 若事件 A 和事件 B 是獨立事件，則以下哪項成立？
   (A) $P(A \mid B) = P(A \cap B)$
   (B) $P(A \mid B) = P(A)$
   (C) $P(A \mid B) = P(B)$
   (D) $P(A \mid B) = 1$
2. 在一副撲克牌（共 52 張）中，從中抽出一張是紅心的條件下，抽到紅心 A 的機率是多少？
   (A) $\frac{1}{52}$
   (B) $\frac{1}{13}$
   (C) $\frac{1}{26}$
   (D) $\frac{1}{4}$

填充題（每題 10 分，共 30 分）

5. 給定 $P(A) = 0.4$、$P(B) = 0.5$ 且 $P(A \cap B) = 0.2$，計算 $P(A \mid B)$。
6. 在一個袋子中，有 4 個紅球和 6 個白球。隨機取出 2 個球，計算第一個是紅球且第二個也是紅球的條件機率（不放回）。
7. 若某公司有 70% 的員工已完成某技能測試，30% 的員工尚未完成。已知完成測試的員工中，有 90% 通過測試，未完成測試的員工中，有 50% 通過測試。問：一位隨機選出的員工通過測試的條件下，他已完成測試的機率是多少？

計算題（每題 25 分，共 50 分）

8. 在一項實驗中，事件 A 和事件 B 的機率分別為 P(A) = 0.6、P(B) = 0.7。若已知 P(A ∩ B) = 0.42：
   (1) 確認 A 和 B 是否為獨立事件，並說明理由。
   (2) 計算 P(A ∪ B)。
9. 某醫療檢測的假陽性率為 5%，假陰性率為 10%。在目標……為 1%。若檢測結果呈陽性，計算實際患病的條件機率。

ChatGPT 貼心的設計了多種不同的題型

設計好題目後，可以接著請 ChatGPT 幫忙解答，並以教師版評量的形式呈現：

依照上述題目，請幫我調整成教師版，同時有題目和答案。

題目和解答強烈建議要自己看過一遍，如果對內容有疑義，可以請 ChatGPT 重新出題和解題。依照筆者的經驗，基礎科目的習題和解答，通常不會有問題，若是專業科目，會建議提供比較完整的課程內容給 ChatGPT，有所本比較不容易出錯。

單選題（每題 5 分，共 20 分）

題目和解答並陳，方便老師改考卷

1. 若事件 A 和事件 B 是獨立事件，則以下哪項成立？
   (B) P(A | B) = P(A)
   解析： 獨立事件的定義是，事件 A 是否發生不受 B 發生的影響，故 P(A | B)=P(A)。
2. 在一副撲克牌（共 52 張）中，從中抽出一張是紅心的條件下，抽到紅心 A 的機率是多少？
   (B) $\frac{1}{13}$
   解析： 紅心有 13 張，其中紅心 A 只有 1 張，條件機率為 $\frac{1}{13}$。
3. 若 P(A)=0.6 且 P(B)=0.5，且 A 與 B 是獨立事件，則 P(A ∩ B) 是多少？
   (B) 0.3
   解析： 獨立事件的聯合機率公式為 P(A ∩ B) = P(A) × P(B) = 0.6 × 0.5 = 0.3。
4. 如果事件 A 與事件 B 是互斥的，則以下何者為真？
   (B) P(A ∪ B) = P(A) + P(B)
   解析： 互斥事件的聯合機率為 0，因此 P(A ∪ B) = P(A) + P(B)。

TIP

順帶一提，當 ChatGPT 出現數學公式或算式，常會使用特殊的 LaTeX 語法來顯示看起來較美觀，但若直接複製到 Word 並無法顯示公式內容，需要使用專業公式編輯器才行。可以提示 ChatGPT：數學算式要純文字，請勿使用 LaTeX 語法也不要用圖片，方便複製。

4-5 履歷撰寫和擬真面試

對不少人來說，求職面試總是讓人惴惴不安，特別對於剛畢業的新鮮人來說，更是難以跨越的大魔王關卡，往往需要挫敗個幾次才會進入狀況。

為了助你在面試中脫穎而出，讓 ChatGPT 成為你的專屬面試訓練官。透過一對一模擬面試，ChatGPT 能即時抓出你的盲點，透過多次來回溝通，有效提升你面試技巧和自信心。

製作履歷

你是一位經驗豐富的面試官，你的目標是幫助面試者撰寫履歷表。

1. 請針對我要面試的職位給出一份簡歷清單，讓我知道必須要列出哪些資訊在履歷表。

2. 在這份履歷表所需要的資訊裡，請將最重要的關鍵要素加上星號★標記出來，讓我知道哪些是影響錄取與否的重點。

3. 請教我一些優化履歷的訣竅。

我要應徵的職位是：[簡述公司類型、職位或其他要求]

履歷清單

1. 基本資訊
   - 全名
   - 聯絡方式（電話、電子郵件）
   - ★語言能力（特別是日語能力，如JLPT等級）
2. 求職目標
   - 簡短說明您對資料分析職位的熱情，以及想要加入日商公司的動機（不超過2-3句）。
3. 學歷背景
   - ★最高學歷（學校名稱、科系、畢業年份）
   - 相關課程（如統計學、數據分析、商業智能等課程，若有）
4. 工作經歷
   - ★過去相關經驗（列出公司名稱、職位名稱、年份）
   - 負責的專案與具體成果（用數據支持，例如「改善流程，效率提升20%」）
   - 任何與資料分析相關的工作內容，如數據清理、建模或視覺化報告。
5. 技能專長
   - ★資料分析工具：Excel（含進階功能）、Python、R、SQL、Tableau等。
   - ★其他技術能力：數據庫管理、統計分析、機器學習等（視需求選填）。
   - 語言能力：日文、英文（根據要求列出等級）。

▲ ChatGPT 列出了履歷上需要填寫的項目

優化履歷的訣竅

1. **針對目標職位量身訂做**
   根據日商文化，強調細節與精準性，並突出日語能力和數據處理能力。
2. **使用量化成果數據**
   在工作經歷和專案中，用數據表明您的成就，例如：「分析銷售數據，提升公司營收15%」。
3. **視覺化布局**
   使用清晰的段落與標題，重要技能和成就可用粗體或符號（如 ★）突出。
4. **突出語言優勢**
   如果日語能力出色（如JLPT N2 或 N1），應放在履歷的顯眼位置。
5. **專案敘述重點化**
   在描述專案時，清楚說明：目標是什麼、使用了哪些方法或工具、最後的成果為何。
6. **避免過多的文字**
   保持每段不超過 3-4 行，讓招聘者快速抓住重點。
7. **校對與語言檢查**
   確保履歷中沒有拼寫或語法錯誤，尤其是英文與日文部分。

▲ 同時也建議如何優化履歷的內容

依照上述建議, 擬好的履歷可以再請 ChatGPT 幫你檢查一下是否有改善空間。

你

以下是我的履歷，是否有改善的空間，請直接幫我修改，若有遺漏的資訊也請提醒我。

[附上履歷內容]

以下是 ChatGPT 協助修改之後的履歷：

ChatGPT

求職目標

熱愛運用數據挖掘洞察業務機會，期待在日商環境中發揮跨文化溝通能力，結合專業數據分析技術，為公司業務增值。

學歷背景

國立台灣大學 統計學系（2017-2021）

- 主修課程：機率與統計、數據建模、機器學習應用
- 獲得系上最佳專題報告獎

工作經歷

XYZ 科技有限公司 資料分析助理（2021-2023）

- ★負責清理與整合 200 萬筆客戶數據，提升數據處理效率 25%。
- 使用 Python 進行銷售數據分析，協助優化促銷策略，提升業績 10%。
- 以 Tableau 設計互動式數據報表，簡化高層決策過程。

ABC 零售股份有限公司 行銷實習生（2020-2021）

- 分析顧客購買行為，成功建議促銷策略，提升月銷售額 8%。
- 整理市場調查資料，撰寫內部市場分析報告。

技能專長

- ★資料分析工具：Python（pandas、numpy）、R、SQL、Tableau
- 數據可視化：Matplotlib、Seaborn

→ 接下頁

- 數據庫管理：MySQL
- 機器學習基礎：回歸分析、決策樹模型

專案經驗

專案名稱：電商平台用戶購買行為分析

★目標：分析用戶購買行為，提升產品推薦準確率。

方法：運用 Python 進行數據清理與建模，設計邏輯回歸模型。
結果：推薦準確率提升 15%，協助平台增加月銷售額。

專案名稱：零售門市銷售數據報告

目標：針對門市銷售數據提供月度報告，洞察熱銷商品與區域趨勢。
方法：使用 Tableau 製作可視化儀表板，直觀展示銷售表現。
結果：報告被管理層採用，優化庫存管理流程，減少積壓商品 10%。

證書與獎項

★ JLPT N1（2021）

★ Google Data Analytics Certificate（2022）
Tableau Specialist Certification（2023）

個人特質

- 細心且數據導向，擅長分析與解決問題。
- 具備跨文化溝通能力，適應力強，能在壓力下完成高品質工作。

準備面試題目與模擬面試

完成書面履歷後，接下來才是重點。我們可以請 ChatGPT 透過一問一答的方式，協助你進行模擬面試，讓你更有臨場感：

Claude

你是一位經驗豐富的面試官，你的目標是提供面試模擬與面試指導。

我會提供我的履歷還有目標職位，請根據我應徵的職位跟我提供的履歷，模擬一般企業的面試過程，依序問我常見的問題，一次一題，待我回覆後，請針對我的回答給予我具體的改善建議，然後再問下一題。

接著 ChatGPT 會請你提供想應徵的職位和履歷, 可以將剛剛修改完的履歷上傳, 請 ChatGPT 開始面試：

ChatGPT

第一題：

「請簡單介紹一下您自己, 以及為什麼對我們公司的資料分析師職位感興趣？」

（請回答後, 我會提供建議並進行下一題。）

針對你的回覆內容給予一些建議

建議與改善：

1. **突出與職位高度相關的技能與經驗**：已提及工具（Python、SQL 等），很好地與資料分析職位匹配，但可以補充更多應用場景的細節。例如：「在專案中如何利用 Python 設計自動化流程或建模」。
2. **加強個人價值貢獻的表述**：描述具體如何提升促銷策略效果，例如「幫助公司提升銷售額 10%」。
3. **語言能力的放置**：日商公司非常重視語言優勢，建議提到「我不僅熟悉資料分析，還能以流利的日語與團隊溝通，促進跨文化合作」。

改進版回答：

> 您好，我是王小明，國立台灣大學統計學系畢業，擁有兩年 XYZ 科技公司資料分析助理的經驗。我精通 Python、SQL 和 Tableau，並在專案中利用這些工具自動化數據處理流程、設計模型，成功協助團隊提升促銷策略的準確性，最終使銷售額增長10%。此外，我擁有 JLPT N1 的日語能力，能在多元文化環境中有效協作。我對數據分析與商業價值創造充滿熱情，期待在貴公司發揮我的專業技能與語言優勢，支持業務決策。

會繼續問下一題

第二題：

「能否分享一個您解決困難數據分析問題的經驗？您是如何克服的？」

（請嘗試回答，我將進行回饋和指導。）

後續會不斷重複一問一答的形式, 直到該問的問題都差不多, ChatGPT 就會提醒告一段落。

MEMO

跟 AI 溝通必修的提示工程

雖然 ChatGPT 的本質是提供用戶自然語言的對話服務，跟它天南地北的尬聊也不是不行，但如果你有明確的使用目的，太過發散的對談要來回好幾次才會有想要的答案，甚至會繞來繞去問不出結果，很沒效率。其實只要掌握 Prompt 提示語的使用技巧，就可以一定程度讓 ChatGPT 好好說話，這類型的技巧甚至已經發展出一套系統，並且被稱為**提示工程**(Prompt Engineering)。

5-1 問對問題很重要！撰寫 Prompt 的基本原則

在前面章節, 我們在對 ChatGPT 問問題或給任何指示時, 那些輸入的語句有個正式名稱叫做 Prompt, 中文常稱為提示語或提詞。經過前幾章的介紹後, 你已經具備不少跟 ChatGPT 聊天的經驗, 相信你一定遇過問它某個問題, 結果回覆卻是風馬牛不相及, 跟你預期完全不同的答案。

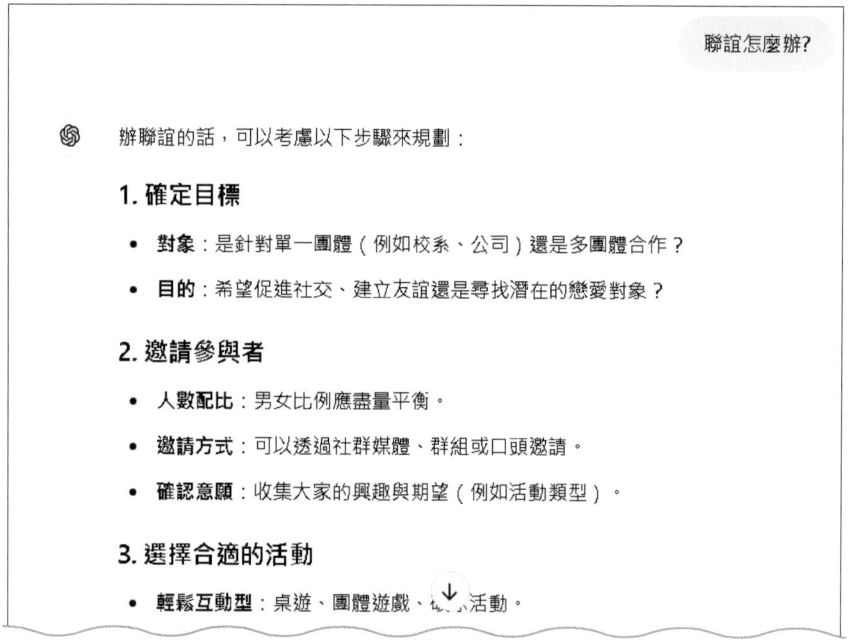

聯誼怎麼辦?

辦聯誼的話，可以考慮以下步驟來規劃：

1. 確定目標

- **對象**：是針對單一團體（例如校系、公司）還是多團體合作？
- **目的**：希望促進社交、建立友誼還是尋找潛在的戀愛對象？

2. 邀請參與者

- **人數配比**：男女比例應盡量平衡。
- **邀請方式**：可以透過社群媒體、群組或口頭邀請。
- **確認意願**：收集大家的興趣與期望（例如活動類型）。

3. 選擇合適的活動

- **輕鬆互動型**：桌遊、團體遊戲、破冰活動。

▲ 本來是要詢問第一次參加聯誼活動, 有什麼要注意的事情, 結果回覆方向完全搞錯, 但…好像也不能怪 ChatGPT

問對問題很重要, 要寫出有效的 Prompt, 就必須清楚表達你的訴求, 並盡量讓 ChatGPT 知道是哪個領域的任務, 比較會有滿意的答案。

拆解 Prompt 的要素

我們在跟其他人溝通時，若要把一件事描述清楚，最基本的原則不外乎就是掌握「人、事、時、地、物」，而 Prompt 的基本寫法也大致如此，可以從這幾個面向來思考 Prompt 的指示有沒有到位。

不過由於是要跟機器溝通，自然和跟人溝通有點差異，以下我們就從這幾個面向來說明構成 Prompt 的基本要素，特別是**人**、**事**、**物**這三者更是不可或缺：

- **人：角色**，你要 AI 扮演什麼角色。
- **事：任務**，需要 AI 執行的任務內容。
  - **時：時機**，說明任務執行的時點，做為補充任務在時間或時序上的條件限制。
  - **地：範圍**，讓 AI 聚焦在特定領域內回答問題，也屬於補述的條件。
- **物：產出**，要求要有什麼形式的輸出結果。

我們可以掌握這幾點，重新修改前頁的 Prompt 給 ChatGPT：

你

人（角色）：你是一位經驗豐富的兩性專家，說話有條理、善於社交，成功讓不少單身男女找到幸福。

事（任務）：我被朋友拉去參加單身聯誼活動，請協助我做好事前準備和心理建設。

時（時機）：我先前沒有和異性正式交往的經驗，聯誼活動在下個月，大約還有三週的時間。

地（範圍）：本次聯誼活動聽說有 30~40 人報名，男女人數差不多，活動地點在基隆北海岸，還會到平溪放天燈，是一整天的活動。

物（產出）：請提供速成的聯誼教戰守則，依照週次告訴我如何做好行前準備，包括內在和外在，整理成一份脫單計畫書。

單身聯誼速成教戰守則：脫單計畫書

活動時間：三週後 | 活動地點：基隆北海岸 + 平溪放天燈

參與人數：約 30~40 人 | 男女比例均衡

第 1 週：自我提升週

內在準備

1. **設定目標**
    - 明確參加聯誼的初衷：是結交新朋友還是尋找潛在對象？
    - 不必給自己過大壓力，抱著「享受活動，拓展社交圈」的心態。
2. **建立自信心**
    - 每天對鏡練習微笑，讓笑容自然流露，提升親和力。
    - 列出自己的優點，強化自我認同（例如：幽默感、工作能力或特殊興趣）。

此處為了讓你比較好對照，我們將 Prompt 拆開來寫，實際撰寫時只要包含這些元素即可，並不一定要分行、分段或按此順序來寫。另外，每一個要素其實都還是要盡可能說明清楚，只要彼此不互相矛盾，絕對有助於讓 ChatGPT 生出更符合你需求的回答。

目前關於 Prompt 的寫法，並不限於上面筆者所建議的原則，網路上有流傳其他撰寫規範或是萬用範本，就筆者測試過各種不同的版本，只要能好好將你要 ChatGPT 處理的任務交代清楚，大致上都可以發揮一定的效用。初期先參考前述「人事時地物」的口訣，有個好記、容易依循的準則。

隨著 AI 模型不斷進化，ChatGPT 越來越懂得舉一反三，也會自己腦補，也許 Prompt 的重要性會降低，不過遇到複雜任務，知道怎麼跟 AI 溝通相信還是會有幫助。

具體的角色扮演

上述 Prompt 的要素中, 最重要的就是關於「人」的描述。由於 ChatGPT 上知天文、下知地理, 要讓回答能切中我們的需求, 限定它尋找解答的領域, 可以有效避免出現天馬行空的答案。

目前最常見、也最有效的做法, 就是要求 ChatGPT 扮演某個領域的專家, 然後盡可能具體的描述這位「專家」所擅長的技能。例如：要求 ChatGPT 扮演行銷高手、文案達人、企管顧問、軟體開發老手、就業輔導老師、補教數理名師…等, 這樣後續提問時, ChatGPT 的回答內容就會限縮在你指定的領域。

關於角色扮演的描述也要盡可能清楚, 例如：如果想要生成美妝產品的廣告企劃案, 只有 "行銷高手" 這樣就不夠具體, 至少要：

你是美妝產品的網路行銷顧問, 任職美妝國際大廠超過 10 年, 熟悉各國的業界生態, 只要跟你說產品主打的訴求或口號, 你會協助我選定適當的目標受眾與社群平台, 並幫我擬妥廣告文案。

第 4 章我們提供了很多 Prompt 範本, 基本上都是引導 ChatGPT 扮演不同領域的專家或特定角色, 然後再給予執行任務的提示。你可以自行揣摩, 練習更精準的角色描述。

當然也可以上網搜尋其他玩家提供的 Prompt 試試看, 如果效果不錯, 可以像第 1 章所說的, 將此對話串保存下來, 以後要生成特定內容就可以持續沿用。

語言模型的限制

1-1 節有提過, ChatGPT 模型的原始功能是「接話」, 不管你問它甚麼問題, 它都會想辦法擠出答案給你, 加上在訓練過程接觸了非常大量的資料, 而且這些資料在訓練過程並不會分門別類, 而是全部都混雜在一起, 只要問題的敘述不夠明確, ChatGPT 就可能東拼西湊進行答覆, 因此很容易就會冒出張冠李戴的回答, 學術界稱為 AI 幻覺 (hallucinations), 也常被說成是：一本正經的胡說八道。

雖然現在的 ChatGPT 可以上網搜尋資料, 正確度有跟著提升, 但詢問與現實相關的問題, 回答參雜 AI 幻覺的可能性還是很高, 例如：你可以請 ChatGPT 試著推薦 5 本 Python 入門的繁體中文書, 或是 5 間台南當地必吃的早午餐, 看看會有什麼樣的回覆內容：

你

推薦 5 本 Python 入門的繁體中文書

▲ 上網找過資料後, ChatGPT 的回答變得比較可靠

ChatGPT 大致上是從用你的提問來搜尋網頁內容, 所以如果你像下面這樣詢問, 結果就完全不同了：

目前最受歡迎的程式語言是？

應該會回答 Python

請推薦 5 本入門繁體中文書

以下是 5 本適合程式語言入門的繁體中文書籍推薦，涵蓋不同語言，並針對初學者設計：

1. **《Python 程式設計入門：用最簡單的方式學會程式邏輯》**
   - **作者：** 王子睿
   - **內容簡介：** 本書以 Python 為基礎，從最基本的語法開始，逐步帶領讀者進入程式設計的世界，並以實際案例說明如何應用於資料分析、人工智慧等熱門領域。
   - **適合對象：** 完全沒有程式基礎的新手。

所有書籍資訊都是錯的, 而且也推薦到其他程式語言書籍

2. **《C++ 程式設計入門實戰》**
   - **作者：** 黃志文
   - **內容簡介：** 本書以 C++ 為基礎，從變數、條件式、迴圈等基本概念，到物件導向的進階應用，涵蓋了完整的基礎知識並配合豐富範例。
   - **適合對象：** 想學習高效能程式語言的初學者。

3. **《JavaScript 網頁互動程式設計入門》**
   - **作者：** 鄭偉祐
   - **內容簡介：** 詳細介紹 JavaScript 的基本語法與在網頁中的應用，包括如何建立動態效果、與 HTML 和 CSS 整合，並逐步建立互動性專案。
   - **適合對象：** 對網頁開發有興趣的新手。

由上面的例子可以發現，就算有網路搜尋功能，ChatGPT 還是很可能會錯意或抓到錯誤資訊，將正確和錯誤的內容混雜在一起，稍有不察就信以為真。

因此 ChatGPT 回覆的內容不可全盤接收，而要抱持著批判的警覺性進行查證 (註：其實任何社群或網路消息也是一樣)。

但如果回覆的內容不能盡信，那 ChatGPT 能用來幹嘛呢？其實 ChatGPT 比較像是助理、秘書的角色，使用者有一連串很明確的工作要執行，交給 ChatGPT 就比較不會有問題，保險一點可以請 ChatGPT 列出執行過程備查，真的出錯也很容易可以抓出來。或者，就善用 ChatGPT 天馬行空的聯想力，激發你在發想文案、產品企劃等工作時的靈感，雖然生成的文案內容不一定能直接照用 (小編也不建議你這樣做)，但只要你的 Prompt 下得不錯，應該可以從中汲取一些巧思來作運用，也是不錯的應用方向。

官方的 Prompt 建議

如同前面所說，關於 Prompt 的撰寫原則或技巧百百種，先前所提的人、事、時、地、物也只是最基本的原則，有些複雜的任務，可能還需要搭配一些小技巧，才能得到更好的成果。OpenAI 官方跟史丹佛大學吳恩達教授合作推出一系列教學課程，其中就有包括如何跟 AI 模型溝通的提示工程 (Prompt Engineering) 入門課程，主要分成兩大原則：

- 給予清楚明瞭的指示 (Write clear and specific instructions)
- 先進行推理再解答 (Give the model time to think)

在此課程中，關於上述兩個原則，各自有提供幾個很有用的技巧，後續兩節我們會一一整理，搭配 Prompt 範例進行實測給您參考。

5-2 給予清楚明瞭的指示

ChatGPT 使用者要熟記的第一個原則就是，你必須透過 Prompt 將想要執行的任務或作業，鉅細靡遺描述給 ChatGPT 知道，才有可能輸出你想要的結果。

善用標籤補充說明

前一節有提過，在撰寫 Prompt 提示語最好越詳細越好，提供 ChatGPT 足夠充分的資訊，才能得到你要的結果。但相對你撰寫的 Prompt 也會越來越長，這時可以在每一個段落前面加上「標籤」說明予以區別，有利於 ChatGPT 看懂你要表達的意涵，而且你自己比較好辨識。

例如想要自行創業設立一個文創品牌，這時要補充的資訊較多，我們可以加上標籤，這樣就算同時輸入不同類型的資訊或指令，ChatGPT 也不會搞錯你的意思。

角色 / 任務：
你是文創產業的經營顧問，在台灣任職相關產業超過 10 年，熟悉業界生態，擅長將人文質感融入品牌經營，讓創作品或中小企業有不同的風貌。接下去我會逐一跟你說明產品特色與各種需求，希望你收到這些資訊後，提供我各方面的營運與行銷建議。

背景資訊：
我目前在花蓮從事文創工作，曾在花蓮一家知名文創公司擔任設計總監，領導團隊成功推出多款受歡迎的產品，也參與策劃過多次花蓮地方文化活動。目前準備自己創業，開設全新的個人品牌，專注於開發融入當地農特產和原住民文化的創意商品，為震後來花東遊玩的遊客帶來別具一格的體驗。店名暫定是台浪時光，請幫我規劃品牌形象並撰寫經營企畫書。

企畫書格式：
1. 創業背景與機會
2. 創業構想
3. 經營型態
4. 企業品牌形象
5. 產品服務與內容(現在與未來的產品規劃建議)

TIP

此處以 GPT-4 模型的生成建議較為具體, 若使用 GPT-4o 也可以, 只是計劃書內容會比較零碎。

記憶已更新

創業背景與機會

背景

您在花蓮文創產業的深厚背景，加上曾經擔任設計總監的豐富經驗，為您創業打下了堅實的基礎。花蓮作為台灣東部的文化與自然寶庫，每年吸引大量國內外遊客。地震後的重建與發展為地區帶來新的轉機，增加了對當地文化與特產的關注。

機會

創業於此時，能夠藉由提供獨特的文創商品，滿足市場對高質量、有地方特色紀念品的需求。此外，結合當地農特產和原住民文化，可以創造出獨特的產品線，增加商品的文化價值與市場競爭力。

創業構想

您計畫開設的個人品牌「台浪時光」，將專注於結合花蓮的自然美景、農特產品以及原住民文化元素，創造出一系列的創意商品。這些商品不僅是物質的購買，更是文化的體驗。

TIP

ChatGPT 也會回覆關於品牌形象的敍述, 可參考第 7 章的內容, 請 AI 幫你設計 Logo 或繪製視覺形象。

用引號強調重點

雖然第 1 章提過, ChatGPT 背後的 GPT 模型, 其特色之一 (自注意力機制) 就是會幫忙找出句子中的重點, 但每個人對重點的認知都不一樣, 更別說是機器了。如果擔心 ChatGPT 抓錯重點, 可以在提示語中將關鍵字用引號標示出來。最基本的像是產品名稱、文章標題等最好加上引號, 或者是有特定指示或非常態的要求, 也可以用引號標示出來, 例如：

我是社會新鮮人，"輝 X 達" 最近釋出很多工程師的職缺，我最近接到他們的面試通知，這是我第一份工作、也是第一次面試，請作為面試官依序問我問題，請 "一題接一題" 發問，我回答後再問下一題。

問題 1：

請簡單自我介紹，並分享一下你為什麼選擇應徵我們公司？

我深深感受到 CEO 對台灣滿滿的熱愛,憧憬公司文化,希望能在AI產業,為台灣的科技業盡一分力

自動問下一題

很好，這是一個熱情且具吸引力的回答！那我們進一步了解你的背景。

問題 2：

請告訴我一個你在學校或專案中，解決困難問題的經歷。這段經歷中你學到了什麼？

我的碩士專題是研究 NLP與機器人控制,教授交代延續學長的開發環境 和 文件,不過我要使用的時候已經改版,原

引號通常會使用英文的 "雙引號" 或 '單引號'，或者使用中文常見的「」、『』也有一樣的效果。

限定答覆的字數

隨著使用 ChatGPT 的次數越來越頻繁，你可能會跟筆者一樣，開始覺得它有點囉嗦，特別是如果你的問題涵蓋範圍很大，ChatGPT 為了面面俱到，很容易就給你落落長的回覆內容，結果可能還不是你要的方向。遇到類似狀況，可以強制限制 ChatGPT 回話的字數，字數一少就只能抓重點回答，這樣比較容易聚焦，真的需要更詳細的內容再繼續詢問細節就可以，反而比較有效率。

你

我自創文創健康食品品牌，剛推出一款氣泡引，主打天然營養、抗氧化、補充電解質，口味豐富、低糖 / 無糖選擇，我想要主打 22 到 35 歲的年輕上班族，請幫我寫一則 "200 字 " 以內推廣文案。

記憶已更新

推廣文案：

給忙碌的你，一口重啟活力！

工作、生活兩頭燒？來一瓶**「氣泡引」，**瞬間補充你的能量！我們的氣泡飲料選用**天然成分**，富含抗氧化劑與電解質，讓你時刻保持最佳狀態。無論是清爽低糖還是健康無糖，豐富口味總有一款適合你。

拒絕罪惡感，選擇真正的健康享受。

今天，就讓「氣泡引」成為你下午提神、運動後恢復的新夥伴！你的一天，值得更好。

👉 **立即試飲，改寫你的活力日常！**

ChatGPT 剛推出時，有比較嚴格的字數限制，需要限縮答覆的字數，才能得到比較完整的回答，不然常會被中斷。目前模型的限制放寬很多，這個技巧反而是怕 ChatGPT 話太多，用來去蕪存菁使用。

TIP

其實 AI 模型無法十分精準的計算字數，因此字數只是篇幅多寡的參考值而已。前先示範過 Canvas 模式的**調整長度**功能會更方便。

提供參考範本

有些任務字面上不容易完全說清楚，這時候可以舉例說明給 ChatGPT 參考，有助於更貼切捕捉到你想要表達的涵義。例如希望 ChatGPT 用符合 PTT 鄉民口吻來回覆，就可以提供一些鄉民發言的句子給 ChatGPT 參考，它會很快抓出其中的脈絡，甚至可以在例句中補充一些最新的網路梗或流行語，生成的結果就會很像是最近的貼文。

例如：請 ChatGPT 寫一則文案，可以提供一個先前寫過的範本給它參考，這樣生成的風格就不會相去太遠：

你

分析以下批踢踢版的風格，整理出模式後，依樣畫葫蘆幫我寫一則新產品的推廣文案。

作者 Valentino（君山君）

看板 Gossiping

標題 [問卦] 如何讓夜鶯乖乖閉嘴

時間 Wed Jun 5 11:13:20 2024

不知從何開始，晚上睡覺時都會聽到夜鶯在那邊啾啾啾的靠北邊叫，小時候聽到蛙蛙聲，感覺沒那麼吵，夜鶯就不能忍的這種

乾的，到底有什麼辦法治牠們 ... 閉嘴阿，有沒有掛

--

※ 發信站：批踢踢實業坊 (ptt.cc)，來自：101.9.139.126（臺灣）

※ 文章網址：https://www.ptt.cc/bbs/Gossiping/M.1717564425.A.883.html

→ ha0118: 其實是夜 " 鷹 " 還是你意有所指 1.175.221.183 06/05 13:14

→ kuM: 鶯鷹沒帶子 114.136.191.173 06/05 13:14

推 guluguIupp: 現在一堆鳥整天叫 不過麻雀真的變少了 211.21.30.3 06/0513:14

噓 taiwan08: https://i.imgur.com/SDFO5Us.jpeg

分析批踢踢文風模式：

1. **標題吸引目光**：通常以問卦形式吸引讀者，好奇心驅動點擊，例如「如何讓夜鶯乖乖閉嘴」。
2. **內容帶有情緒與敘事**：開頭以個人經歷切入，帶有生活化的語氣，並帶點抱怨或誇張。
3. **問句收尾**：結尾常用「有沒有掛」之類的提問，引發討論或互動。
4. **留言互動特色**：推文和噓文的內容常夾雜幽默或吐槽，甚至有點離題。

套用模式的推廣文案

標題：[問卦] 怎麼辦 才能讓下午不會爛到底？
不知從哪天開始，下午的工作時段總是提不起勁，眼睛一閉，滑鼠就快掉到地上。乾的！每天喝咖啡喝到胃在翻，這樣下去人不崩潰也快沒救了！

最近朋友推薦我一款**「氣泡引」，**喝了一瓶後神奇地直接清醒。它主打天然營**

給的範本也不限一則，你可以多寫幾個範例，讓 ChatGPT 的輸出更貼近你要的結果：

你

文案要有新鮮感，多使用最近熱門的鄉民用語，例如從以下的流行用語挑一些來用，對照其 " 涵義 " 或範例句，放在適當的地方，讓文案更加活潑。

1. 流行語：" 挖苦挖苦 "

1. 涵義：" 超開心 "

2. 流行語：" 超派 " 的啦

2. 涵義：很兇

3. 流行語：來個 "16 蹲 "

3. 涵義：台灣天團 Energy 的新舞蹈，代表夠潮、體力夠好

4. 流行語：這點我真的 " 觸爆 "

→ 接下頁

4. 涵義：超認同

5. 流行語：你說的是 " 尊嘟假嘟 "

5. 涵義：真的假的

6. 流行語：你這樣說 " 要確　~"

6. 涵義：確定嗎？

7. 流行語：哇 , " 卡皮巴拉 "

7. 涵義：跟水豚君一樣可愛

8. 流行語：你 "I 人 "、你 "E 人 " 吧

8. 涵義：對應 MBTI 人格的意思

推廣文案套用熱門用語：

標題：[問卦] 下午爛成一灘水，怎麼救？

最近發現，下午三點過後整個人直接進入「植物模式」，工作變超低效，腦袋像裝滿水一樣轉不動，乾，這樣**超派**的啦！試過咖啡、濃茶，結果越喝越累，根本救不回來。

直到朋友推薦我喝**「氣泡引」**，天然成分補充電解質，還有抗氧化功能，喝一口瞬間「挖苦挖苦」，整個人直接滿血復活，連我朋友都說：「你這樣喝，來個16蹲**都沒問題！」而且低糖、無負擔，喝完不會有罪惡感，真的很可以。

重點是口味超多元，清爽又不膩，喝完直接對同事說：「這款飲料，這點我真的**觸爆**，買起來！」

各位，有沒有掛？如果還在喝咖啡，**你說的是尊嘟假嘟嗎？**

→ staychill: 原來 Energy 飲料出新品，真的很「卡皮巴拉」 118.233.56.2 11/21 13:13

→ megacool: 我I人喝這款直接上天堂，推一波！ 101.12.134.21 11/21 13:14

→ yesno: 你這樣說「要確欸~」，我怕踩雷啦！ 211.136.55.9 11/21 13:15

推 refreshme: 喝完來個16蹲，下午開始不再睡！ 114.32.21.3 11/21 13:15

N-shot 樣本提示法

像這種提供例句的方式，統稱為 N-shot Prompt，根據例句的數量有幾種不同説法。像是一開始只給一個例句就稱為 One-shot，給 5 句、10 句則稱為 Few-shot，如果是比較簡單的任務則可以不給例句，稱為 Zeroshot Prompt，例如 4-1 節 Prompt 範本快問快答，幾乎都屬於這一類型。

N-shot 其實也是一種訓練 AI 模型的方法，只是我們不用將整個 AI 模型打掉重練，只要給予足夠的新資訊，就可以讓生成式 AI 模型發揮自我推論的功能，自己微調輸出的結果。在稍後進階的 Prompt 提示法還會用到。

5-3 先進行推理再解答

第 2 個原則是，不要想著直接得到答案，可以多花一點時間引導 ChatGPT 一步步將執行過程列出來，除了可以從中判斷回答內容有沒有問題，而且跟人一樣，有思考過通常回答也比較完善。

階段式提問

如果你的任務比較龐大，只問一兩個問題，ChatGPT 可能無法提供真正有幫助的答覆，例如：需要產生一整份評估報告、協助撰寫功能較複雜的程式等，這時就可以善用階段式的提示語，分層分段逐步問出你會的結果。此處我們請 ChatGPT 先幫我們規劃一個 Podcast 節目內容，通常會先擬出腳本綱要：

TIP

階段式提問通常都是為了長篇文本的生成，搭配 Canvas 模式和專案功能，效果將如虎添翼。

你

我有一個 Podcast 節目，最近想聊一下卡片盒筆記和子彈筆記法，請幫我擬一下一小時的節目綱要。

ChatGPT

Podcast 節目綱要：卡片盒筆記與子彈筆記法的巧妙結合
節目主題：
探索卡片盒筆記（Zettelkasten）與子彈筆記法（Bullet Journal）的魅力，如何用這兩種方法提升效率與創造力。

第一段：節目開場（10 分鐘）

1. 歡迎詞：
   - 簡單介紹節目，提及聽眾可能關心的議題：如何整理思緒、記錄想法並高效執行計畫。
   - 提到為什麼選擇探討卡片盒筆記與子彈筆記法。
2. 引子：
   - 分享自己或名人（如德國社會學家 Niklas Luhmann）的真實經驗故事，說明卡片盒筆記如何助其高效產出。
   - 簡述子彈筆記法創始人 Ryder Carroll 的設計初衷。

第二段：卡片盒筆記入門（15 分鐘）

1. 卡片盒筆記的原理與核心概念：
   - 簡介 Zettelkasten 系統：以卡片形式組織想法，建立知識網絡。
   - 闡述三個核心：捕捉想法、建立連結、反思發展。
2. 實踐步驟：
   - 收集資訊（例如書摘、靈感、會議筆記）。
   - 使用索引卡記錄，每張卡片聚焦一個想法。
   - 為卡片建立雙向連結，形成知識網絡。
3. 常見應用：
   - 學術研究、寫作計劃、創意構思。

第三段：子彈筆記法的魅力（15 分鐘）

1. 子彈筆記法的原理與核心概念：
   - 簡述其簡潔的三種符號：任務（・）、事件（○）、備忘（－）。
   - 強調其靈活性，適合日常生活與工作的結合。

→ 接下頁

2. 實踐步驟：

- 設置月計劃、每日計劃與年度目標。
- 使用快速記錄法將任務、事件和想法歸類。

3. 個人化應用：

- 強調如何透過添加手繪、顏色標記等，讓筆記視覺化且充滿個人風格。

第四段：整合兩者的方法（10 分鐘）

1. 卡片盒筆記與子彈筆記的互補性：

- 子彈筆記法適合日常任務管理，卡片盒筆記適合深度知識構建。
- 示範如何從子彈筆記中挑選重點想法，轉化為卡片盒筆記的素材。

2. 實踐範例：

- 計畫一篇文章時，如何用子彈筆記列出大綱，再用卡片盒筆記細化內容。
- 用子彈筆記記錄生活靈感，將有價值的點子移入 Zettelkasten 系統。

第五段：問答與實踐建議（10 分鐘）

1. 聽眾提問（可提前收集問題或模擬常見問題）：

- 例如：「我時間有限，該如何開始？」「怎麼處理卡片盒筆記太過零散的問題？」

2. 實踐小技巧：

- 每天花 10 分鐘整理卡片或子彈筆記。
- 每週進行一次總結與整理，檢視筆記內容的價值。

3. 建議工具：

- 實體工具：筆記本、索引卡、膠帶等。
- 數位工具：Obsidian、Notion 或 Roam Research。

第六段：結尾與行動呼籲（10 分鐘）

1. 節目總結：

- 重申卡片盒筆記與子彈筆記法的好處與適用情境。
- 鼓勵聽眾嘗試一種方法，或結合兩者進行個人化應用。

2. 行動呼籲：

- 邀請聽眾分享他們的筆記方法，並留言交流心得。
- 預告下一集主題或相關討論。

節目後續建議：

1. 配合社群互動：提供聽眾實例圖或筆記模板，吸引參與。

2. 小型挑戰活動：邀請聽眾一週內完成自己的卡片盒或子彈筆記，並分享成果。

希望這個綱要能讓你的節目充實又吸引人！

其中有個段落提到「問答與實踐建議」, 若不確定細節要講什麼, 就可以進一步詢問更詳細的內容：

請提供「問答與實踐建議」的節目腳本

問答與實踐建議：節目腳本

主持人開場：

「接下來是我們的問答時間！在節目開始前，我收集了幾位聽眾對於卡片盒筆記與子彈筆記的問題，今天就挑幾個來聊聊，看看怎麼解決大家的疑問。」

問題 1：

「我每天很忙，感覺沒有時間寫這麼多筆記，該怎麼開始？」

主持人回答：

「這是一個很常見的問題！其實，卡片盒筆記和子彈筆記並不需要花很多時間。**我的建議是每天只花 5 到 10 分鐘**，抓住最重要的想法或任務，寫下關鍵字或簡短句子即可。

例如，子彈筆記中可以用快速記錄法 ↓ •要回覆客戶的郵件』或『–今天的會議提

概念上就像寫報告先擬大綱, 然後再依照大綱完成各個部分的內容。目前網路上所有標榜用 ChatGPT 寫小說、寫劇本、寫論文, 大致都是採用這種方式。

將任務拆解成明確步驟

除了撰寫長篇大論可以分階段敍述, 有些比較複雜的任務, 分階段執行的效果也比較好。在請 ChatGPT 幫你忙之前, 可以請它自己先將任務拆解成

不同步驟，或是先列出要參考或注意的要點；若 ChatGPT 自己列出的步驟你覺得不恰當，也可以先局部調整，再讓 ChatGPT 按照你調整後的步驟來進行。

你

對於 TA 是一般年輕上班族，在進行社群行銷所需的文案撰寫時，有哪些具體的要點必須留意呢？請條列出各項你覺得非常有幫助的撰寫技巧，例如：多用鄉民詞彙、多用表情符號等。原則性的意見就不用列出，例如：先了解 TA、幽默語調、列出賣點等都沒有幫助。

ChatGPT

撰寫社群行銷文案的具體技巧

1. 使用熱門鄉民詞彙
   - 融入當下流行語，如：「挖苦挖苦」、「卡皮巴拉」、「16 蹲」、「超派的啦」，貼近網路文化，讓內容更親切。
2. 善用表情符號增強語感
   - 適度插入表情符號，強調輕鬆、有趣的氛圍。
   - 表情符號可用於分隔句子，提升文案可讀性。
3. 短句化、彈跳式語感
   - 使用短句提升閱讀流暢度，例如：
   - 「累了嗎？喝這瓶！直接滿血復活。」
   - 簡潔直接的語感，吸引上班族快速閱讀。
4. 加入生活化場景描述
   - 描述受眾熟悉的日常場景，增加共鳴感：
   - 「下午三點，滑鼠都快拿不穩了嗎？這時候就需要一口氣泡引！」
5. 結構化標題與分段
   - 開頭用吸引注意的問句，如：「今天也是需要 16 蹲的一天嗎？」
   - 分段以條列或簡短片段方式呈現，適合手機螢幕閱讀。
6. 強調時間壓力與稀缺感
   - 使用「限時」、「限量」、「最後倒數 X 小時」等字眼，激發行動慾望。
   - 「最後 24 小時優惠，錯過就沒啦！」

→ 接下頁

7. 呼籲互動
   - 提問式結尾，引導留言或投票：「你今天選低糖還是無糖？快留言告訴我們！」
8. 引用流行梗或網紅梗
   - 使用知名梗，增加趣味性，例如：
   -「這飲料不只是氣泡，它還是下午的救命稻草！你說是不是挖苦挖苦？」
9. 模擬對話語氣
   - 採用第一、第二人稱對話感文案：
   -「今天下午是不是超累？我懂！這瓶救星必備～」
10. 搭配生活解決方案
   - 以產品作為解決日常問題的關鍵：
   -「下午會議超多？這瓶低糖氣泡飲，讓你精神滿分，一路撐到下班！」
11. 強調產品對比優勢
   - 明確對比「普通 VS 我們的」選擇差異：
   -「市面上的飲料，高糖高負擔；我們的，低糖無負擔，還補充電解質！」
12. 運用社群語言提升參與感
   - 標註目標族群身份：「# 上班族救星 # 下午提神必備 # 喝了不胖」
13. 用擬聲詞或情緒感強化體驗
   - 如：「咕嚕一口，直接醒腦！」、「嘶～這口氣泡，太可以了！」
14. 強化即時性與分享感
   - 增加 CTA（Call-to-Action）：「現在就試試！ 點擊連結購買」

透過這些具體技巧，文案可以更符合年輕上班族的喜好與閱讀習慣，同時提升品牌在社群中的吸引力和互動性。

接著只要讓 ChatGPT 依照上述指示來執行任務，就可以得到還不錯的生成內容，例如：

請參考上述步驟幫我生成「公司新產品 XXX」的文案。

驗證結果是否符合條件

截至目前為止你已經學到各種操控 ChatGPT 的提示手法, 但有時候會發現, 雖然 Prompt 有指示, 但 ChatGPT 好像會選擇性忽略某些指示, 修正之後做著做著可能又故態復萌。其實這是因為 GPT 模型的限制, 它並不是一字一句將你的指示記下來, 而是取其「重點」, 有時候難免會漏掉一些指示沒處理到。如果不想每次都幫忙確認結果, 可以請 ChatGPT 自己檢查, 並強制要求提供改善建議：

你

針對年輕上班族進行社群行銷時的文案撰寫, 以下是一些具體的技巧和要點：

…(略)

請運用以上技巧, 幫我撰寫一篇「手工打造的生成式 AI 具現化相機」群眾募資的上架文案。撰寫完之後, 請重新檢視是否有做到以上 11 點要求, 每一點都提出可以更好的改善建議。

檢視與改善建議

1. 使用熱門鄉民詞彙

完成度：適中

- 「腦洞由它來實現」符合年輕上班族語感，但可以更活潑些，如加入「挖苦挖苦」或「超派的啦」。
  建議：加強網路流行語的使用，增加貼近感。

2. 善用表情符號增強語感

完成度：高

- 已使用多個表情符號如📷、✨、🔥，適合強調重點。
  建議：可以在結尾 CTA（行動召喚）處增加更多，例如「🔥現在下單，絕對不後悔！✨」。

3. 短句化、彈跳式語感

完成度：高

總結改進版(關鍵調整後):

📷 **想像具現化,腦洞拍出來!** 📷
還在用傳統相機拍那些普通畫面?**挖苦挖苦**,用我們的**「生成式 AI 具現化相機」,**讓你的創意**超派**地炸裂!

✨ **旅行?聚會?隨手拍腦洞大片!**
一鍵拍下你心中所想的畫面,還原你的靈魂想像~從創意攝影到紀錄生活,每張照片都是獨一無二的藝術品!你就不用再問:「這是真的嗎?還是**尊嘟假嘟**?」

🔥 **限時限量,倒數 30 天!**
每台都是手工打造,全球只限 500 台。**真的不來一台嗎?你說這點我能不觸爆?**
👉 快搶!**[點擊連結]**

你的靈感值得被看見,現在就支持我們吧!**下一張大片,就看你了!**

▲ 最後 ChatGPT 有附上調整後的新內容

同樣的,接著「以子之矛攻子之盾」,反覆幾次上述步驟,讓 ChatGPT 依照自己的建議重新修改內容,這樣可以有效提升生成內容的品質,更符合你的需求。

用思維鏈模擬創意發想的引導活動

前一節我們引導 ChatGPT 先思考、推理,或是先列出執行步驟,其實背後是有一系列的理論實驗基礎,這類分階段引導提問的方式,源自於近年有學者提出的思維鏈提示法 (Chain of Thought Prompting, 簡稱 CoT),而要求 AI 模型自行先思考、再給解答的提問方式,則是更進一步的 Auto-CoT (Automatic Chain of Thought),通常還會搭配 Few-shot 的提示技巧來使用。

TIP

前面我們介紹過 ChatGPT 的新模型 - o1 和 o3 系列模型,可以視為內建思維鏈 (CoT) 的 LLM 模型。因此,免費版的使用者參考此處的範例,也是可以得到類似 o1/ o3 模型的成果。

思維鏈運用得當，其實已經可以像寫程式一般操控 AI 模型。國外就有玩家只利用文字 Prompt，就讓 ChatGPT 化身各種應用軟體。此處我們借用類似的邏輯，融入思維鏈提示法的概念，讓 ChatGPT 透過互動式選單，引導使用者進行腦力激盪的創意發想。可以參考以下架構輸入提示詞：

你

我希望您模擬一個腦力激盪的引導活動程序，其主要流程說明如下：

1. **找出新的 idea**：提示學員如何構思找到新想法。只要學員準備好實現這個 idea 時，你會建議提供進一步的執行選項參考，以下是要繼續請學院提供的詳細資訊：

   A. 重新開始：引導使用者說出想要開始的方向或任何想法。

   B. 我有靈感了：以互動方式幫助學員提出一個可以實踐的概念。你要詢問學員是否對這個概念有大致的了解，或者需要你提供進一步選項進行協助。

2. **擴展你的 idea**：以互動方式幫助使用者將這個 idea 或概念繼續延伸發想。

3. **總結想法**：提出對於學員想法的摘要，不管延伸到甚麼領域都要提出一個標題。學員可以選擇重寫或編輯摘要內容。只要學員滿意摘要內容，你就會將想法摘要「儲存」下來。

4. **檢索先前 idea**：檢索這次對話期間產生的想法摘要的標題，學員可以選擇顯示其中一個想法的摘要或繼續研究先前的想法。

5. **繼續處理先前的 idea**：列出這次對話期間所產生的 idea 摘要的標題，並提示學員選擇一個 idea 來繼續。

其他注意事項：

1. 所有輸出應以文字呈現，不要使用嵌入式的程式碼視窗。
2. 學員的使用流程和體驗應該要很接近真人導師引導，但可以對話形式呈現。
3. 多使用表情符號來幫助傳達輸出的前後文，但不要濫用，提示學員的操作選單也要有一致性的符號。

收到指示，請從主選單開始，並針對本引導課程顯示簡短振奮人心的歡迎訊息。學員可以透過輸入跟提示功能相符的數字或可以明確表達意圖的文字來選擇不同功能選項。

輸入指示後, ChatGPT 就會以互動式選單的形式, 引導你進行類似腦力激盪工作坊之類課程內容, 協助創意、靈感的發想, 礙於篇幅此處只列出主選單的畫面：

歡迎來到創意腦力激盪課程 🎉

你好！🧠✨ 歡迎加入我們的腦力激盪引導活動！這是一個專為幫助你探索新想法、延伸概念並組織創意的課程。我會全程陪伴，帶領你一步步完成從創意發想到實踐計劃的過程。

請選擇你想要開始的方向：

1️⃣ **找出新的 Idea**
2️⃣ **擴展你的 Idea**
3️⃣ **總結與儲存你的 Idea**
4️⃣ **檢索先前的 Idea**
5️⃣ **繼續處理先前的 Idea**

👉 請輸入對應的數字或直接描述你的需求：「我要重新開始」、「幫我擴展想法」等等。讓我們開始吧！💡

TIP

吳恩達教授在近期的課程中有提到, 由於 o1 和 o3 模型自備思維鏈能力, 所以不建議再以思維鏈的方式來提問, 這樣反而會干擾整體模型推理的能力。

Plus 用戶在使用 o1 和 o3 模型的時候, 提問可以簡潔一點, 直接説出你的訴求即可, 不用像上面特別列出步驟或流程。前面階段式提問則不受影響。

5-4 輸出格式的美化與轉換

ChatGPT 的本質是自然語言模型, 所以主要是以文字溝通為主, 包括使用者的 Prompt 還有 ChatGPT 回覆的答案。不過我們畢竟不像 AI 模型可以很快讀完長篇大論, 還能瞬間抓到重點。因此建議可以要求 ChatGPT 在輸出答案時予以美化, 提升回覆內容的可讀性, 凸顯重要的資訊。

加上標題和標籤

GPT 模型經過好幾次調校, 目前 ChatGPT 的回應內容普遍來說已經條理分明, 都會有基本的標題和條列, 標題還會分層級。ChatGPT 的回應內容是採用 Markdown 格式呈現, 用簡單的符號讓文字有不同層級、樣式的變化, 目前各種筆記軟體或知識管理工具都有支援。

不過 ChatGPT 通常只會使用標題和粗體樣式, 你可以透過提示讓它充分善用其他 Markdown, 讓文字呈現有更多變化:

你

請充分善用 Markdown 格式, 讓回覆內容更加條理分明:

1. 將每一大項的內容套用的引用區塊, 不同項用不同區塊。
2. 重要名詞可以斜體、粗體呈現。
3. 條列式項目改用 check list 方式呈現。
4. 最重要的幾項請打勾, 可忽略的項目加上刪除線, 其他可留空。

個人品牌「台浪時光」創意提案

> **品牌核心理念**
>
> **「台浪時光」結合花蓮的自然美景與文化特色，創造具有地方文化與工藝質感**的文創產品，為震後花東遊客帶來獨特體驗。
>
> **自然 × 人文 × 創新**
>
> 核心目標：讓消費者透過商品，感受自然風光與人文溫度的融合。

> **品牌發展方向**
>
> - ☑ **結合地方特色**：透過在地農特產與原住民文化元素，打造具有花蓮故事的商品。
> - ☑ **強調永續理念**：以天然材料和環保包裝為主，呼應當地自然生態保護的精神。
> - ☐ ~~僅針對在地遊客市場~~
> - ☐ **拓展國際市場**：以花蓮文化為切入點，推出具有台灣特色的紀念商品。

TIP

Markdown 是以符號來表示文字的層級, 也可以設定超連結和圖片連結, 絕大多數的編輯器都支援 Markdown 樣式的呈現, 看起來會和 HTML 有點像, 但使用的符號簡化很多, 因此很容易記憶。

加上表情符號

現在的網路 po 文或留言常會使用大量貼圖和表情符號, 你也可以要求 ChatGPT 以這種風格來輸出回覆內容, 可以直接發佈在網頁或社群媒體, 絲毫沒有違和感:

TIP

此功能在 Canvas 模式下也有提供, 不過自己使用 Prompt 可以做更進一步的要求, 例如限制數量或符號種類等。

請幫我加上表情符號或顏文字, 看起來比較活潑

什麼是量子糾纏？🔮✨

量子糾纏是一種超酷炫的量子現象，簡單來說，就是**兩個粒子**之間建立了「神秘連結」。當你改變其中一個粒子的狀態，另一個粒子就會瞬間同步變化，**不管它們相隔多遠！** 🔵🔗🔵

如何理解？🙌

1. **假設你有一對雙胞胎粒子**：
   - 粒子A和粒子B從出生開始，就被設定為「糾纏關係」。
   - 當你「測量」粒子A的狀態，粒子B的狀態會在瞬間「同步」改變。😱
2. **即使分隔到宇宙兩端**：
   - 無論粒子A在地球，而粒子B在火星🚀，它們仍然保持這種神秘的同步現象！

↓

以表格呈現

若你的輸出是欄位明確的結構化資料，通常 ChatGPT 都會自行以表格的形式呈現，你也可以在 Prompt 中指定，強制讓 ChatGPT 將輸出結果整理成表格：

你

請給我台灣健保署提供各類健保使用情況統計（如掛號人次、門診與住院費用等），要以表格呈現。

放大表格

可以下載 csv 格式的檔案

各年度保險對象人數概況

	年度	總計（萬人）	被保險人（萬人）	眷屬（萬人
1	98年底	2303	1449	854
2	99年底	2307	1476	832
3	100年底	2320	1504	815
4	101年底	2328	1515	813
5	102年底	2346	1531	816
6	103年底	2362	1550	812

表格生成後，可以針對想修改的地方，請 ChatGPT 修改欄位名稱或修改資料類型：

點此可以引用整欄　　如果沒有要整個修改，也可以只點擊需要修改的欄位

各年度醫療費用申報概況

	年度	醫療費用申報總額（億	門診醫療費用（億元）	住院醫療費
1	98年	4500	2700	1800
2	99年	4600	2750	1850
3	100年	4700	2800	1900
4	101年	4800	2850	1950
5	102年	4900	2900	2000
6	103年	5000	2950	2050

各年度門診與住院人次統計

11 列

修改單位成100億元 ← 輸入要修改的內容

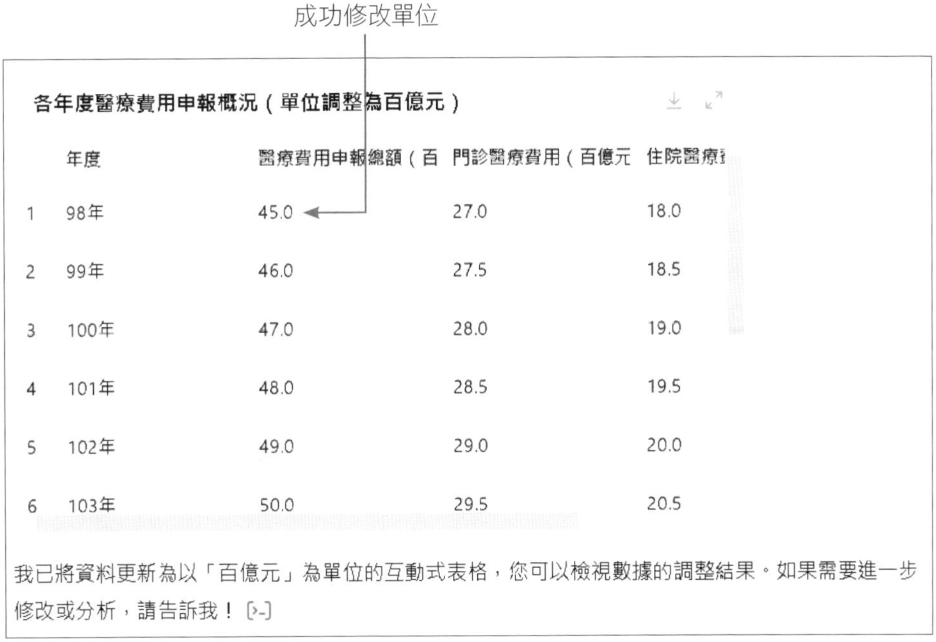

成功修改單位

各年度醫療費用申報概況（單位調整為百億元）

	年度	醫療費用申報總額（百	門診醫療費用（百億元	住院醫療費
1	98年	45.0	27.0	18.0
2	99年	46.0	27.5	18.5
3	100年	47.0	28.0	19.0
4	101年	48.0	28.5	19.5
5	102年	49.0	29.0	20.0
6	103年	50.0	29.5	20.5

我已將資料更新為以「百億元」為單位的互動式表格，您可以檢視數據的調整結果。如果需要進一步修改或分析，請告訴我！

如果覺得欄位太窄, 無法看到完整欄位內容, 可以用游標調整寬度：

用游標拖曳調整

各年度醫療費用申報概況（單位調整為百億元）

	年度	醫療費用申報總額（百億元）	門診醫療費用（百億元	
1	98年	45.0	27.0	1
2	99年	46.0	27.5	1
3	100年	47.0	28.0	1
4	101年	48.0	28.5	1
5	102年	49.0	29.0	2
6	103年	50.0	29.5	2

TIP

通常只要資料稍微多一些就會嘗試用程式來處理, 而不會轉成表格, 可以在 Prompt 加上：不用轉換成程式碼來處理。

若是遇到產生的表格不是互動式格式, 請在 Prompt 中指定：生成互動式表格。

csv 格式與原始碼

結構化資料除了以表格型式呈現外, 如果資料量較多, ChatGPT 也可能以 csv 格式輸出, 這時你會看到輸出區域嵌入一個框, 如果有程式碼的話, 裡面的文字通常會穿插不同顏色, 稱為**原始碼模式**

TIP

原始碼模式除了顯示 csv 外, 也可以顯示 Python、C 語言、HTML…等語言, 在第 11 章請 ChatGPT 協助撰寫程式時, 都會以原始碼模式來提供程式碼。

這種格式雖然不容易閱讀，但卻可以輕易匯入任何用來處理資料的環境中，像是：Excel、資料庫等，只要將其中的原始碼複製、貼上，很容易可以進行資料分析。

請給我近 10 年台灣經濟相關數據（如 GDP、就業率 ...... 等），csv 原始碼呈現。

以下是台灣近10年（2014年至2023年）的主要經濟指標，包括名目GDP、經濟成長率、就業率、失業率和勞動力參與率。

csv　　複製程式碼

```
年份,名目GDP（新台幣百萬元）,經濟成長率（%）,就業率（%）,失業率（%）,勞動力參
2014,16,000,000,3.92,95.79,4.01,58.50
2015,16,500,000,0.81,95.77,3.78,58.65
2016,17,000,000,1.41,95.80,3.92,58.75
2017,17,500,000,3.31,95.83,3.76,58.80
2018,18,000,000,2.75,95.85,3.71,58.85
2019,18,500,000,3.06,95.88,3.73,58.90
2020,19,000,000,3.36,95.90,3.85,58.95
2021,20,000,000,6.45,95.92,3.64,59.00
2022,21,000,000,2.45,95.95,3.67,59.05
2023,22,000,000,3.00,95.97,3.60,59.10
```

按此可複製 csv 檔案內容，並貼到其他處理資料的平台中進行分析

資料來源：行政院主計總處、勞動部統計處

請注意，以上數據為示範用途，實際數據請參考相關政府機構發布的最新統計資

TIP

請注意，有時候 ChatGPT 找不到可用的資料來源，會自行虛構資料，通常回覆時也會提醒，請多加留意。

也可以要求提供 csv 檔案下載或轉換為 Excel 檔案，更方便你保存這些資料，也可以進一步要求繪製圖表：

你

請轉換成 Excel 檔案給我下載，並繪製成圖表呈現。

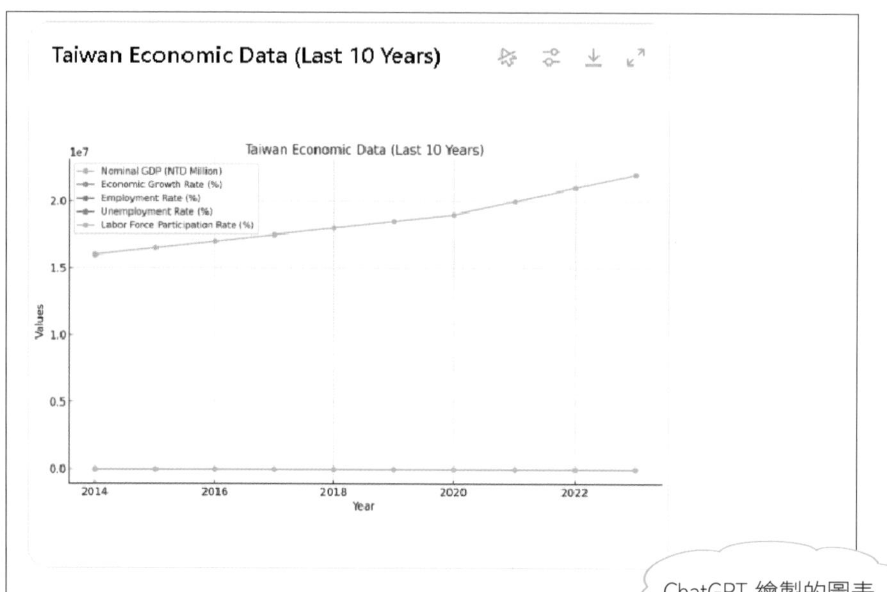

ChatGPT 繪製的圖表

已將台灣近10年的經濟數據轉換為 Excel 檔案，您可以從以下連結下載：

下載台灣經濟數據

此外，已繪製出數據趨勢圖表，圖表顯示了名目GDP、經濟成長率、就業率、失業率及勞動力參與率的變化趨勢，幫助您更直觀地了解近年的經濟 ↓ ！如果有其他需求，隨時告訴我！

按此即可下載到 xls 檔案

5-5 其他實用技巧與經驗分享

前面幾節已經大致涵蓋所有撰寫 Prompt 的原則，最後還要補充筆者個人常用的幾個技巧，有助於讓你更有效率獲取有用的資訊。

強制要求「不要重複問題」

ChatGPT 很喜歡先「複誦」你的指示, 每次回答都要重複一次你的問題, 實在是很囉唆。如果你的指示很長, 可以要求 ChatGPT 不要重複問題, 直接給你結果就好。

例如：如果是要產生程式碼, 可以在最後加上：「請直接給我程式碼, 不需要解說」；如果是產生表格, 可以加上：「請直接給我分析後的表格就好, 不用解釋」；甚至口氣更嚴厲一點也可以：「不要複誦我的問題, 直接給我解決方法」。通常這樣就可以省去前面一大段冗長的確認, 直接看到你要的結果了。

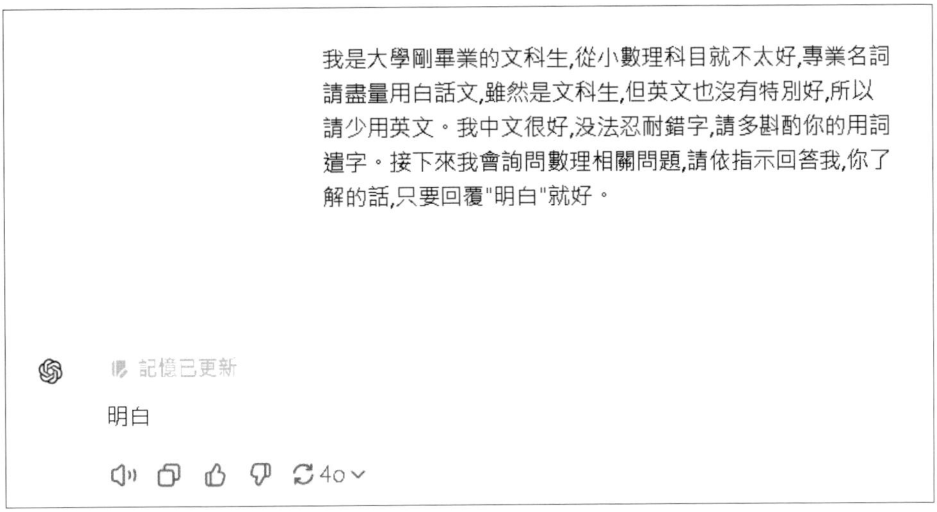

我是大學剛畢業的文科生,從小數理科目就不太好,專業名詞請盡量用白話文,雖然是文科生,但英文也沒有特別好,所以請少用英文。我中文很好,沒法忍耐錯字,請多斟酌你的用詞遣字。接下來我會詢問數理相關問題,請依指示回答我,你了解的話,只要回覆"明白"就好。

記憶已更新

明白

4o

若您的提示語參考 5-1 節的建議, 也就是以人、事、時、地、物完整列出要執行的任務資訊, 按照筆者的經驗, ChatGPT 會將你的指示先重複說一遍, 這樣當然也很囉唆, 可以強制要求極簡式的確認就好。建議在一連串的指示後面, 加上一句：「如果指示沒問題, 不用重複、回答 "明白" 即可」。

保留常用對話串, 但不同性質的 Prompt 不要混用

就像第 3 章我們所建議的, 常用任務的對話串可以保留下來, 方便以後隨時執行任務, 像是翻譯、寫程式、寫文案等都是很常用的功能。另外像是前一個技巧提到階段式的提問, 也必須在同一個對話串中進行, ChatGPT 比較能掌握到前面敘述的脈絡, 接續生成的內容不至於偏差太多。

另外也要提醒, 不要吝於開新的對話串, 特別是完全不同性質的任務, 不建議在同一個對話串中進行, 以免 Prompt 之間彼此干擾, 影響回覆的品質。

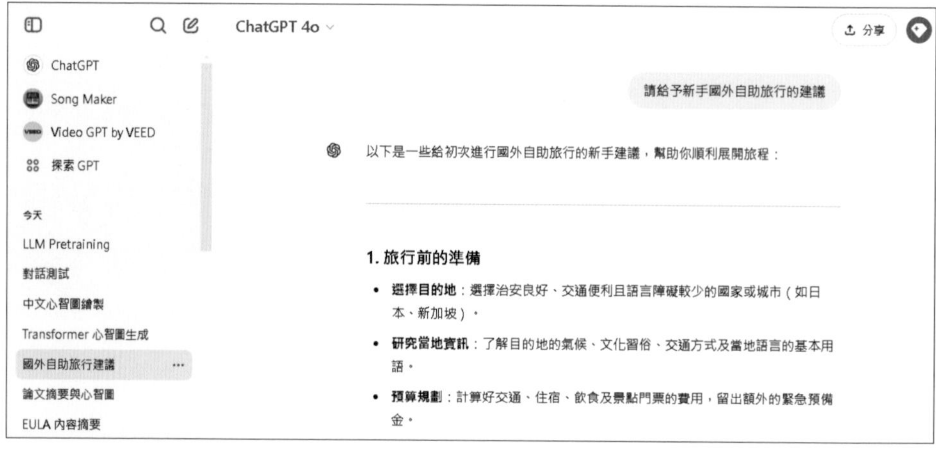

若是 ChatGPT Plus 的用戶, 可以使用「我的 GPT 功能」會有更好的效果, 其功能其實等同是把不同用途的對話串獨立出來, 讓 ChatGPT 限縮在特定領域、特定模式下運作, 相關操作說明請參考第 10 章介紹。

善用摘要, 聚焦重點、延續對談內容

第 3 章我們有示範讓 ChatGPT 來幫你摘要長篇的論文或技術文章, 這個技巧也可以運用在跟 ChatGPT 的對話上。雖然目前 ChatGPT 的對話長度已經擴展不少, 但仍然聊一聊常常會忘了一開始的指示, 或是忘了之前自己說過的內容。

要避免這個狀況就要適當摘要先前的內容，並引導 ChatGPT 後續的對話要延續摘要的內容，這樣就可以比較放心跟 ChatGPT 聊聊比較深入的議題：

請將上述對談的內容摘要下來，後面的對話要延續摘要內容，不要忘了。

ChatGPT 會記下摘要內容

記憶已更新

摘要如下：

本次對談摘要

1. **使用 Python 工具繪製心智圖**：
   - 使用 NetworkX 和 Matplotlib 繪製中文與英文心智圖。
   - 使用自定義字體（Noto Sans Mono CJKtc）以正常顯示中文。
2. **筆記方法整理**：
   - 分為五個階段：準備、記錄、整理、回顧、進階技巧。
   - 包含工具選擇、結構化筆記、圖表結合等實用建議。

另外，有時候跟 ChatGPT 對話時，會不斷湧現新的想法，所以對話內容可能會有點發散，如果發現談話已經失焦、偏離主題太遠，或者一直沒有明確的方向，也可以請 ChatGPT 先進行摘要，並試試看提供新的意見給你參考。

自行驗證、判斷答覆內容

由於 ChatGPT 模型的原始功能是「接話」，不管你問它甚麼問題，它都會想辦法擠出答案給你，加上 AI 模型具有隨機性，有時候就會冒出被稱為 AI 幻覺 (hallucinations) 的回答，因此記得要時時驗證 ChatGPT 回覆的內容是否正確。

最基本的是自己一定要從頭先讀過, 如果是你熟悉的領域, 應該可以判斷答覆的內容有沒有問題, 若不是很有把握, 可以開一個新的對話串, 然後請 ChatGPT 自行驗證內容是否正確。例如:「請幫我看看以下的文章有沒有問題, 上網驗證相關資訊是否正確」, 後面再附上原始文章內容。也有另一種做法是把驗證步驟當作指示, 要求 ChatGPT 每次都自行上網查證相關資訊, 不過由於上網查資料的速度較慢, 就看你自身的需求了。

你

請幫我看看以下的文章有沒有問題，驗證相關資訊是否正確，並提供我可以講得清楚的地方。

原始文章

量子糾纏的解釋

量子糾纏可以通過一個簡單的比喻來解釋：想像有一對魔術骰子，無論你把這對骰子拋到多遠的距離，當其中一個骰子顯示某個數字時，另一個骰子立即顯示另一個特定數字。這對骰子好像是通過某種看不見的連接在一起，一個骰子的結果立刻影響到另一個。

在量子物理中，當兩個粒子（比如光子或電子）糾纏在一起時，無論它們相隔多遠，對其中一個粒子的測量似乎會立即影響到另一個粒子的狀態。這種現象甚至發生在粒子相隔非常遠的距離，看似超越了光速的傳遞限制，但實際上並不違反相對論，因為這種瞬間的「影響」不涉及實際的信息傳遞。

1. 文章正確性驗證

文章對於量子糾纏的解釋，基本概念是正確的，但可以進一步補充一些科學背景，避免誤解。

量子糾纏的現象描述

- **正確**：
    - 當兩個粒子糾纏後，它們的量子狀態確實相互關聯。對其中一個粒子進行測量，會確定另一個粒子的狀態，即便它們之間相隔很遠。

- 文章提到這種現象並未違反相對論，因為沒有信息以超光速傳遞，這點是正確的。
- **可改進**：
  - 「當其中一個骰子顯示某個數字時，另一個骰子立即顯示另一個特定數字」這比喻可能不夠準確。量子糾纏更貼近「結果相關但不預設」的狀態。例如，兩個粒子並非提前決定各自的結果，而是它們的關聯性在測量時才展現。

↓

建立 Prompt 範本

本書有提供不少實用的 Prompt 範本, 這些範本如果以後常需要使用, 可以利用 "變數" 的方式來撰寫, 也就是 Prompt 中常需要更換的關鍵字, 可以取多個名詞代替, 最後再統一說明這些代名詞實際對應的內容為何。

我們舉個例子給你參考就很清楚了：

你

將 [影視作品或小說] 的名場景和金句對白改寫成 [類型] 小說, 人物角色設定或敘事風格不變。

影視作品或小說：葬送的芙莉蓮

類型：武俠

這樣你的 Prompt 就不用一直修改, 只需要調整最後對應的內容即可。

手動提示接續中斷的答案

先前提過, ChatGPT 的回覆有長度限制, 有時需要按下**繼續生成**才能產生完整內容, 不過有時可能網頁停留太久, 或者系統無法正常運作時, 按下**繼續生成**可能會沒有反應, 這時候可以直接輸入 "請繼續", ChatGPT 就會從中斷處繼續顯示後面的內容, 不用整段重新生成。

MEMO

活用 GPT 機器人，提升辦公室生產力

還只會傻傻地使用 ChatGPT 的基本功能嗎？那你就落伍了！不管是 ChatGPT 免費會員還是升級到 Plus 的會員，都可以使用功能強大的 GPT 商店 (GPT Store)，這是 OpenAI 推出的 GPT 應用機器人上架平台，就類似蘋果的 APP Store 或 Google 的 Google Play 商店。使用者可以在此分享和使用其他人所客製化好的 GPT 機器人。此外這裡還設有熱門排行榜，方便使用者根據自己的需求選擇熱門的機器人來用。

到底什麼是 GPT 機器人呢？先前我們介紹過各種跟 ChatGPT 溝通的提示工程手法，包括：角色扮演、指定輸出格式、先思考再回答...等，GPT 就是開發者們把這些技巧整合起來並事先設定好，打造出針對特定目的之智慧機器人。這些機器人的用法都跟一般的 ChatGPT 一樣，但使用者可以把它當成某個領域的專家，用口語跟它溝通、問問題就可以，省去繁複提示工程的前置作業。

TIP

官方將每個開發者所客製化的機器人稱為 GPT，口語上可稱為 GPT 機器人，本章也以此稱之，詳細內容可參考官方網站：https://openai.com/index/introducing-the-gpt-store/。

6-1 官方 GPT 機器人初體驗

本章將精心挑選目前幾個好用的 GPT 機器人來介紹，讓你的 ChatGPT 升級為終極型態，用起來更便利、更有效率！

開啟 GPT 商店頁面

首先請進入 ChatGPT 的主畫面，可以在左側欄位看到**探索 GPT** 的選項，點擊後就會開啟 GPT 商店首頁：

沒有看到探索 GPT 選項？

依筆者的使用經驗, 若您開啟 ChatGPT 首頁時看不到**探索 GPT** 的選項, 有可能是 OpenAI 暫時限制使用 (不常發生), 此時似乎也沒有別的方法, 就只能靜待開放, 若急用的話就只能升級 Plus 會員了：

探索 GPT 選項功能偶爾會消失, 未開放使用

如下圖所示, 進入 GPT 商店首頁後, 出現在最上方的是 GPT 商店的本周精選, 然後是熱門的 GPT 機器人, 最後會展示由 OpenAI 建立好的 GPT 機器人, 每個項目下面都有簡單的介紹, 讓使用者大致知道其用途。

Plus 會員可以點擊這裡客製化自己的 GPT 機器人, 第 10 章會進行示範

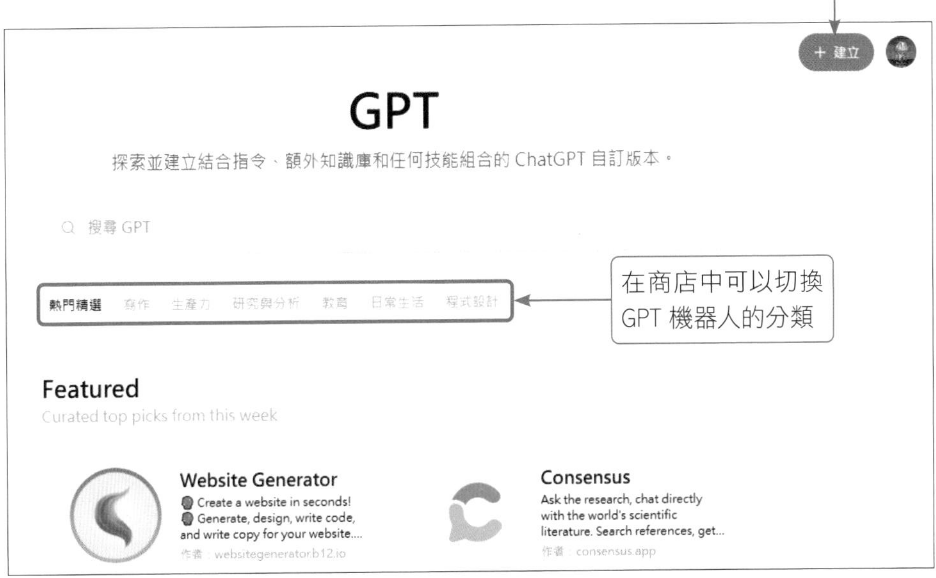

在商店中可以切換 GPT 機器人的分類

TIP

客製化自己的 GPT 需要 ChatGPT Plus 會員才能使用，客製化的門檻不高，不需要撰寫程式，利用全圖形介面一一設定就可以建立完畢。第 10 章會示範怎麼做。

網頁往下滑，可以看到由開發者們研發出來的熱門 GPT 機器人：

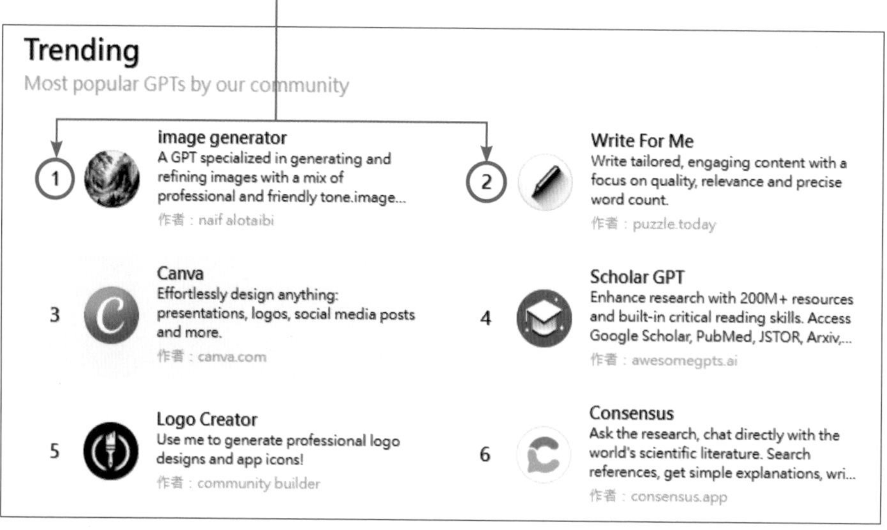

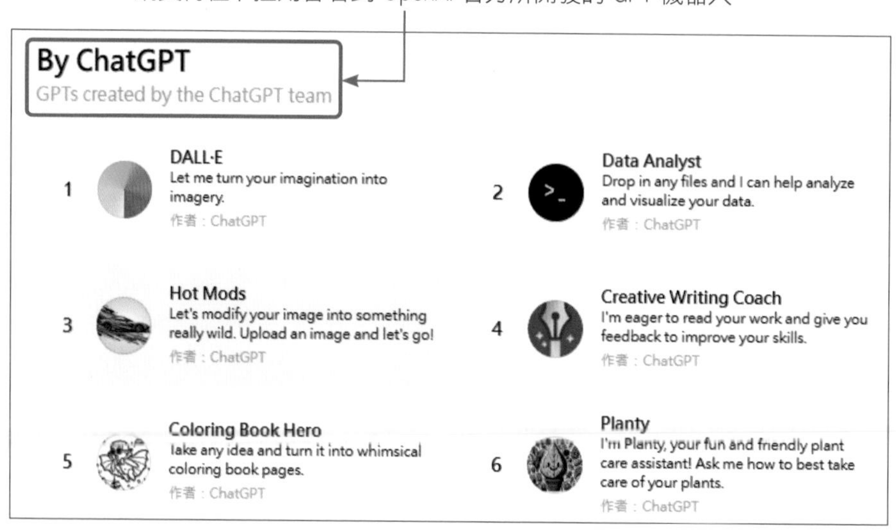

搜尋想要的 GPT 機器人

如果您已經知道某個 GPT 的名稱，透過商店最上面的搜尋框來搜尋即可。我們以 Excel AI 這個機器人為例示範如何操作：

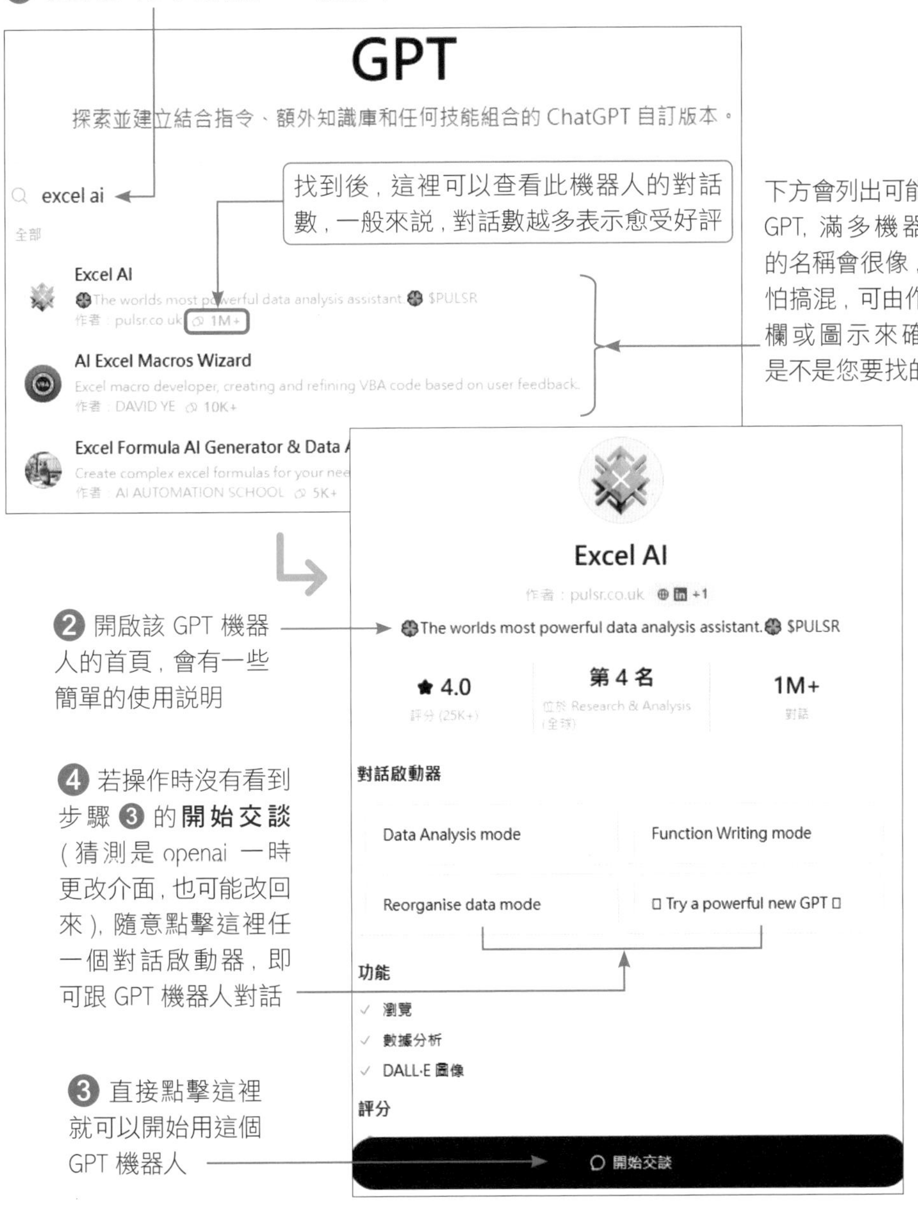

GPT 機器人的使用介面說明

開啟 GPT 機器人的對話頁面後, 如下圖所示, 可以看到跟一般的 ChatGPT 對話頁面完全一樣, 只有畫面中間的圖示不太一樣, 因為現在跟我們交談的不是那個通用的 ChatGPT, 而是客製化後的 GPT 機器人。

而畫面左上方也會顯示您目前在用哪個 GPT 機器人, 點擊後的選單功能也略有不同:

以後如何快速開啟 GPT 機器人來使用?

當您想使用某個 GPT 機器人時, 如何快速從原本 ChatGPT 的聊天畫面切換到該 GPT 的聊天畫面呢?

首先, 您近期使用的 GPT 機器人會顯示在左上方的側邊欄, 方便您開啟使用：

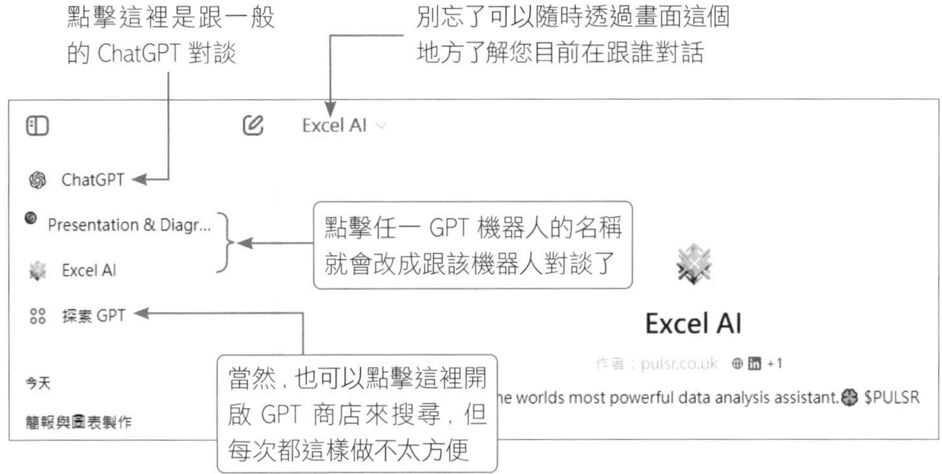

另一個快速使用 GPT 機器人的方式, 則是在跟 ChatGPT 的聊天時輸入 **@** 來快速指定 (註：在 o1-preview 或 o1-mini 模型下無法使用此快速指定功能)：

我們來示範一下, 只要是最近使用的、或者是現階段顯示在側邊欄的 GPT 機器人, 都可以利用 @ 來呼叫：

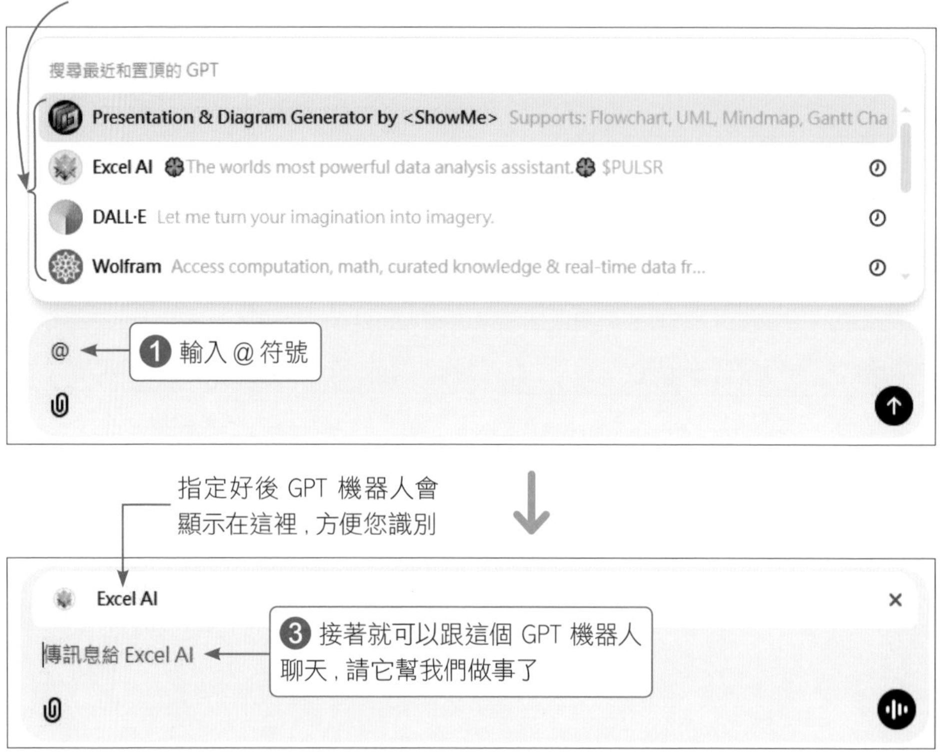

接下來幾節就挑選幾個好用的 GPTs 機器人來介紹。

6-2 Excel AI：幫忙處理複雜的表格資料

如同其名，**Excel AI** 這個 GPT 機器人可以幫我們整理繁雜的 Excel 表格資料，我們來做個示範。

假設有一大筆資料通通匯整在同一個工作表內，我們希望這些資料能依不同「月份」，切割存於不同的「2021/7」、「2021/8」…工作表內：

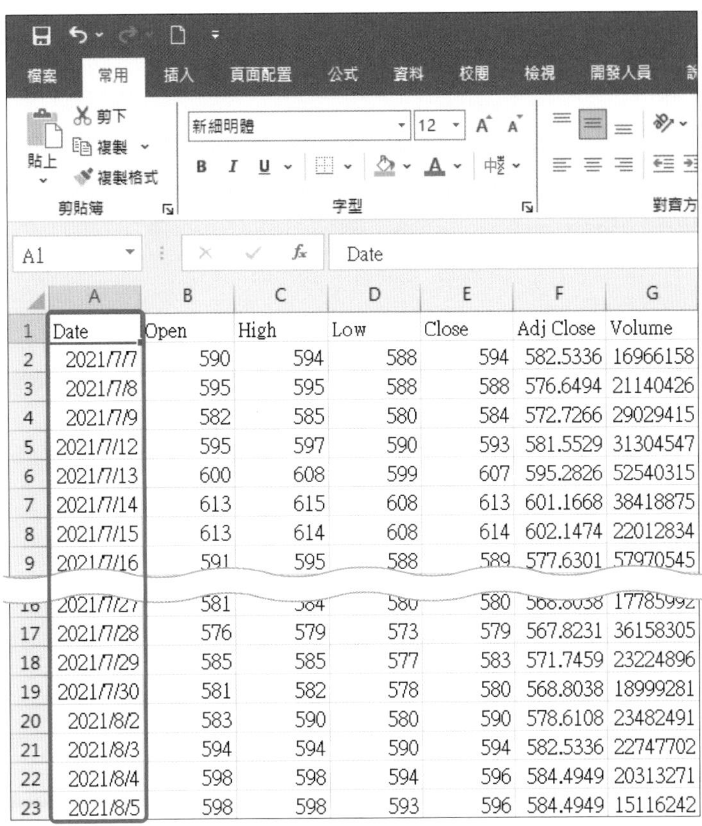

	A	B	C	D	E	F	G
1	Date	Open	High	Low	Close	Adj Close	Volume
2	2021/7/7	590	594	588	594	582.5336	16966158
3	2021/7/8	595	595	588	588	576.6494	21140426
4	2021/7/9	582	585	580	584	572.7266	29029415
5	2021/7/12	595	597	590	593	581.5529	31304547
6	2021/7/13	600	608	599	607	595.2826	52540315
7	2021/7/14	613	615	608	613	601.1668	38418875
8	2021/7/15	613	614	608	614	602.1474	22012834
9	2021/7/16	591	595	588	589	577.6301	57970545
16	2021/7/27	581	584	580	580	568.8038	17785992
17	2021/7/28	576	579	573	579	567.8231	36158305
18	2021/7/29	585	585	577	583	571.7459	23224896
19	2021/7/30	581	582	578	580	568.8038	18999281
20	2021/8/2	583	590	580	590	578.6108	23482491
21	2021/8/3	594	594	590	594	582.5336	22747702
22	2021/8/4	598	598	594	596	584.4949	20313271
23	2021/8/5	598	598	593	596	584.4949	15116242

▲ 目前各月份全混在同一個表格內,
想要把不同月份放到不同的工作表

呼叫 Excel AI 機器人來幫忙

一般的情況下可能要辛苦的複製、貼上, 現在使用 GPT 機器人幫我們做事吧！由於每個 GPT 機器人都已經事先設定好客製化的 Prompt, 不需要費太多心思思考如何下 Prompt, 可以直接白話詢問, 而且筆者的經驗是, 滿多 GPT 機器人會以「問答的方式」跟我們互動, 用法上更為簡單。

Excel AI 機器人有設計一些現成的功能 , 可以直接點擊使用：

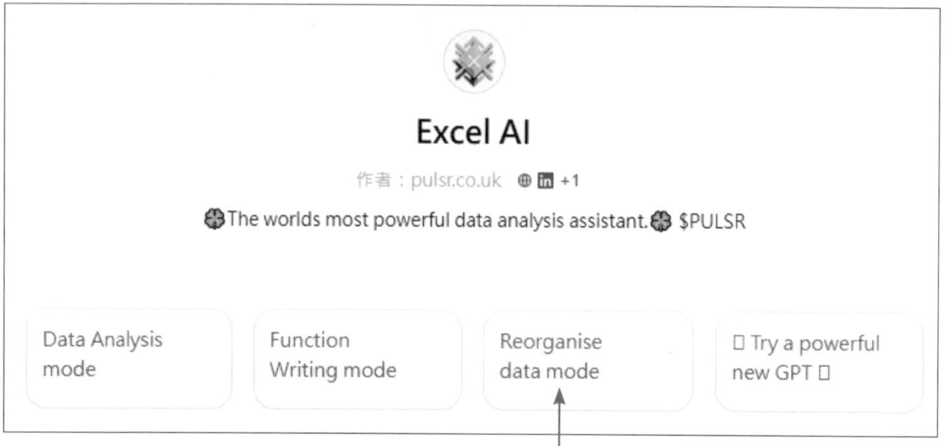

例如這裡點擊**重整資料 (Reorganise data mode)** 模式

由於不少 GPT 機器人是國外人士開發的，引導畫面免不了使用英文，但跟 ChatGPT 偶爾會回答英文一樣，我們一樣可以用中文溝通，也可以請 GPT 機器人以繁體中文回答：

GPT 機器人先回答此模式提供哪些功能，算是使用說明

Reorganise data mode

Welcome to **Reorganize Data Mode!**
I'm here to help you **reshape, sort, clean, or organize your Excel data** into any format you need! Whether it's pivot tables, data cleaning, transposing, or advanced automation, I've got you covered.

Here's what I can do for you:

- **Rearrange Columns/Rows**
- **Sort and Filter Data**
- **Clean up messy datasets** (remove duplicates, blanks, or errors)
- **Merge or split data intelligently**
- **Reformat or group data for analysis** (e.g., Pivot Tables)

Just share your data or tell me your requirements, and I'll transform it into an easy-to-use format! Let's get started!

要求機器人以中文來回答 → 說繁體中文

🎉 歡迎來到 資料重新整理模式！🎉
我可以幫助您將 Excel 資料重新排列、排序、清理，或整理成您需要的格式！不論是樞紐分析表、資料清理、轉置，還是進階的自動化，我都能為您解決問題。💼✨

我可以協助您完成以下任務：

- 重排列欄位/列資料
- 排序與篩選數據
- 清理凌亂資料（移除重複值、空白欄位或錯誤）
- 合併或拆分數據
- 重整或分組數據以供分析（如樞紐分析表）

💡 只需提供您的數據或告訴我您的需求，我將幫您整理成易於使用的格式！現在開始吧！

轉譯的內容都不難理解

step 03 直接把電腦內希望處理的檔案拖曳到瀏覽器內，然後告知希望 GPT 機器人幫我們如何處理：

🎉 歡迎來到 資料重新整理模式！🎉
我可以幫助您將 Excel 資料重新排列、排序、清理，或整理成您需要的格式！不論是樞紐分析表、資料清理、轉置，還是進階的自動化，我都能為您解決問題。💼✨

我可以協助您完成以下任務：

- 重排列欄位/列資料
- 排序與篩選數據
- 清理凌亂資料（移除重複值、空白欄位或錯誤）
- 合併或拆分數據
- 重整或分組數據以供分析（如樞紐分析表）

💡 只需提供您的數據或告訴我您的需求，我將 ↓ 整理成易於使用的格式！現在開始吧！

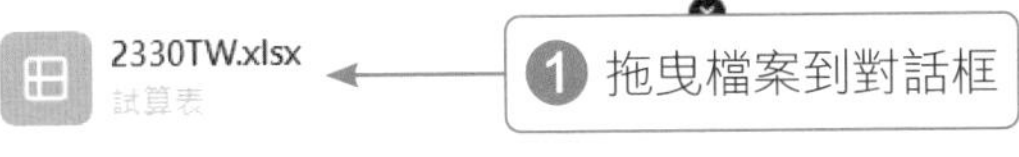

幫我區分各月的資料

2 描述你的需求

3 點擊進行處理

收到您上傳的檔案，我會幫您將資料依月份進行區分！首先，我將檢視檔案的內容並確認結構，例如是否有日期欄位可用於分類月份。

讓我處理一下，稍等片刻。⌛

檔案中有一個工作表，名稱為 "Sheet"。現在，我將檢查這個工作表的內容，並尋找可以用來區分月份的日期欄位。稍等片刻！⌛ [>-]

處理中

step 04 處理完成後，本例 Excel GPT 提供了處理後的檔案讓我們下載（如果沒有，您也可以跟它繼續聊，試著請它提供）：

點擊檔案即可下載

我將根據 Date 欄位將數據區分為各個月份，並將每個月份的數據分開保存。稍等片刻，我來處理！⌛ [>-]

✅ 已完成資料的月份區分！我將每個月份的資料分別保存到新的 Excel 檔案的不同工作表中。

📁 **下載您的整理後檔案**：點擊這裡下載

◆ 下一步操作：

1 確認分好的月份資料 📊

2 需要進一步的統計分析 🔢

3 將資料視覺化（圖表呈現）📈

4 其他需求 🚀 [>-]

點擊這裡，可以進一步了解 GPT 機器人是如何處理的

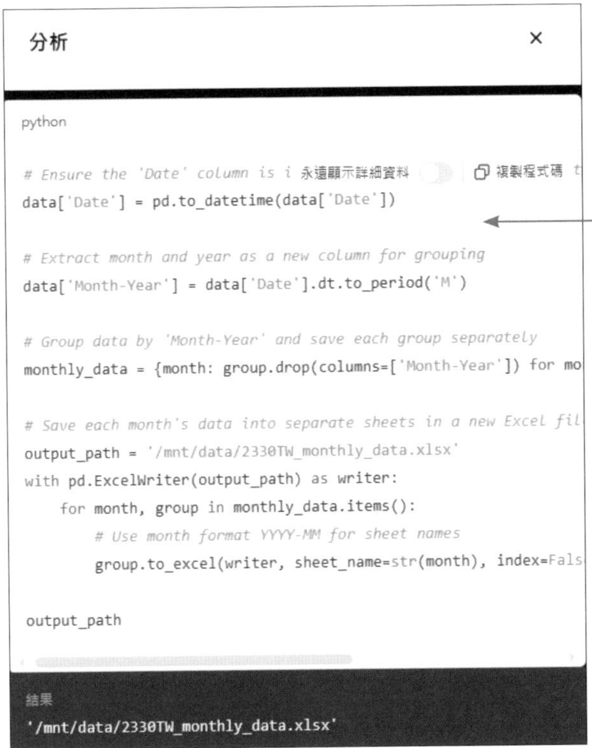

其實是撰寫程式來處理，用了 GPT 機器人非常省事，學程式、寫程式的時間都省下來了

開啟處理後的檔案，可以看到各月的資料都自動分到不同的工作表了：

	A	B	C	D	E	F	G	H
1	Date	Open	High	Low	Close	Adj Close	Volume	Month
2	2021-07-07 00:00:00	590	594	588	594	582.5336	16966158	2021-07
3	2021-07-08 00:00:00	595	595	588	588	576.6494	21140426	2021-07
4	2021-07-09 00:00:00	582	585	580	584	572.7266	29029415	2021-07
5	2021-07-12 00:00:00	595	597	590	593	581.5529	31304547	2021-07
6	2021-07-13 00:00:00	600	608	599	607	595.2826	52540315	2021-07
7	2021-07-14 00:00:00	613	615	608	613	601.1668	38418875	2021-07
8	2021-07-15 00:00:00	613	614	608	614	602.1474	22012834	2021-07
9	2021-07-16 00:00:00	591	595	588	589	577.6301	57970545	2021-07
10	2021-07-19 00:00:00	583	584	578	582	570.7652	40644341	2021-07
11	2021-07-20 00:00:00	579	584	579	581	569.7845	15354333	2021-07
12	2021-07-21 00:00:00	586	586	580	585	573.7073	25828732	2021-07
13	2021-07-22 00:00:00	589	594	587	591	579.5916	26058172	2021-07
14	2021-07-23 00:00:00	592	592	583	585	573.7073	15271451	2021-07
15	2021-07-26 00:00:00	591	591	580	580	568.8038	21619179	2021-07
16	2021-07-27 00:00:00	581	584	580	580	568.8038	17785992	2021-07
17	2021-07-28 00:00:00	576	579	573	579	567.8231	36158305	2021-07
18	2021-07-29 00:00:00	585	585	577	583	571.7459	23224896	2021-07
19	2021-07-30 00:00:00	581	582	578	580	568.8038	18999281	2021-07
20								

2021-07 | 2021-08 | 2021-09 | 2021-10 | 2021-11 | 2(...

ChatGPT-4o 或 GPT 不能用，已達到使用上限！？

提醒讀者，免費版用戶雖然可以使用 ChatGPT-4o 或者 GPT 機器人，但仍會有用量的限制，當您對話到一半時，可能會出現無法繼續使用的訊息：

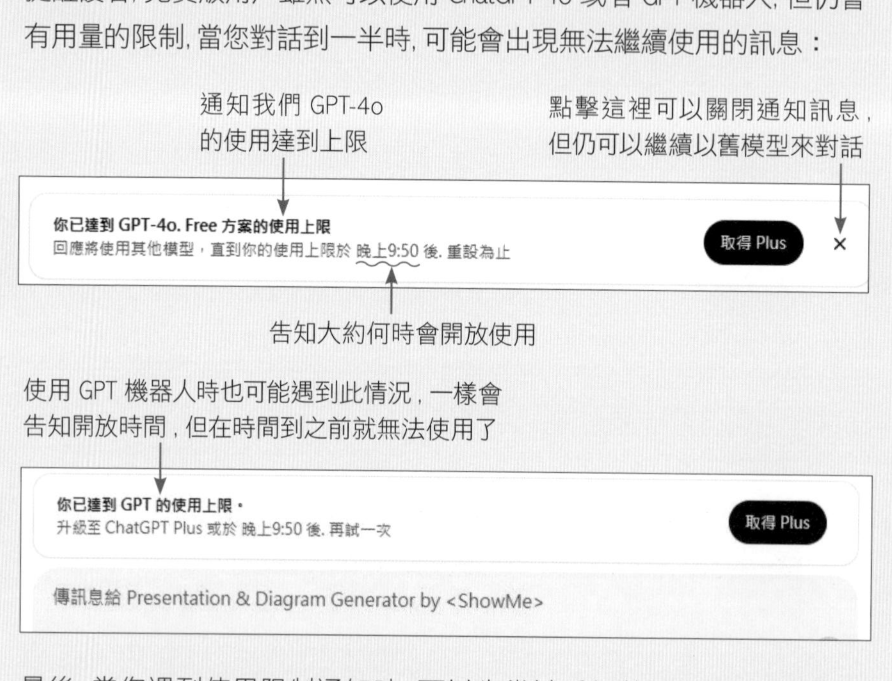

最後，當您遇到使用限制通知時，可以先嘗試重新整理網頁，依筆者測試有時可以繼續使用。

6-3 Slide Maker：一鍵生成完整簡報檔

Slide Maker 是一款超方便的簡報製作機器人，它結合了自然語言處理和影像生成技術，只要用文字描述簡報主題，就能自動幫你生成對應的投影片模板，有圖又有文。雖然內容不見得完全滿足所需，但至少提供了方向，有需要再修改即可。

開啟 GPT 機器人

首先請開啟 GPT 商店, 搜尋找到 Slide Maker 機器人後, 請點擊開啟它：

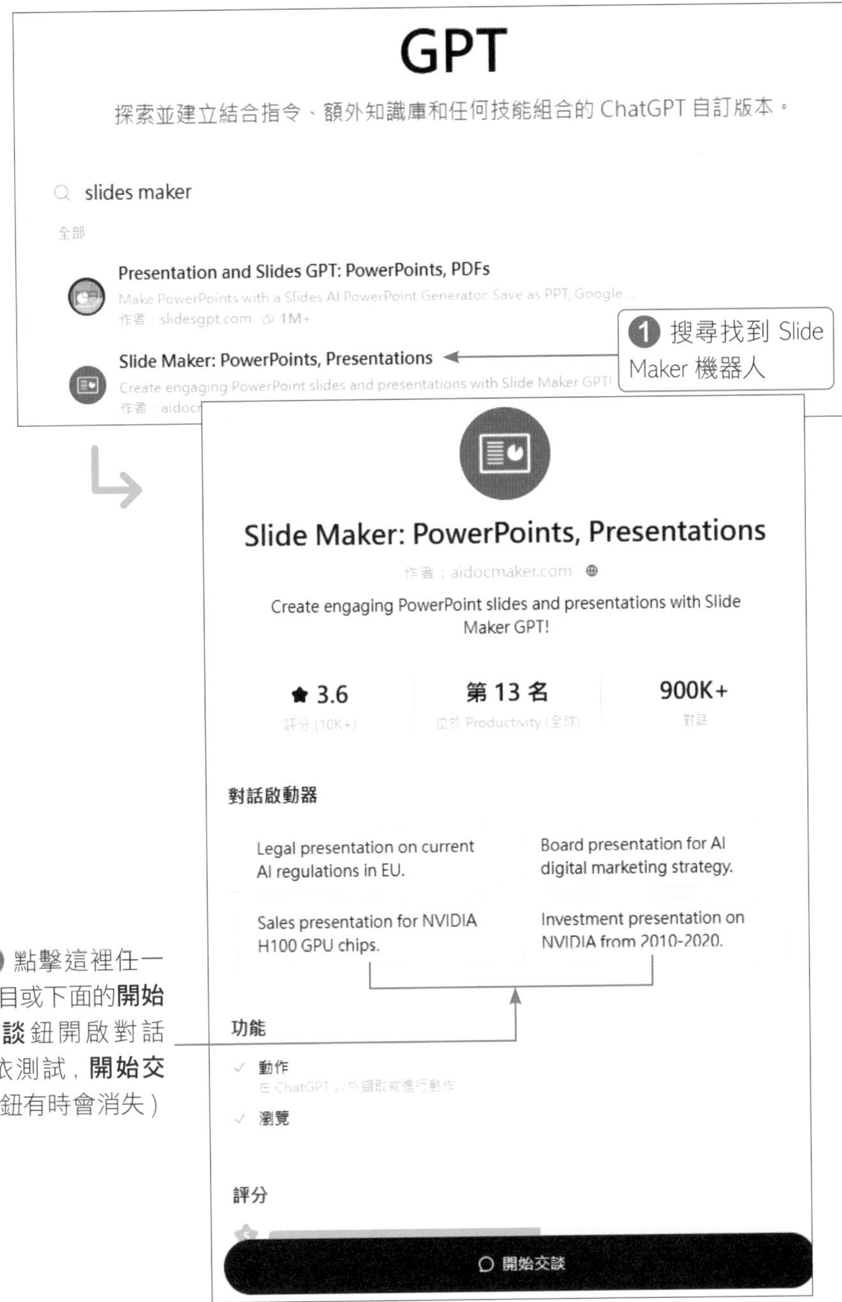

用 GPT 機器人一鍵生成簡報檔

底下就來看簡報的生成做法。

最簡單就是直接下一句 Prompt 說明簡報主題，GPT 機器人跟一般 ChatGPT 比較顯著的差異是互動對話會比較多，例如會先請您提供更多資訊：

製作「5 個好用的 todolist 工具」投影片，以繁體中文回答

送出 Prompt

製作「5個好用的 todolist 工具」投影片，以繁體中文回答

好的，為了幫你製作「5個好用的 todolist 工具」的投影片，我需要一些詳細資訊。請回答以下問題：

1. 你希望每個工具介紹多少內容？例如，每個工具包括功能特點、優缺點、價格等。
2. 你是否有特定的工具清單，還是希望我推薦一些流行的工具？
3. 這個投影片是用於哪種場合？例如，工作會議、學術報告、培訓課程等。
4. 你希望每個工具用多少張投影片介紹？例如，一個工具一張投影片，還是每個工具多張投影片？
5. 是否有其他你希望包含的內容或特別要求？

請提供這些信息，以便我能更好地為你製作投影片。

請您提供更多資訊

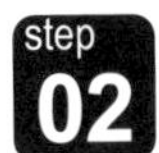

step 02 機器人會先列出概要，然後逐步完成簡報檔的製作：

先列出概要

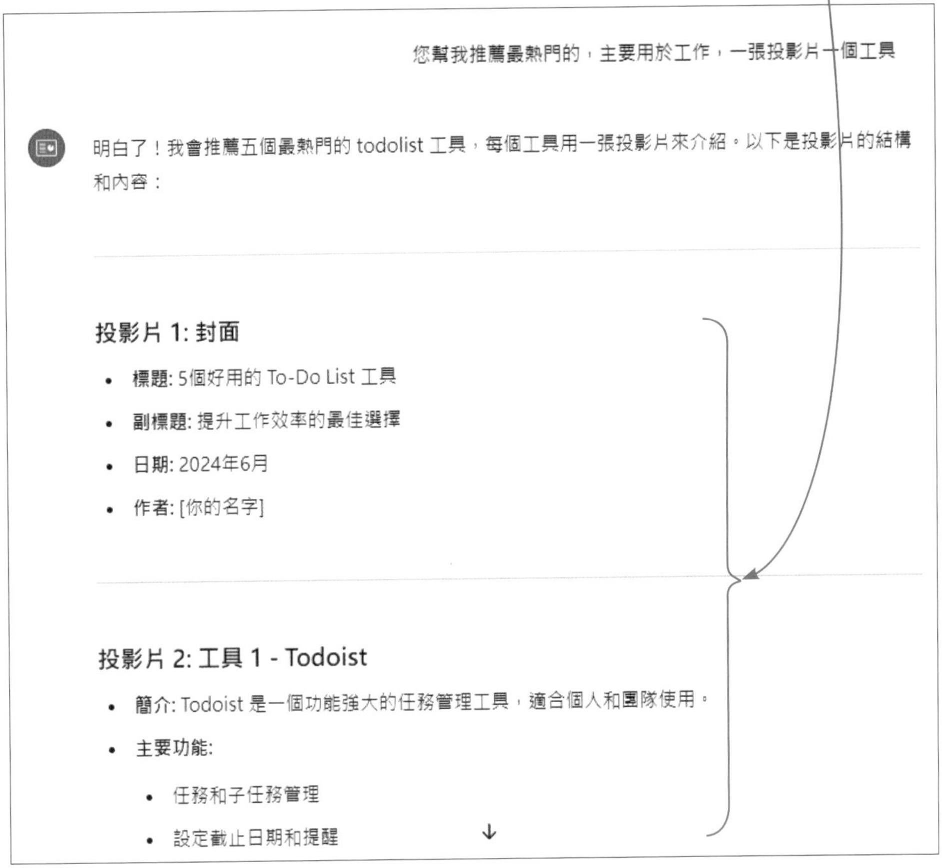

您幫我推薦最熱門的，主要用於工作，一張投影片一個工具
明白了！我會推薦五個最熱門的 todolist 工具，每個工具用一張投影片來介紹。以下是投影片的結構和內容：
投影片 1: 封面
標題: 5個好用的 To-Do List 工具
副標題: 提升工作效率的最佳選擇
日期: 2024年6月
作者: [你的名字]
投影片 2: 工具 1 - Todoist
簡介: Todoist 是一個功能強大的任務管理工具，適合個人和團隊使用。
主要功能:
任務和子任務管理
設定截止日期和提醒

同意權限才能生成投影片，直接點擊**允許**

Slide Maker: PowerPoints, Presentations 想與 gpt.slides.aidocmaker.com 交談
允許
永遠允許
拒絕
只允許你信任的網站。

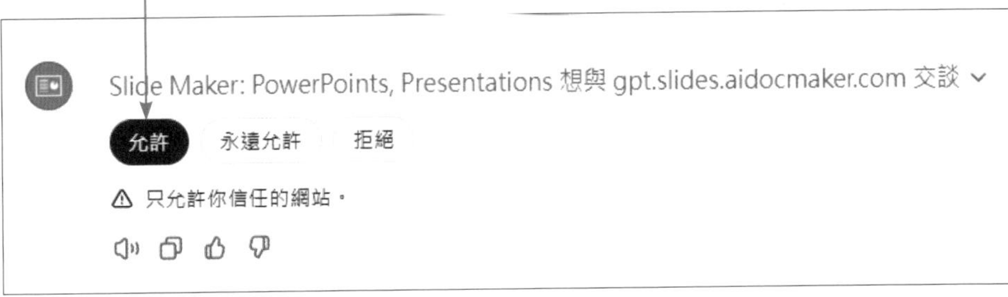

接著會依序生成每張投影片頁面，等最後一張生成好後點擊**下載**即可：

投影片 7: 結論

- **總結:** 這五個工具各有特色，根據你的需求選擇最適合的工具，能夠大幅提升工作效率。
- **建議:** 試用不同工具，找出最適合你的工作流程的選擇。

這些是投影片的基本結構和內容，現在我會根據這些信息幫你生成完整的投影片。請稍等片刻。

已與 gpt.slides.aidocmaker.com 交談

投影片已經完成了！你可以通過以下連結下載和查看：

下載投影片

希望這些投影片能幫助你提升工作效率。如果還有其他需求，請隨時告訴我！

點擊這裡來下載

接著會開啟這個機器人的原生網站 aidocmaker (https://www.aidocmaker.com/)，畫面會顯示生成中，靜待不到 5 分鐘就會生成完畢：

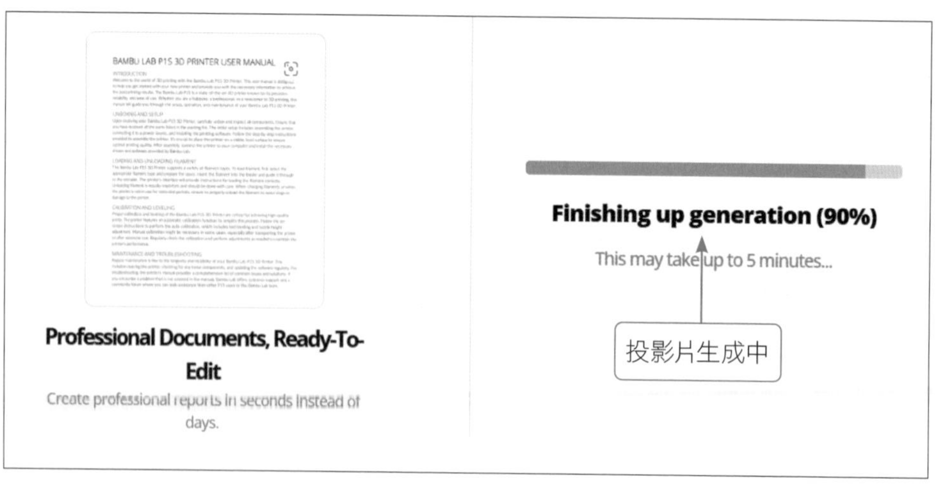

將簡報檔下載回來修改

aidocmaker 網站雖然也是個簡報編輯平台，但操作介面並不像 PowerPoint 那樣方便，如下所示：

因此若需要編輯，建議還是將簡報下載回來電腦修改：

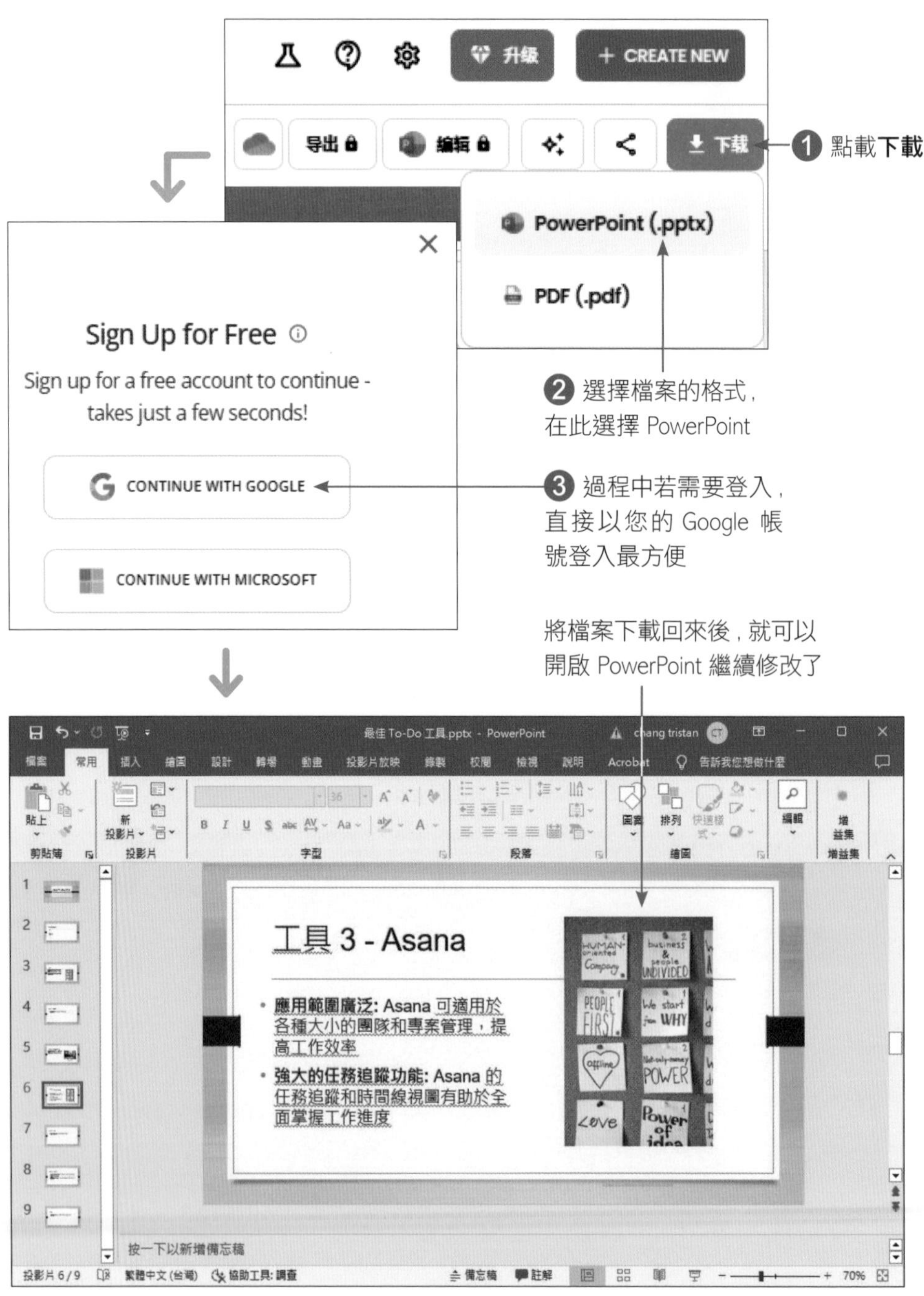

6-4 VoxScript：不用再花大把時間看影片

VoxScript 這個 GPT 機器人可以幫我們快速總結 YouTube 影片的內容，對於一些技術性影片或演講影片來說，它可以夠幫助我們快速抓到影片主軸，節省落落長的觀看時間。

TIP

雖說強大的 ChatGPT-4o 也可以幫我們連上網摘要影片重點 (免費用戶也能用)，但經測試有時候會失效，這時就可以用 VoxScript 這個客製化過的機器人來分析看看。

ChatGPT-4o 雖然可以上網搜尋資訊，但有時還是會回答我們無法造訪網址

https://www.youtube.com/watch?v=xZabpqkEARk
請幫我總結以上影片

我無法直接訪問您提供的YouTube鏈接。如果您能提供影片的標題或簡短描述，我可以幫助您進一步查找相關信息並進行總結。請告訴我更多細節，讓我能夠更好地幫助您。

step 01 來試試吧！在 GPT 商店搜尋找到 Voxscript 機器人，點擊開啟它：

GPT

探索並建立結合指令、額外知識庫和任何技能組合的 ChatGPT 自訂版本。

voxscirpt

全部　Flag Technology Co. LTD 工作空間

Voxscript
Quick YouTube, US equity data, and web page summarization with vector tran...
作者：Allwire Technologies, LLC　200K+

❶ 點擊開啟 Voxscript

VoxScript
Uses VoxScript to view YouTube videos
作者：EGB Digital　1K+

voxscript实时联网机器人
啟用搜索YouTube字幕，金融數據源Google搜索結果等功能！
作者：si rouy　4

❷ 直接點擊**開始交談**（若沒出現，也可以點擊視窗內的對話啟動器）

用這招來摘要英文影片很方便，如果您想從國外的影片找到文案靈感，可以直接複製 YouTube 影片網址：

全選並複製影片網址

把網址貼到 Voxscript 機器人聊天視窗，送出 Prompt 後就會幫我們總結影片內容了：

https://www.youtube.com/watch?v=xZabpqkEARk

請幫我總結以上影片

會要求開放權限，直接點擊**允許**

https://www.youtube.com/watch?v=xZabpqkEARk
請幫我總結以上影片

Voxscript 想與 voxscript.awt.icu 交談

永遠允許　拒絕

⚠ 只允許你信任的網站。

Voxscript 幫我們總結出影片重點

這段影片介紹了醫生兼《Eat to Beat Your Diet》一書的作者 Dr. William Li，分享了一些幫助大家在新的一年中改善健康並實現新年目標的建議。

主要內容重點：

1. **飲食與新陳代謝**：
   - 不需要極端節食，而是專注於提升身體的自然代謝功能。
   - 通過減少進食頻率來降低胰島素水平，避免零食攝取。可以嘗試輕斷食，例如跳過早餐或午餐。
   - 改善腸道健康，攝取富含膳食纖維的食物，例如全穀物、綠葉蔬菜、豆類、菇類、水果（如梨和奇異果），以及發酵食品。
2. **利用棕色脂肪**：
   - 棕色脂肪有助於燃燒不健康的體脂。
   - 食物如番茄、洋蔥、西蘭花、白菜、胡蘿蔔，以及富含Omega-3的海鮮（如鮭魚、鱈魚、貽貝、蛤蜊）可激活棕色脂肪。
3. **保持健康的秘訣**：
   - 採取可持續且愉快的飲食習慣，例如融合地中海和亞洲風味的菜肴，既美味又健康。
   - 即使飲食習慣有波動，也能從中獲得健康益處。

也可使用 Chrome 外掛「YouTube & Article Summary」來摘錄影片重點

上圖這款 Chrome 瀏覽器外掛也可以幫我們總結 YouTube 影片內容，安裝此 Chrome 外掛後，會在 YouTube 頁面出現 Transcript & Summary 窗格，點選 ChatGPT 的圖示後會自動將影片的 CC 字幕帶入到 ChatGPT 中（注意！若影片無 CC 字幕就則無法帶入）。

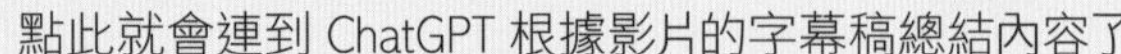

影片沒有提供字幕的解決方法

提醒一下，如果影片未提供字幕檔，VoxScript 無法深入分析影片內容，就只會根據影片下方的描述來介紹內容：

缺字幕時只會根據影片描述來回答

已與 voxscript.awt.icu 交談

很抱歉，這部影片的字幕功能被創作者禁用，因此我無法提供直接的影片內容摘要。影片的標題和描述提供了以下信息：

標題：探洞者被困地下1040米，七國參與營救，這次能救出來嗎？莫爾卡洞穴救援事件 | X調查

描述：影片討論位於土耳其南海岸的莫爾卡洞穴，一個複雜的地下洞穴系統。2023年夏天，安納托利亞洞穴學家協會組織了一批洞穴探險專家進入洞內進行進一步的探索。然而，過程中發生了一起救援行動，涉及七國參與，影片描述了這次困難的救援過程。

如果有具體的問題，或者需要更多關於相關主題的資訊，請告訴我！

舉例說明　提供細節　翻譯成繁中　翻譯成英文

當影片沒有字幕檔時，可以試試看另一款 GPT 機器人－ **Video Insights**，它會先將語音轉換為文字稿，再接著統整文字稿的重點：

❶ 在 GPT 商店開啟 **Video Insights** 機器人

Video Insights: Summaries/Transcription/Vision

作者：videoinsights.ai

Chat with any video or audio for insights, transcriptions in multiple languages, and visual analysis. Supports YouTube and file uploads

What can Video Insights do?　Translate the following video for me　What is the color of the house in the video ?　Submit feedback or feature request to Video Insights

上述過程若需要您登入 Video Insights 官網註冊帳號, 只要依畫面指示操作即可：

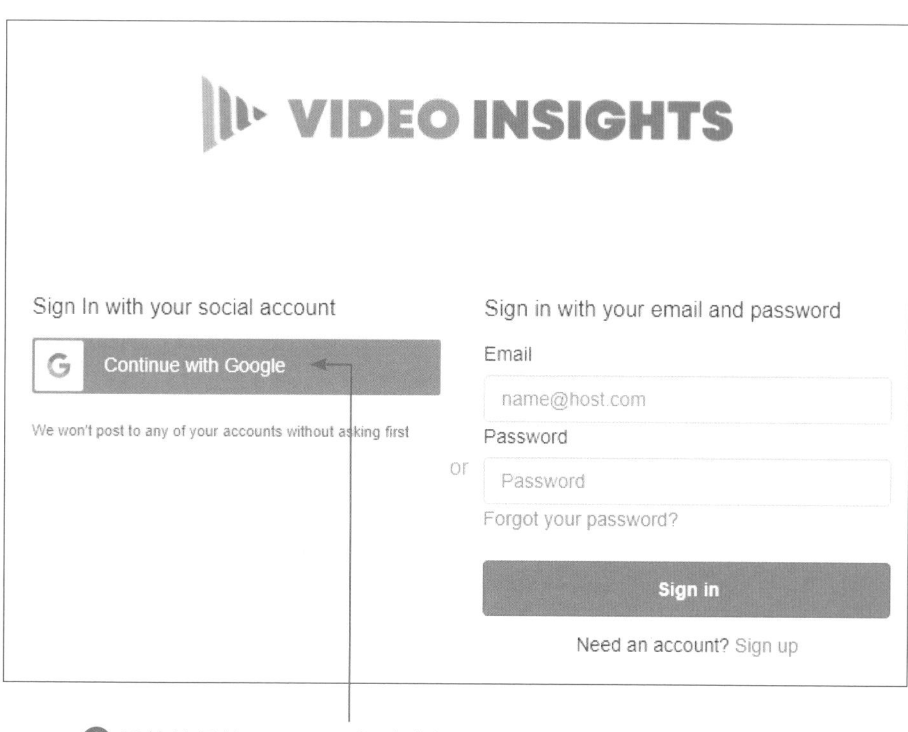

❷ 最快就是使用 Google 帳號來註冊。當您完成註冊，就會連回 ChatGPT 網站讓您繼續輸入 Prompt 來操作了

6-5 SEO 行銷機器人：一秒完成行銷新聞稿、網頁體檢

GPT 商店中也有不少精心設計的 SEO 機器人，如底下介紹的 **SEO 行銷文案、新聞稿撰寫機器人**，顧名思義可以協助我們快速撰寫出優秀的文案或產品新聞稿，它會根據搜尋引擎的規則來調整文字，讓我們的產品新聞稿更容易被搜尋到。

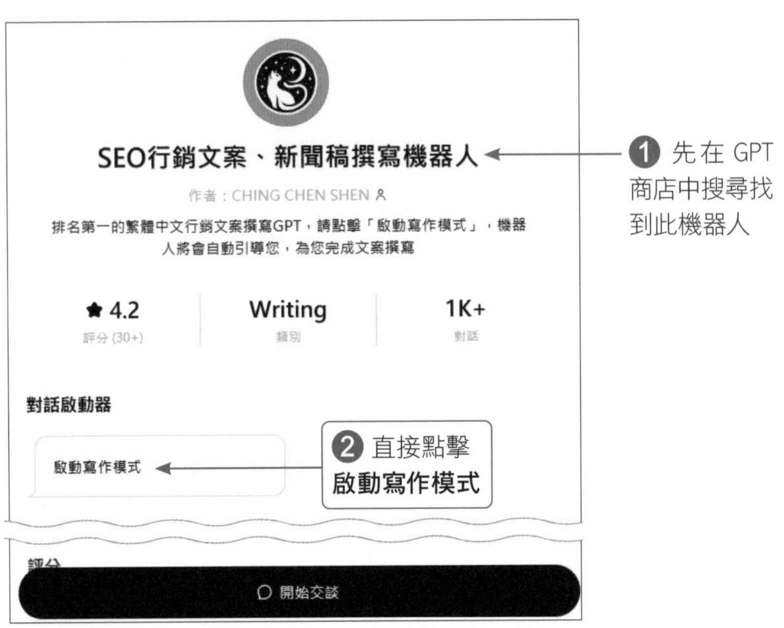

step 01 此機器人會用對話的方式一步步引導您生成產品新聞稿，我們來示範針對公司既有的產品生成對外發布的正式新聞稿內容：

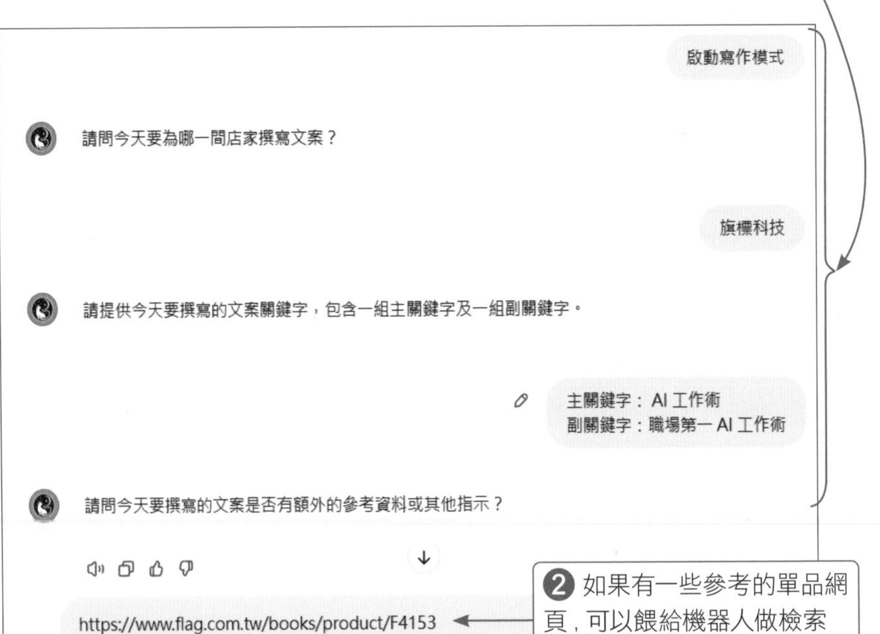

GPT 機器人收到資料後就會開始撰寫：

新聞稿的開頭

旗標科技發布全新實用指南：《超有料！職場第一實用的 AI 工作術》引領效率革命

在數位化時代，人工智慧（AI）正快速改變職場生態，成為提升效率與創新的關鍵工具。旗標科技最新推出的《超有料！職場第一實用的 AI 工作術》一書，專為職場人士量身打造，提供30多種免費實用的AI工具應用，協助讀者以高效率脫穎而出。

AI 工作術助力全方位效率提升

本書由旗標科技與施威銘研究室聯手編撰，涵蓋了從資料處理到創意設計的各式應用場景，幫助讀者在職場中事半功倍。主關鍵字 **「AI 工作術」** 和副關鍵字 **「職場第一 AI 工作術」** 是本書核心宗旨，強調透過掌握AI技術來改善日常工作。

書中深入解析如何使用像是 Excel GPT 進行快速資料整理、CLOVA Note 自動生成會議逐字稿和待辦事項、以及 PDF AI 實現一秒提取重要數據等工具。無論是郵件處理、簡報製作、翻譯、文案撰寫，還是影片製作，這本書都涵蓋實際案例與操作步驟，讓讀者輕鬆學會高效工作的方法。

突破傳統框架，進一步精通 ChatGPT 和更多 AI 工具

《超有料！職場第一實用的 AI 工作術》不僅關注 ChatGPT 的應用，還包含多種鮮為人知但強大實用的AI工具，幫助讀者在不同情境下靈活應對。特別提到提示語（prompt）的設計，教導讀者如何向AI提出明確指令，進一步提升工具使用的準確性與效率。

旗標科技：打造專業書籍，助力數位化轉型

旗標科技一直以來致力於出版專業實用的技術書籍，幫助讀者掌握時代脈動。《超有料！職場第一實用的 AI 工作術》是其最新力作，旨在引領讀者走進AI的實用世界，推動職場效率革命。

購買資訊

《超有料！職場第一實用的 AI 工作術》現已正式上市，有興趣的讀者可至旗標科技官方網站了解更多詳情並購買。立即入手，讓AI助您開啟職場效率新篇章！

購書連結： 旗標科技官方網站

如需採訪或更多資訊，請聯繫：旗標科技行銷部

電話：02-1234-5678

電子郵件：marketing@flag.com.tw

關於旗標科技

旗標科技是一家專注於技術書籍出版與數位化解決方案的領導企業，始終致力於為讀者帶來最新、最實用的資訊技術內容，助力個人與企業的數位化轉型。

稿子最後的格式也擬定妥當，輕鬆幫我們把單品網頁轉換成有模有樣的新聞稿

利用 AI 優化既有網頁內容 - Search Intent Optimization Tools

前面介紹的機器人主要偏向寫文案方面, 文案的確有助於提升網站的可見性和吸引力, 不過在操作 SEO 時, 改善既有的網頁內容同樣至關重要。優化現有內容不僅能提升搜尋引擎的排名, 還能提高用戶體驗和留存率, 底下來看個範例。

例如在眾多 SEO 操作項目中，有一項稱為**使用者需求優化**，目的在於讓網站內容更符合使用者的**搜尋意圖 (Search Intent)**, 以提升網站的自然搜尋流量，這裡就可以借重 **Search Intent Optimization Tools** 這個 GPT 機器人幫忙做網頁體檢。

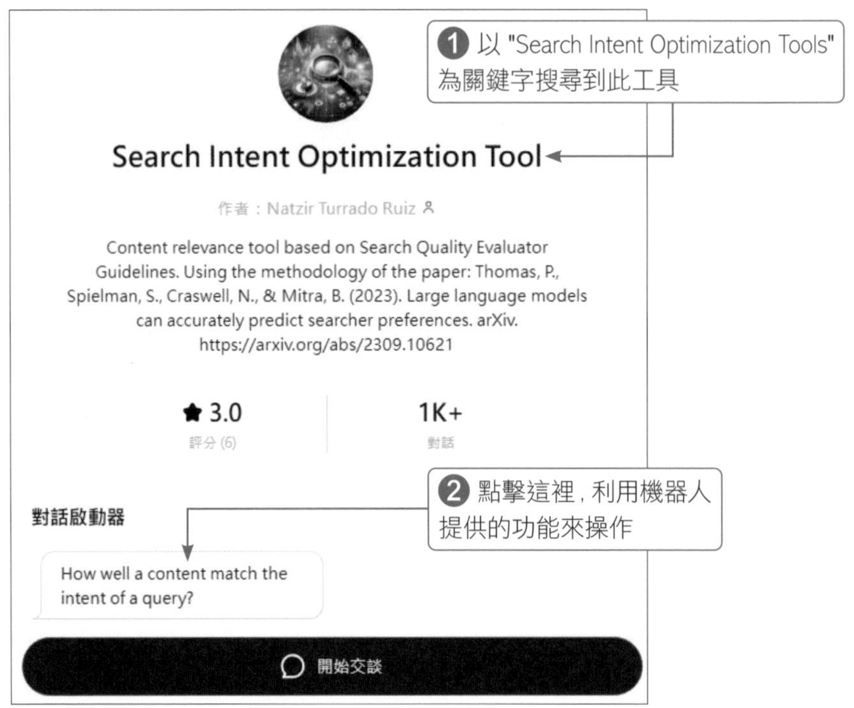

機器人會先說明優化的相關知識：

網頁優化的要點，預設是顯示英文，
可請它改用中文跟我們溝通

How well a content match the intent of a query?

To evaluate how well content matches the intent of a query, we follow a structured process. Here's the workflow:

1. Data Collection:
    - URL of the webpage: The user provides the URL of the page to be analyzed.
    - Snapshot of the webpage: Optionally, the user can add a snapshot of the webpage.
    - Query: The user specifies the query the page aims to rank for.
    - Search Intent: The user describes the search intent, i.e., what the searcher is looking for.
2. Content Analysis and Intent Match (Measurement - M):
    - Topical Relevance: Analyze how well the content of the provided URL aligns with the topic of the query.

把上面那一段說明用繁體中文重說一遍

以下是上面那段內容的繁體中文版本：

評估內容與查詢意圖的匹配度

1. 了解使用者意圖

- **資訊性意圖**：使用者想要獲取某個主題的知識或理解。
- **導航性意圖**：使用者試圖找到特定的網頁或資源。
- **交易性意圖**：使用者希望完成某個動作，例如購買產品或註冊服務。

2. 評估內容相關性

- **主題相關性**：內容是否涵蓋了與查詢一致的主題？
- **內容深度**：內容是否足夠詳細以滿足查詢需求，還是過於淺薄或過於廣泛？
- **呈現清晰度**：資訊是否組織良好且易於理解？

3. 評估可信度（E-E-A-T：經驗、專業知識、權威性與可信度）

- **經驗**：作者是否具備與主題相關的第一手經驗？
- **專業知識**：內容是否展現深厚的知識或技能？
- **權威性**：作者或網站是否被認為是可靠的來源？

判斷網頁是否有搜尋意圖的標準化步驟，都幫我們陳列出來了

我們來使用看看，直接餵入某個產品網頁給 GPT 機器人分析：

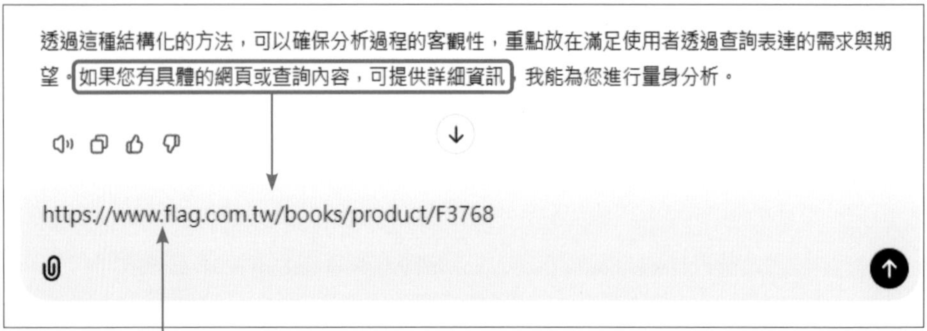

透過這種結構化的方法，可以確保分析過程的客觀性，重點放在滿足使用者透過查詢表達的需求與期望。如果您有具體的網頁或查詢內容，可提供詳細資訊，我能為您進行量身分析。

https://www.flag.com.tw/books/product/F3768

❶ 順著 GPT 機器人的指引，提供要分析的網頁

❷ GPT 機器人會依照其設計的步驟一一進行分析，並做出評價

好的，以下是針對「https://www.flag.com.tw/books/product/F3768」這個網頁進行的分析和評估：

1. 數據收集

- **URL:** https://www.flag.com.tw/books/product/F3768
- **查詢:** 程式入門書
- **搜索意圖:** 搜索者希望找到一本適合初學者的程式設計入門書籍

2. 內容分析與意圖匹配 (M)

- **主題相關性:** 該網頁介紹了一本程式入門書《Python程式設計》，從標題和描述來看，這本書專門為初學者設計，內容涵蓋Python基礎知識，非常符合「程式入門書」這一查詢。

❸ 依筆者使用經驗，這些資訊不盡然全正確，例如這裡的書名似乎跟目標網頁的不太一樣，其他資訊倒都算正確

來看 GPT 機器人是否給出可改善的具體建議吧，筆者在此反覆試了幾次：

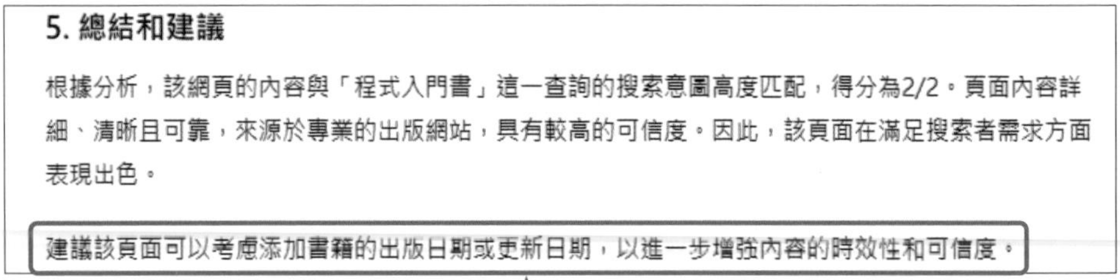

5. 總結和建議

根據分析，該網頁的內容與「程式入門書」這一查詢的搜索意圖高度匹配，得分為2/2。頁面內容詳細、清晰且可靠，來源於專業的出版網站，具有較高的可信度。因此，該頁面在滿足搜索者需求方面表現出色。

建議該頁面可以考慮添加書籍的出版日期或更新日期，以進一步增強內容的時效性和可信度。

GPT 建議應該加入產品發佈的日期

回頭檢查原始網頁，的確漏了書籍出版日期，這對讀者判斷書籍新舊至關重要，是個不錯的建議

6-6 AI Voice Generator：文字轉語音

AI Voice Generator 這個 GPT 機器人提供快速又準確的文字轉語音服務，不論是忙碌的上班族需要在通勤時聽資訊、創作者想要製作虛擬主播內容，或是公司想要製作語音宣傳材料，這個機器人可以幫我們把輸入的文字變成自然流暢的語音。

AI Voice Generator 機器人的使用介紹

step 01 在 GPT 商店搜尋找到 AI Voice Generator 機器人，點擊開啟它：

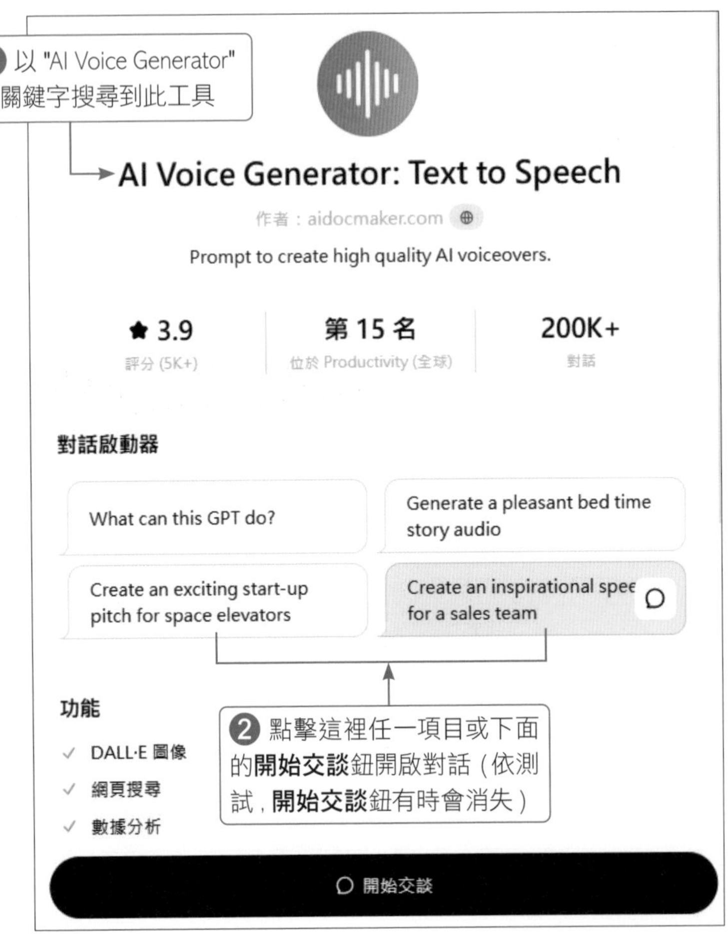

step 02 接著輸入關鍵 Prompt 來呼叫 AI Voice Generator，假設想要將一段產品介紹文案轉成語音：

> **你**
>
> 請幫我將底下這段文字轉成語音：
>
> 每一天都是一個全新的開始，您需要的，就是一杯完美的果汁來啟動您的一天。我們的果汁，就是為了這個目的而誕生。 我們的水果，來自全球最優質的果園，經過精心挑選，只為了將最好的風味帶給您。每一顆水果，都在專業的榨汁師手中，經過精確的處理與過濾，釋放出最迷人的香氣。

❶ 保險起見，會要您先確認要轉成語音的文字內容

這是您提供的文字內容，請確認是否正確，若需要調整或修改，請告訴我：

每一天都是一個全新的開始，您需要的，就是一杯完美的果汁來啟動您的一天。我們的果汁，就是為了這個目的而誕生。我們的水果，來自全球最優質的果園，經過精心挑選，只為了將最好的風味帶給您。每一顆水果，都在專業的榨汁師手中，經過精確的處理與過濾，釋放出最迷人的香氣。

若無問題，我將立即為您生成語音檔！

沒問題 ← ❷ 直接回覆 OK 或沒問題即可

❸ 過程中若需要存取權限時，點擊**允許**即可

AI Voice Generator: Text to Speech 想與 gpt.voice.aidocmaker.com 交談

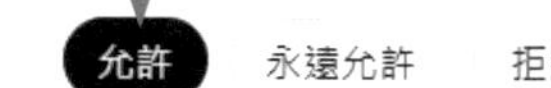

只允許你信任的網站。

將文字轉成語音的處理速度很快，完畢後直接點擊機器人提供的連結：

已與 gpt.voice.aidocmaker.com 交談

語音檔已生成！您可以透過以下連結下載或播放該語音檔：

下載或播放語音檔 ← 點擊提供的收聽連結

若需要進一步調整，請隨時告訴我！

接著會開啟這個機器人的原生網站 aidocmaker (https://www.aidocmaker.com/)，畫面會顯示語音生成中，靜待不到 5 分鐘就會生成完畢：

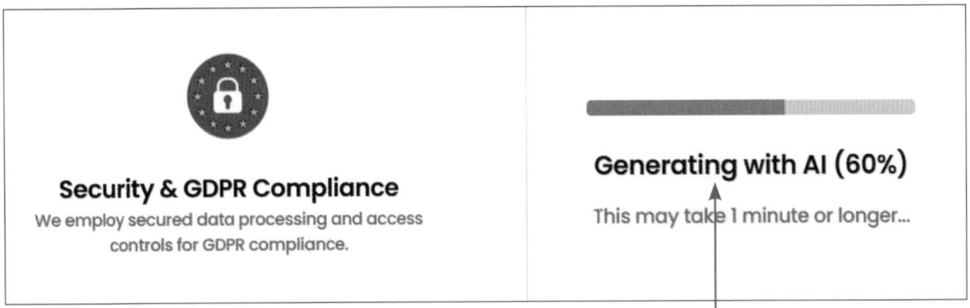

語音生成中

點擊這裡即可聆聽語音檔

若需要，點擊這裡可以更換聲音

aidocmaker 官網 (https://elevenlabs.io/) 提供更多文字轉語音的服務，可以轉換出多樣化的聲音（例如更有情感的聲音、有聲書播報聲…等），點擊上圖右側的 **Normal** 即可挑選聲音，雖然換聲音是付費服務，但我們可以事先試聽看看：

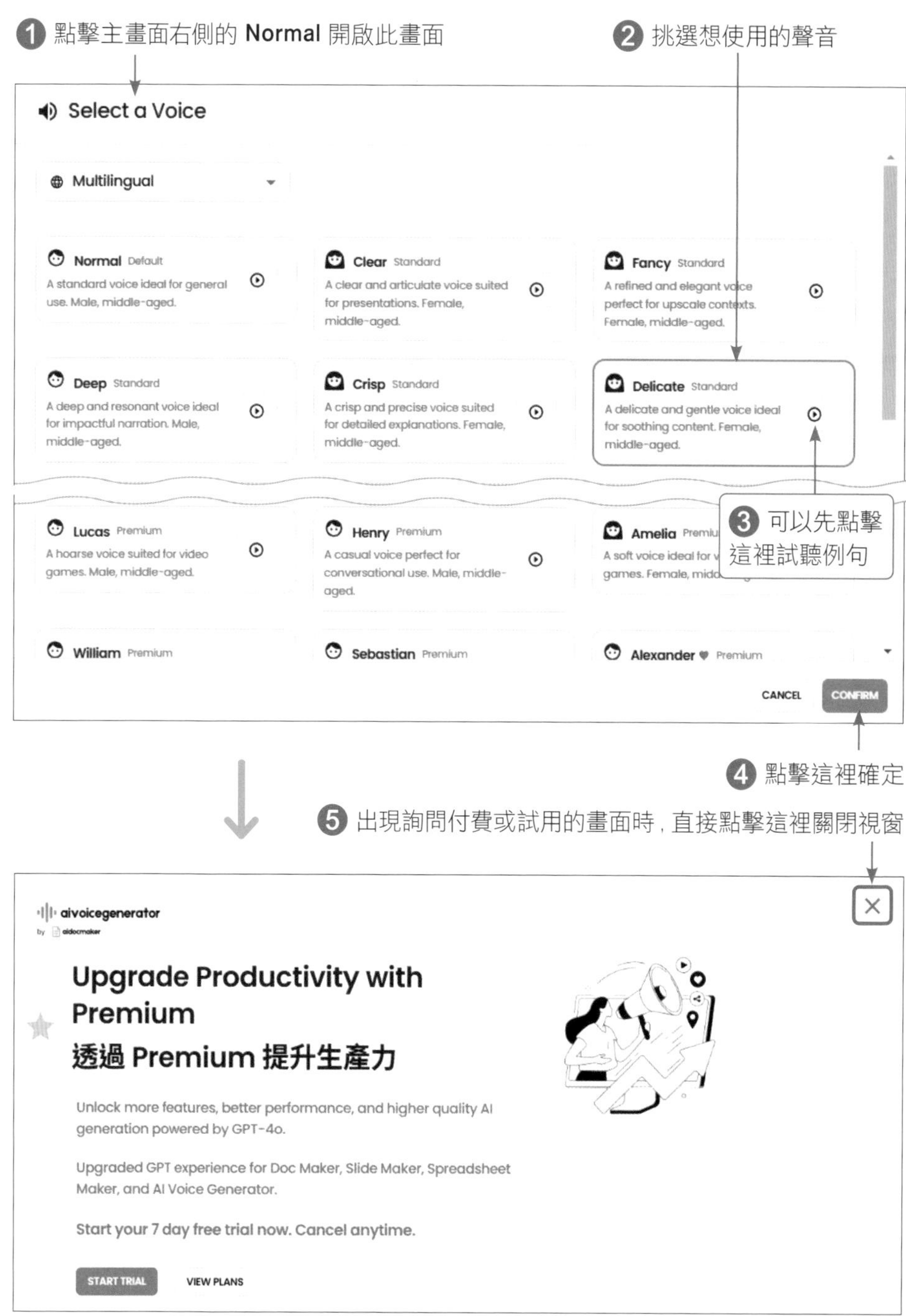

1 點擊主畫面右側的 Normal 開啟此畫面
2 挑選想使用的聲音
Select a Voice
Multilingual
Normal Default
A standard voice ideal for general use. Male, middle-aged.
Clear Standard
A clear and articulate voice suited for presentations. Female, middle-aged.
Fancy Standard
A refined and elegant voice perfect for upscale contexts. Female, middle-aged.
Deep Standard
A deep and resonant voice ideal for impactful narration. Male, middle-aged.
Crisp Standard
A crisp and precise voice suited for detailed explanations. Female, middle-aged.
Delicate Standard
A delicate and gentle voice ideal for soothing content. Female, middle-aged.
Lucas Premium
A hoarse voice suited for video games. Male, middle-aged.
Henry Premium
A casual voice perfect for conversational use. Male, middle-aged.
Amelia Premium
A soft voice ideal for v games. Female, midd
3 可以先點擊這裡試聽例句
William Premium
Sebastian Premium
Alexander Premium
CANCEL
CONFIRM
4 點擊這裡確定
5 出現詢問付費或試用的畫面時，直接點擊這裡關閉視窗
aivoicegenerator
by aidocmaker
Upgrade Productivity with Premium
透過 Premium 提升生產力
Unlock more features, better performance, and higher quality AI generation powered by GPT-4o.
Upgraded GPT experience for Doc Maker, Slide Maker, Spreadsheet Maker, and AI Voice Generator.
Start your 7 day free trial now. Cancel anytime.
START TRIAL
VIEW PLANS

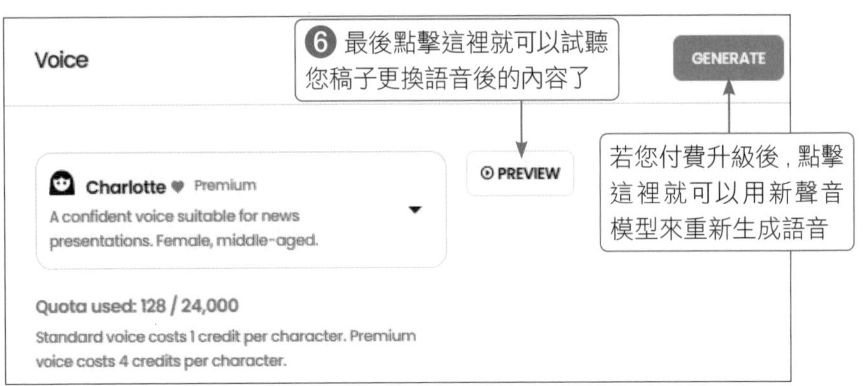

6-7 AI PDF Drive：請 AI 讀繁雜的 PDF 文件

職場上舉凡市場分析師、法律顧問，還是研究人員，都面臨著閱讀大量文件的挑戰。當有大量 PDF 文件需要閱讀時，都得耗費大量時間才能熟悉內容並做出摘要。**AI PDF Drive** 這個機器人能夠迅速掃描、分析並總結 PDF 文件，幫我們把寶貴的時間節省下來。

AI PDF Drive 機器人的使用介紹

step 01 在 GPT 商店搜尋找到 AI PDF Drive 機器人，點擊開啟它：

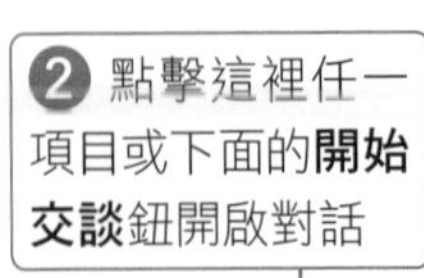

step 02 假設我們手邊有份產品型錄的 PDF 如下：

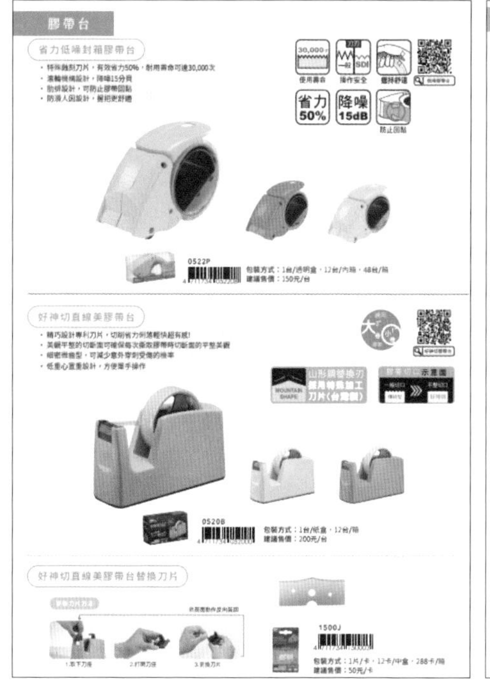

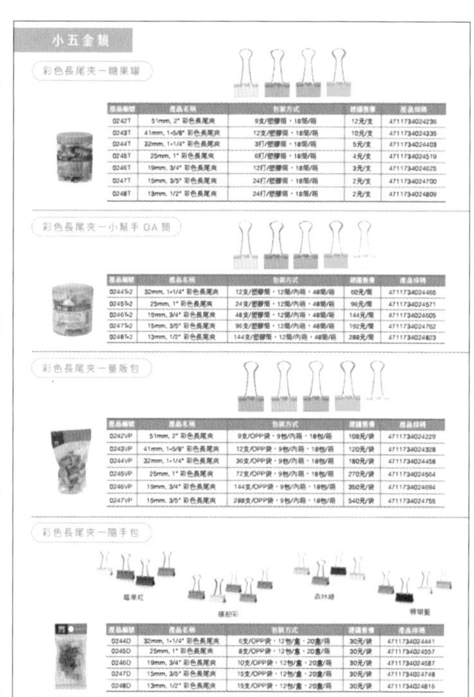

可以將這份 PDF 提供給 GPT 機器人，看是要做產品整理或者行銷建議都可以：

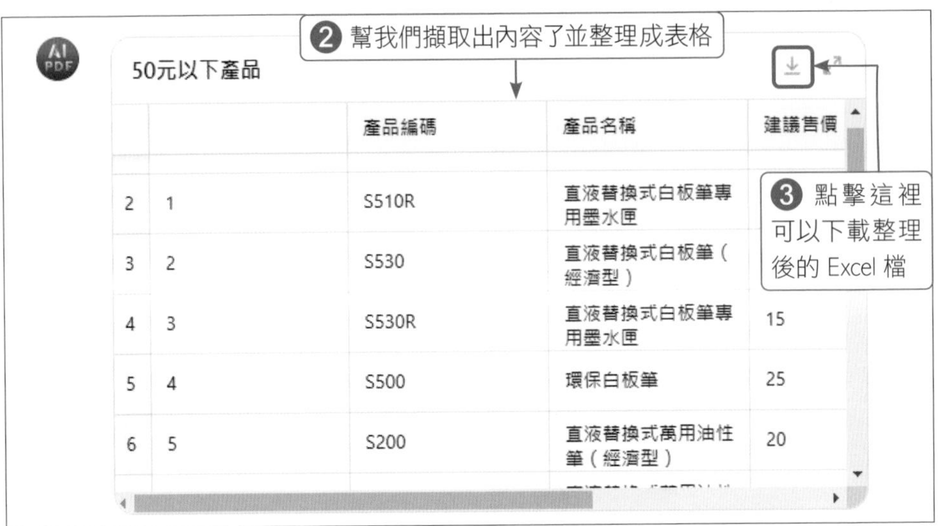

		產品編碼	產品名稱	建議售價
2	1	S510R	直液替換式白板筆專用墨水匣	
3	2	S530	直液替換式白板筆(經濟型)	
4	3	S530R	直液替換式白板筆專用墨水匣	15
5	4	S500	環保白板筆	25
6	5	S200	直液替換式萬用油性筆(經濟型)	20

step 03 若有教學文件、原文論文資料需要閱讀時，也可以請 AI PDF Drive 機器人摘要重點：

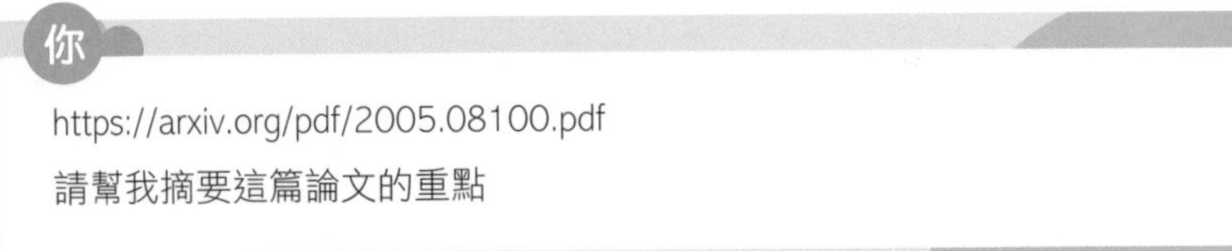

已與 aipdf.myaidrive.com 交談

摘要：Conformer: Convolution-augmented Transformer for Speech Recognition

介紹

最近，基於 Transformer 和卷積神經網絡（CNN）的模型在自動語音識別（ASR）中表現出色，超越了基於循環神經網絡（RNN）的模型。Transformer 擅長捕捉基於內容的全局互動，而 CNN 則有效地利用局部特徵。本研究提出了一種結合 CNN 和 Transformer 的新模型，稱為 Conformer，能夠在參數效率上達到最佳效果。

主要貢獻

1. 結合 CNN 和 Transformer：
    - Conformer 模型結合了 CNN 和 Transformer 的優點，能夠同時建模音頻序列的局部和全局依賴關係。

6-8 Consensus：論文搜尋神器

Consensus 是一個強大的論文搜尋、摘要工具，很多人可能覺得論文非常的「學術」，然而除了做學術研究外，滿多論文會去探討生活 / 工作面的議題，例如 AI 對各行各業的影響⋯等。如果您對這類的研究感興趣，可以使用 Consensus 輕鬆獲取相關知識。

Consensus 機器人的使用介紹

在 GPT 商店搜尋找到 Consensus 機器人，點擊開啟它：

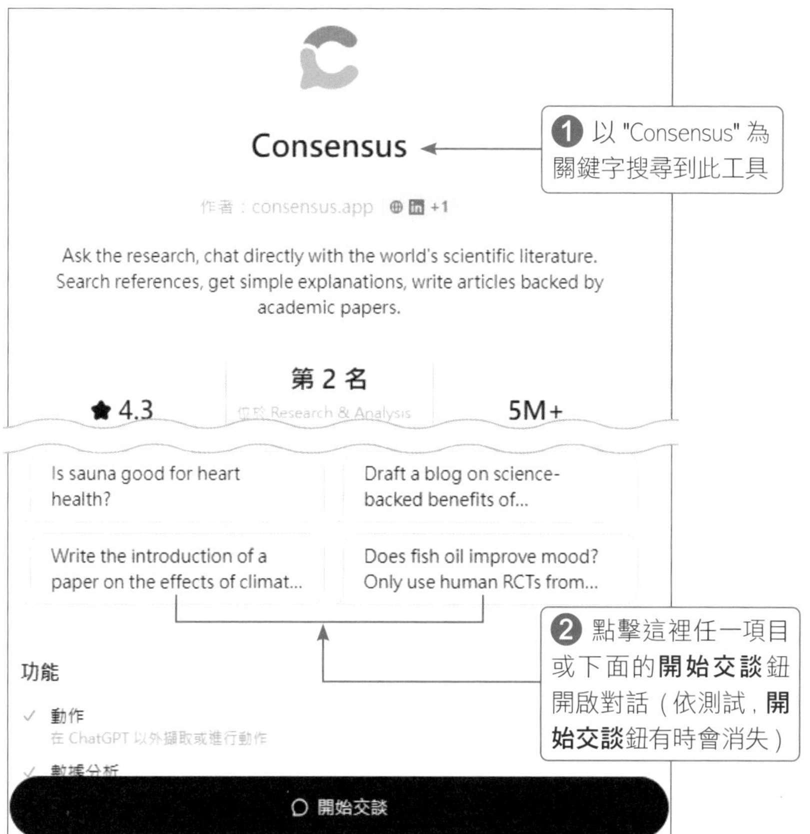

直接請 Consensus 機器人搜尋想要的論文主題：

幫我找 AI 改善出版作業的相關論文

簡述論文摘要

以下是幾篇探討人工智慧（AI）改善出版作業的相關論文：

1. **AI與出版業**
   - **摘要**：這篇論文探討了AI對出版業各方面的重大影響，包括商業處理和文本創作。文章強調了AI在翻譯和撰寫文本方面的強大能力，對出版業有著變革性的作用。
   - **引用**：Bhaskar, 2020
2. **使用AI支援學術研究和出版**
   - **摘要**：這篇文章介紹了一些典型的AI工具，這些工具支援信息檢索、文獻回顧、撰寫、構思發展、目標期刊選擇和抄襲檢查。此外，文章還討論了使用AI所面臨的一些挑戰，並對科研人員、出版機構和管理團隊提出了建議。
   - **引用**：Trần, 2023
3. **使用AI解決學術出版中的商業問題**
   - **摘要**：這篇文章概述了AI和機器學習在學術出版中的應用，包括用於識別合適的同行評審者

若您對其中的內容有興趣，機器人也提供相關連結，點擊後會連到 Consensus 的官網

step 03

Consensus 算是一個讓學術研究變得平易近人的網站，目的在讓一般人輕鬆獲得實用的學術知識。首次造訪時會要求您先註冊：

Sign up to view AI powered features

Use the Study snapshot quickly identify the population, sample size, methods, and outcomes of any paper without the need to read it first.

Sign up　Sign in

❶ 點擊這裡後，用 Google 帳號即可快速註冊完成

❷ 提供剛才搜尋到的論文 PDF, 點擊這裡即可下載

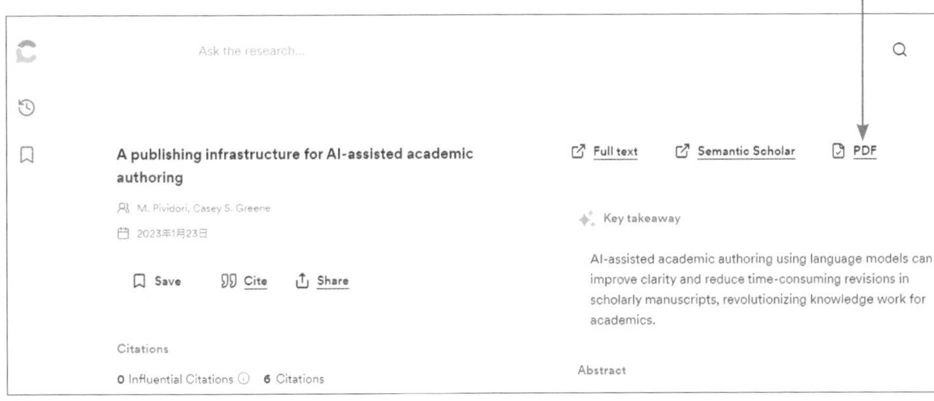

step 04 取得論文資料後，若想快速吸引裡面的重點，可以搬出前一節介紹的 AI PDF 機器人來幫忙：

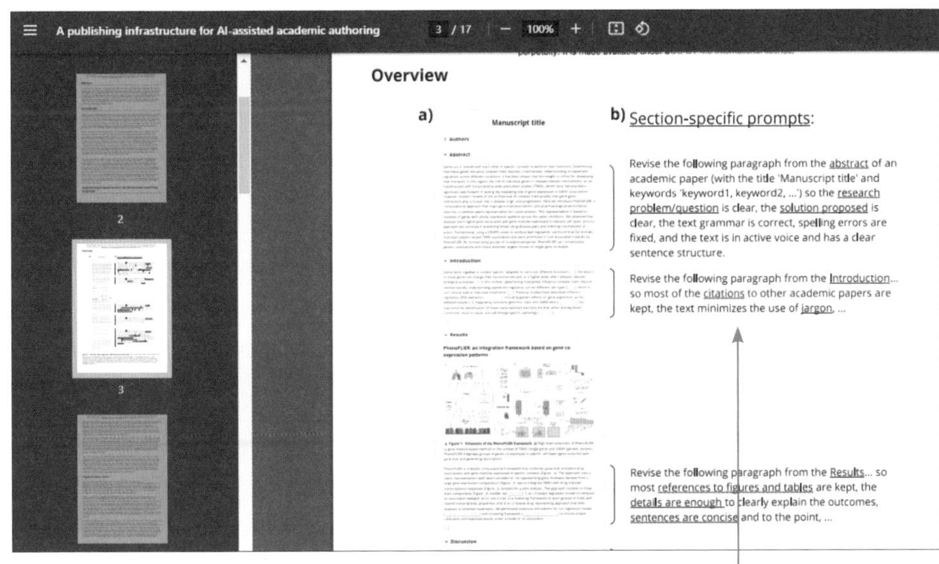

❶ 若不習慣閱讀英文資料，請 AI 幫忙讀最快

❷ 順利用前一節的 AI PDF 機器人摘要出重點，細節可以再繼續問它

主要摘要：

人工智慧協助學術寫作的出版基礎設施

這份手稿探討了如何利用具備先進自然語言處理能力的模型來減少撰寫和修訂學術手稿的時間。作者將大型語言模型整合到Manubot出版系統中，以提供學術文本的修訂建議。通過三個現有手稿的案例研究測試了這項基於AI的修訂工作流程，結果顯示這些模型能夠捕捉學術文本中的概念並產生高質量的修訂，提高了文本的清晰度。

引言

傳統學術寫作耗時且風格嚴謹，難以讓讀者快速掌握要點。近年來，計算能力和網際網路數據的廣泛可得性為擁有數十億參數的AI模型奠定了基礎，這些模型有潛力

6-9 其他好用的 GPT 機器人

本章最後也提供幾個相當好用的 GPT 機器人，有興趣的讀者可以自己試用看看。

名稱	功能描述
Image Generator	生成和修正圖像的 GPT 工具，具有專業且友好的語氣
Write For Me	撰寫文案專用
Scholar GPT	輕鬆訪問 Google Scholar、PubMed、JSTOR、Arxiv 等論文網站
Canva	可以輕鬆設計任何東西：投影片、LOGO、社群網站貼文等 (見第 7 章)
VEED.IO	剪輯影片 (見第 7 章)
AskTheCode	串接 GitHub，讓 ChatGPT 變成程式碼大師
Tutory	萬能導師，協助進行課程規劃
Diagrams: Show Me	建立流程圖、思維導圖、UML 圖表、工作流程…等 (見第 11 章)

當然, 也可以多參考 GPT 商店的官方排名來選用：

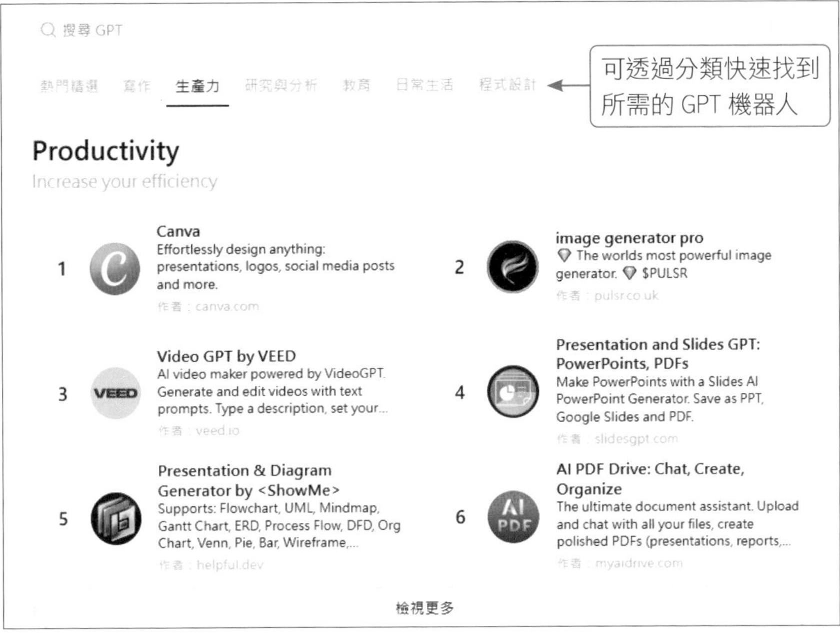

若覺得某個開發者上架的 GPT 機器人很好用, 表示其客製化功力不錯, 滑到最底下也可以看到他其他的開發項目

MEMO

ChatGPT 和它的影音生成小夥伴

第 6 章介紹了關於 GPT 機器人的基本使用方式, 以及可以簡化辦公室文書工作的各種小幫手, 接下來要介紹的是與影音相關的各種 GPT。從熱門的 DALL-E 生圖、到工作與日常社群貼文都很方便的 Canva、剪輯影片用的 VEED.IO, 這些都可以在 GPT 商店找到專屬的 GPT 機器人。

7-1 最會溝通的 AI 繪圖 - DALL-E

DALL-E 是 OpenAI 開發的生圖模型，目前最新版本為 DALL-E 3，由於有 ChatGPT 強大的理解力加持，DALL-E 應該是最好「溝通」的 AI 繪圖服務，除了沒有語言的隔閡之外，使用者可以用口語的方式要求它生圖，不需要學會輸入特定格式的 Prompt 指令，使用起來非常簡單。

目前 ChatGPT 有2種方式可以生成圖片，一種是直接在對話框輸入，另一種是從 GPT 商店使用 DALL-E 機器人。

從對話框生成圖片

現在直接在 ChatGPT 的對話框就可以生圖，只要提示中有明確提到要生圖、繪畫或是照片/圖片之類的關鍵字，ChatGPT 就會自行使用 DALL-E 來生成圖片，一次會生成一張圖：

生成風景畫

將游標移至圖片上方會出現下載圖示，點選即可下載

已為您生成風景畫！這幅畫展現了一條蜿蜒的河流流經翠綠的山谷，周圍環繞著雄偉的山脈，夕陽餘暉為畫面增添了溫暖的金色光芒。畫中還包括一座木橋橫跨河流、一個舒適的小木屋坐落在河岸邊，以及前景中點綴的幾朵野花。希望您喜歡！

如果不滿意可以請 ChatGPT 重新生圖，而且不用再次完整描述，只要簡單說明要修改的地方即可。

請把時間改成早上

這是您所要求的早晨風景畫版本！畫面呈現了清晨的陽光，為山谷和河流帶來了清新而明亮的氣氛。希望您喜歡這個晨間的意境！

▲ 雖然有依照指示進行修改，構圖整體上相似，但還是可以看出與原圖有差異

雖然 ChatGPT 會記得你之前的 Prompt，但並不是真的從前一張圖進行修改，實際上還是重新生圖，因此細節會和原圖有所差異。

使用 DALL-E 機器人

若要比較完整的生圖功能，建議還是使用 DALL-E 的 GPT 機器人。首先從 ChatGPT 的側邊欄位進入 GPT 商店的頁面，找到由官方製作的機器人，選擇 DALL-E：

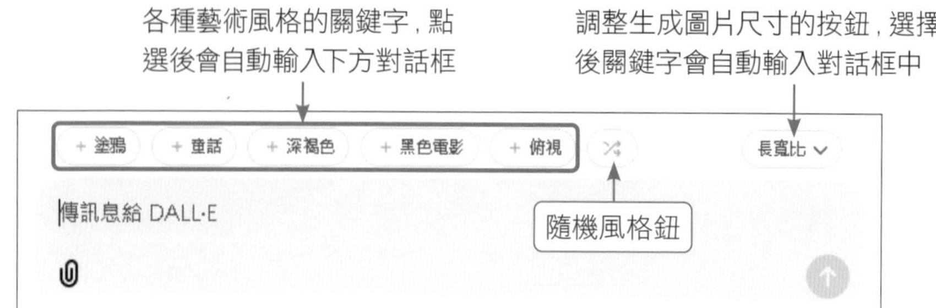

▲ DALL-E GPT 的對話框上方多了一些關鍵字和功能鈕

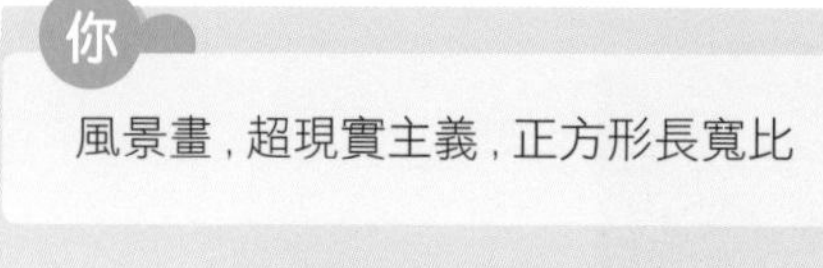

▲ DALL-E 機器人預設會一次生成 2 張圖

如果對生成的圖片不滿意，可以用 Prompt 提出希望改進的部分，要求 DALL-E 進行修改，只是這種修改方式同樣會讓 DALL-E 重新生成一張新的圖：

這裡是添加了飛船的超現實主義風景畫作品，充滿奇幻與夢幻的氛圍。如有其他需求或想法，隨時告訴我！

▲ 雖然有加上浮空的船，但構圖明顯有差異

此外，DALL-E 對話框上方的建議關鍵字，可以協助使用者快速更改圖片風格，也可以改變新圖尺寸，例如筆者點選了**極簡**風格，並將尺寸修改成**寬螢幕長寬比**：

TIP

為了避免使用者生圖太頻繁, 增加網站負荷, 因此生圖有頻率限制。當生成圖片太過頻繁時, ChatGPT 會出現提示訊息, 表示達到限制次數, 要求使用者稍微等個幾分鐘後再進行生圖。

局部修圖工具

前面提到由 Prompt 指示 ChatGPT 修改圖片, 只會重新生成, 並無法真的進行修圖。而這個問題可以透過 DALL-E 機器人的編輯功能來改善, 除了會顯示生成圖片的 Prompt, 還有選取工具方便使用者進行局部修圖:

▲ 點擊選取工具後, 就可以直接用游標畫出要修改的區域

加上太陽

▲ DALL-E 產生的新圖片除了修改的部分之外, 其他皆與原圖片相同

與生圖時相同, 由於 AI 生成具有隨機性, 因此即使能夠對圖片進行局部修改, 還是有可能會遇到修改後產生的圖不如預期的問題, 但是請勿修改上圖輸入的 Prompt, 這樣會失去在圖上選取的區域, 會變成跟之前一樣重新生成一張新的圖：

▲ 修改 Prompt 後, 對話框上方的選取範圍消失, 並生成了新圖片

DALL-E 的修圖功能無法做細節調整, 因此比較適合極小範圍的局部生圖, 如果要修改的範圍較大, 例如更換整幅圖的季節性, 或反覆修改幾次都沒有出現預期中的結果時, 建議重新生圖的效果會比較好。

7-2 幫你自動完成 Canva 設計草稿

Canva 是一個超容易上手的線上設計平台, 每個人都能運用自己的創意製作出作品。在 ChatGPT 推出 GPT 商店後, Canva 也上架了 GPT 機器人協助使用者進行創作, 不論你是對設計零經驗的新手還是專業人士, 在 ChatGPT 強大的創意發想協助下, 加上 Canva 所提供的圖片和字體等大量素材, 都能輕鬆製作出獨一無二的作品, 不需要再對著白紙苦惱沒有想法了。

使用 Canva 機器人

首先從 ChatGPT 的側邊欄位進入 GPT 商店的頁面，利用商店上方的搜尋輸入 **Canva**，找到由 Canva 官方製作的機器人：

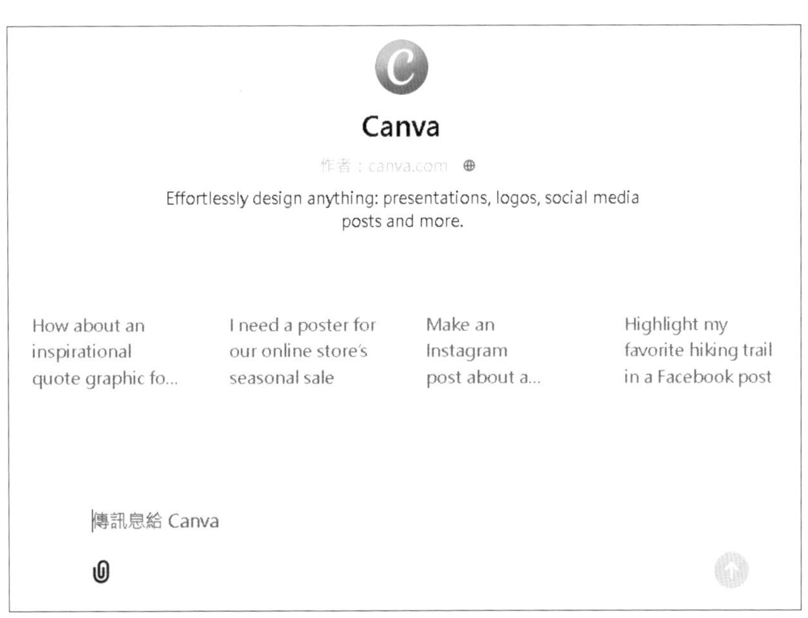

接著筆者要求 Canva 機器人製作一支影片，在收到使用者的要求後，機器人會回到 Canva 網站找尋相關素材，再將找到的結果呈現，以下我們會以生成一個產品介紹的影片為例進行示範：

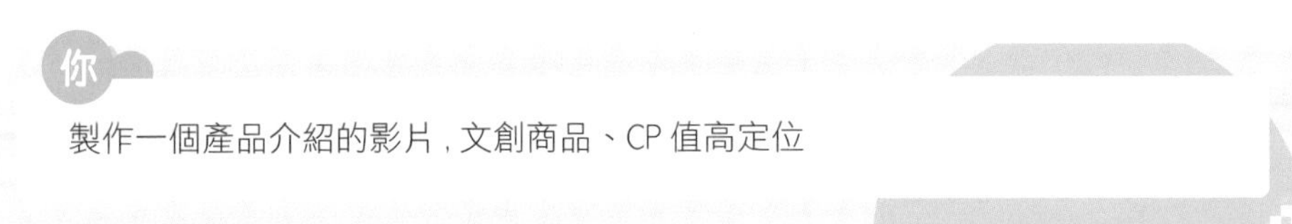

Canva 想與 chatgpt-plugin.canva.com 交談
允許 永遠允許 拒絕
⚠ 只允許你信任的網站。

❶ 會連線至 Canva 網站進行處理，基於安全性，需按此同意授權許可

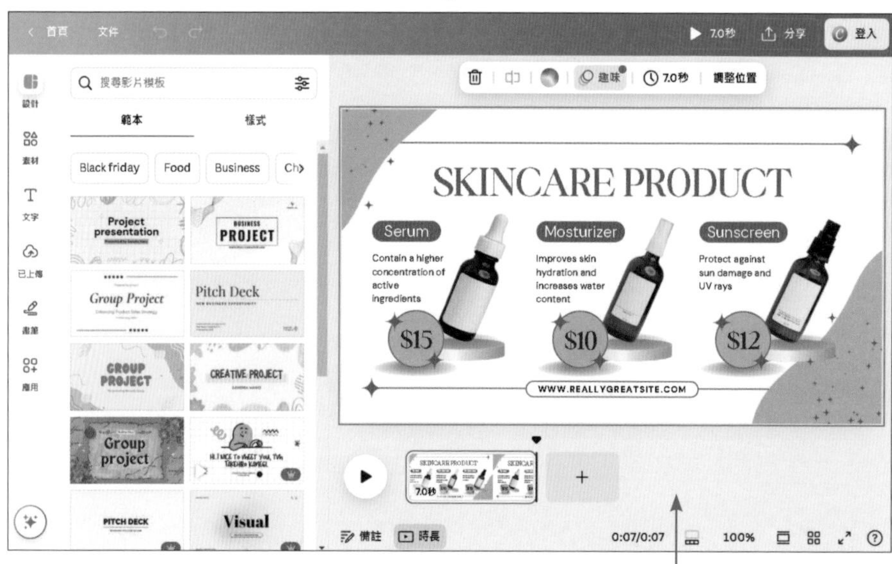

❹ 可在 Canva 中檢視初步生成結果，並進行修改

Canva 的基本操作

筆者會稍微介紹一些 Canva 介面的使用方式，如同前面所述，Canva 的使用介面採取簡潔明瞭的設計，即使對 Canva 不熟的讀者也不用擔心。

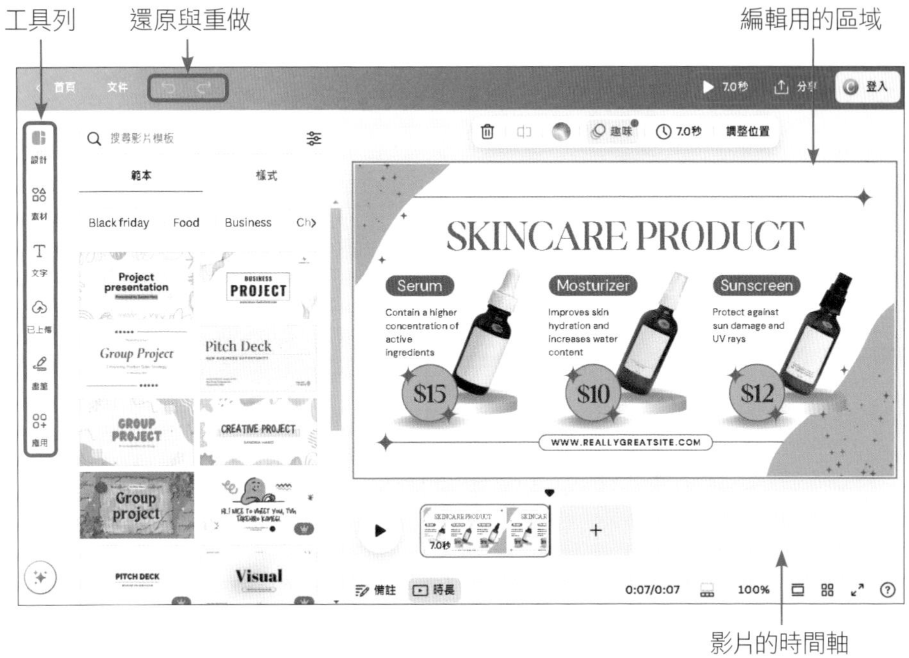

Canva 的素材種類很多, 我們以現在的模板來進行示範。首先是添加裝飾用的物件, 從左側工具列直接把要使用的素材拖至編輯區域內, 即可新增或替換內容。

下方的時間軸也能進行一些設定：

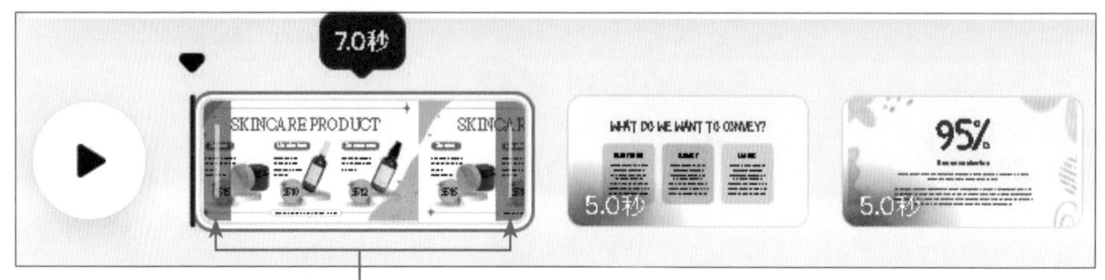

❹ 將游標放到兩端，出現此圖示時按著滑鼠左鍵移動即可調整影片時間長度

❺ 點擊 + 可以新增下一個場景，預設時長是 5 秒

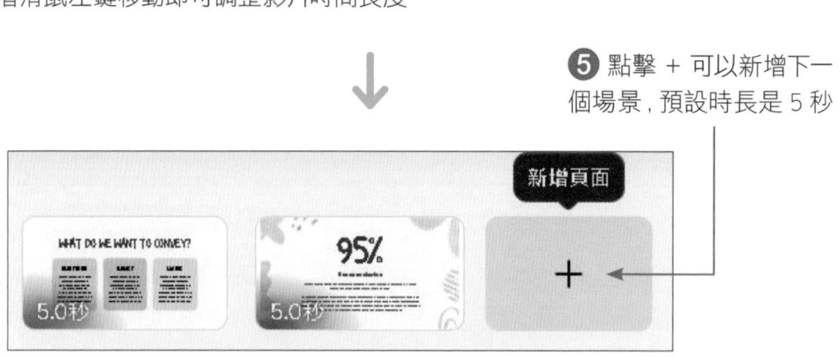

▲ 新影片會延用前一個的背景，如果想換成別的模板，直接將想要的模板拖至 + 處即可

❻ 想要調整順序時也是用滑鼠按住直接拖移，就能調換位置

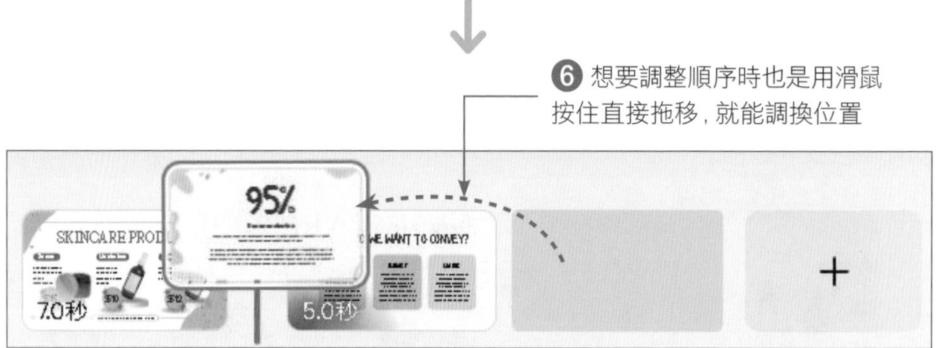

❽ 選擇效果讓切換不同場景的畫面呈現不會太突兀

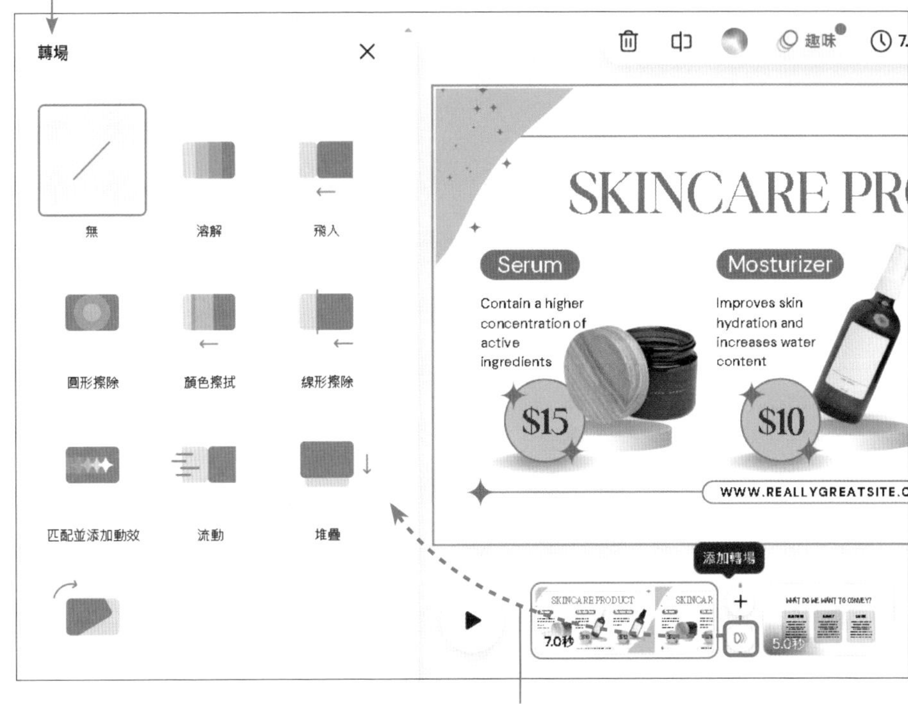

❼ 將游標移至 2 個影片中間可以開啟轉場動畫的設定

TIP

因為 Canva 有提供非常多不同種類的模板，如果下方沒有出現時間軸的話，點選下方的**時長**切換模式，就可以看到時間軸。

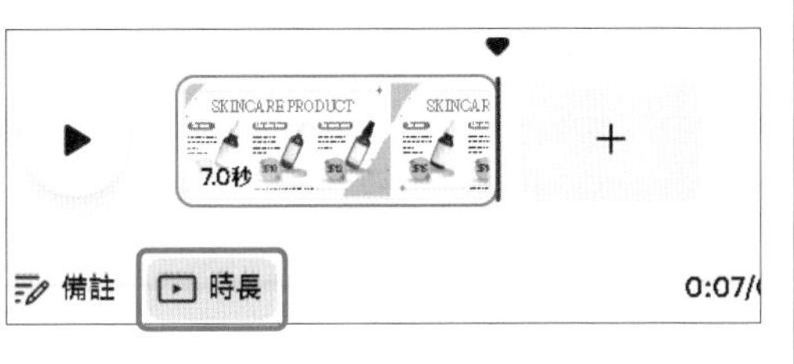

由於 Canva 是採用自動存檔的方式，因此使用者做出任何變更都會被即時儲存下來，不會因為忘了存檔導致檔案遺失，需要重頭開始再來一次。但完成後，不論是要下載影片還是分享都需要用有帳號才行。

影片完成後，請先按此播放，確認一下剛剛編輯後的效果如何，再點選旁邊的**分享**會出現選單，選擇**下載**或**分享**

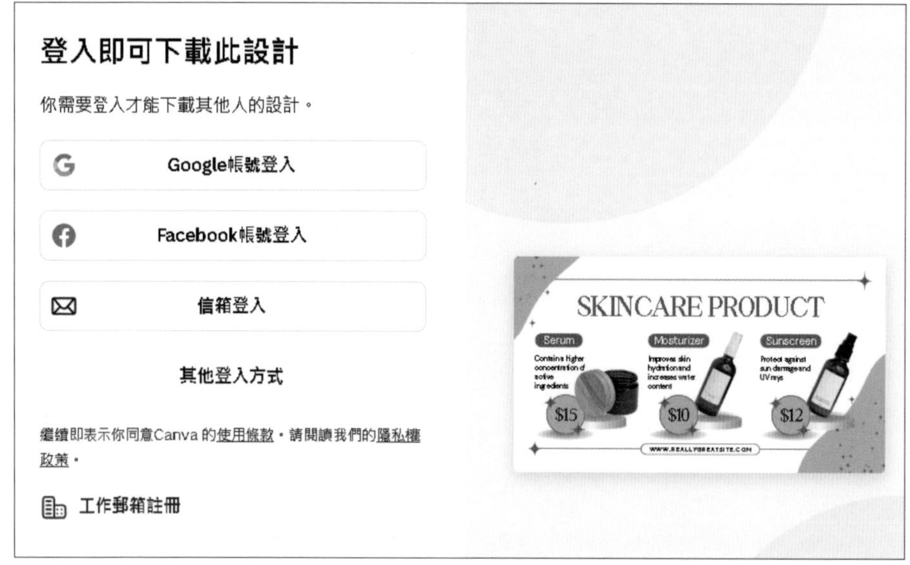

▲ 此處可以使用 Google 登入建立帳號，輕鬆將成果保存下來

7-3 VEED.IO 影音自動生成超速成

接下來要介紹的是由線上影片編輯平台 VEED.IO 所推出的 GPT 機器人：Video GPT。一般製作影片需要整合各種不同的多媒體素材，光找素材就要花不少時間，善用 GPT 機器人可以幫你快速找尋符合的內容，大幅縮減製作時間。

使用 Video GPT 機器人

以下筆者會示範使用方式，請到 GPT 商店中的生產力分類中，點選 Video GPT by VEED：

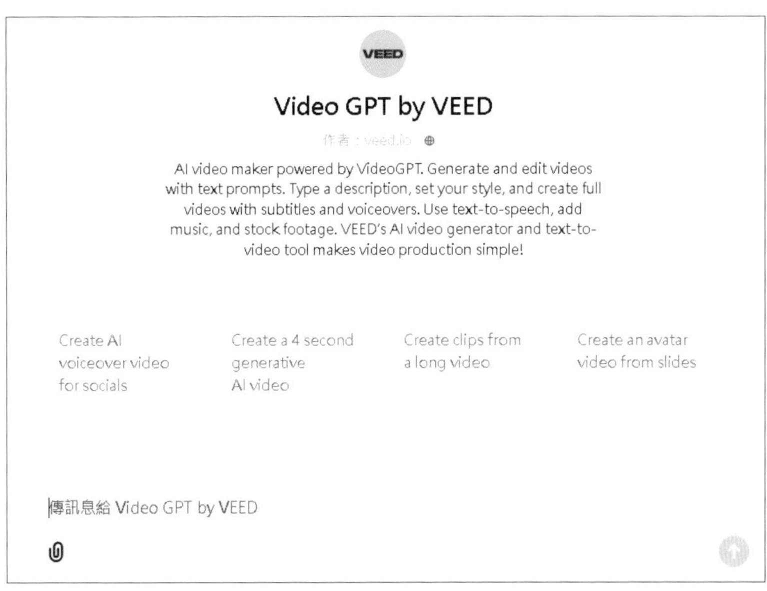

因為是建立在 ChatGPT 上，所以可以直接輸入中文跟機器人溝通，根據筆者的實測，建議要求 Video GPT 製作英文腳本，雖然後續可能會需要多一個翻譯的步驟，但由於 VEED.IO 還沒有完全支援繁體中文，可能會出現把中文換成羅馬拼音，並把羅馬拼音當成英文唸出來的可怕錯誤。目前最不容易

出錯的方式是在確認腳本沒問題後，請 Video GPT 先翻譯成英文進行製作，最後用 VEED.IO 提供的字幕翻譯功能，將腳本轉換成繁體中文，或直接生成英文腳本。

你

我想製作推廣新產品藍芽耳機的影片，使用 AI 虛擬頭像，請用繁體中文回答，並生成英文腳本

接著 Video GPT 會開始製作腳本，並詢問使用者是否滿意目前的腳本：

Video GPT

好的！以下是一個針對藍牙耳機的 20 秒推廣影片腳本，主要強調其音質和便捷性：

腳本（英文版）：

Immerse yourself in premium sound with our new wireless earbuds. Experience crystal-clear audio, enhanced bass, and noise cancellation for uninterrupted listening. With long-lasting battery life and seamless connectivity, they're perfect for work, workouts, and everything in between. Redefine your listening experience today!

這段腳本估計約 20 秒的影片長度。

如果這樣的內容符合您的需求，請回覆 Continue；若有其他需要調整的部分，隨時告訴我！

在確認腳本內容後，Video GPT 會開始製作影片，由於需要將你的需求傳回到 VEED.IO 網站處理，同樣基於安全性會需要使用者許可，沒有許可或拒絕連線將無法製作影片。

VEED

您的影片專案已準備好生成！

點擊此處查看並編輯您的影片

❷ 點擊影片或上方連結會移至 VEED.IO 的影片編輯頁面

您的影片是否還需要一些調整？您可以輕鬆將生成的影片載入 VEED 編輯器進行最後的潤色。

- 編輯、設計並動畫化字幕
- 將影片翻譯成超過 120 種語言
- 克隆您的聲音以輕鬆添加語音旁白
- 使用 AI 虛擬頭像

以及更多功能！

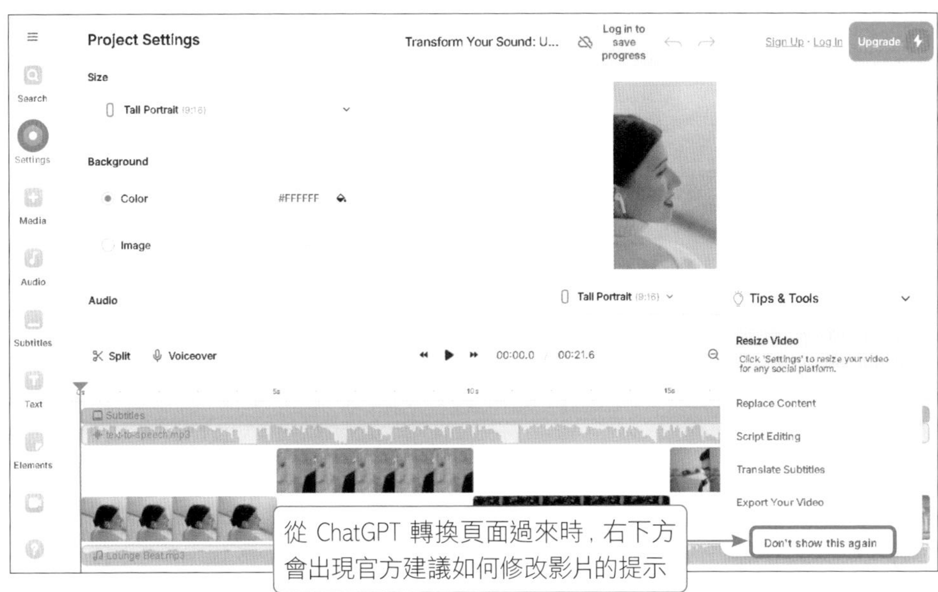

大致瀏覽過內容後，如果大方向都符合你的需求，可以接續進行微調，如果完全不是你要的，可以請 VIDEO GPT 重新生成，它會根據你先前的指示，或者融合你新增的要求，重新產生新的影片。

TIP

在點擊 VEED.IO 生成的影片連結時，網頁會切換成 VEED.IO 的頁面，如果此時出現錯誤訊息，表示此裝置不支援時，可以到瀏覽器的設定畫面開啟**使用圖形加速功能**，讓 VEED.IO 的網頁能順利運作，如果上述方式無法解決，依舊出現裝置不支援的錯誤時，換一個裝置登入也是一個解決方法。

VEED.IO 的基本操作

下面筆者會簡單介紹一下 VEED.IO 的介面，讓讀者有個著手的方向：

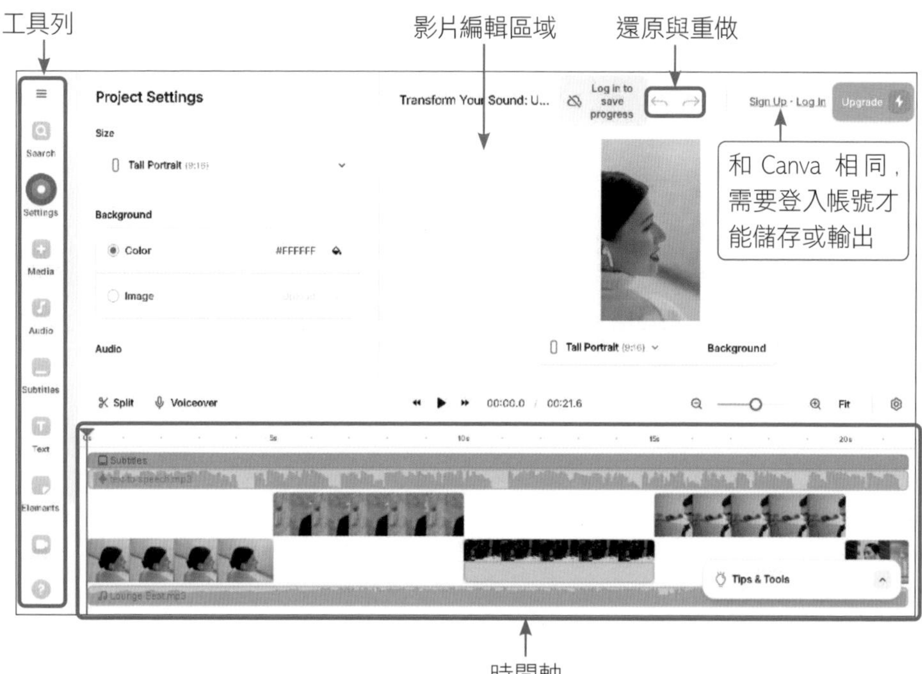

如果想更換影片中出現的素材，可以從工具列 Media 的分類中，尋找覺得更適合的進行替換：

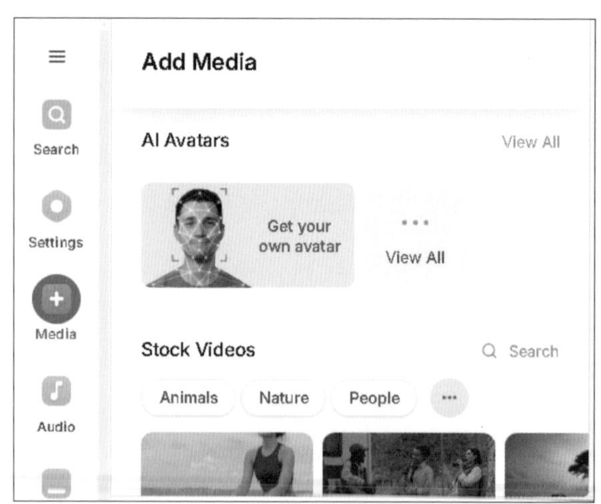

▲ AI 虛擬頭像也在此分類中

另外一個會需要調整的是字幕, 雖然在使用 GPT 機器人時, 能用繁體中文對答, 但切換至 VEED.IO 字幕就會有變成英文或簡體中文的問題, 而前面也建議最好使用英文腳本比較不會出錯, 所以需要轉換字幕的語言：

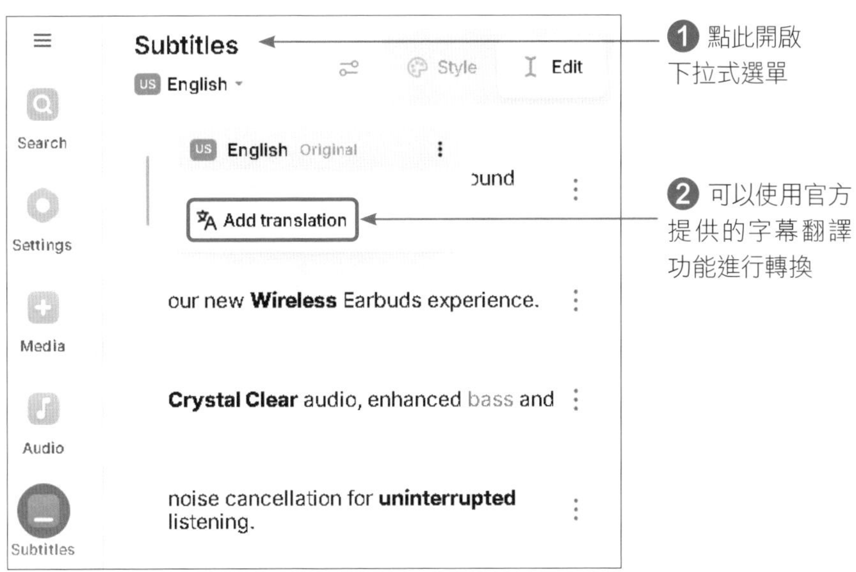

VEED.IO 也是採用自動存檔的方式, 因此使用者可以專心製作, 檔案不會因為忘記存檔而消失。完成後就可以直接輸出：

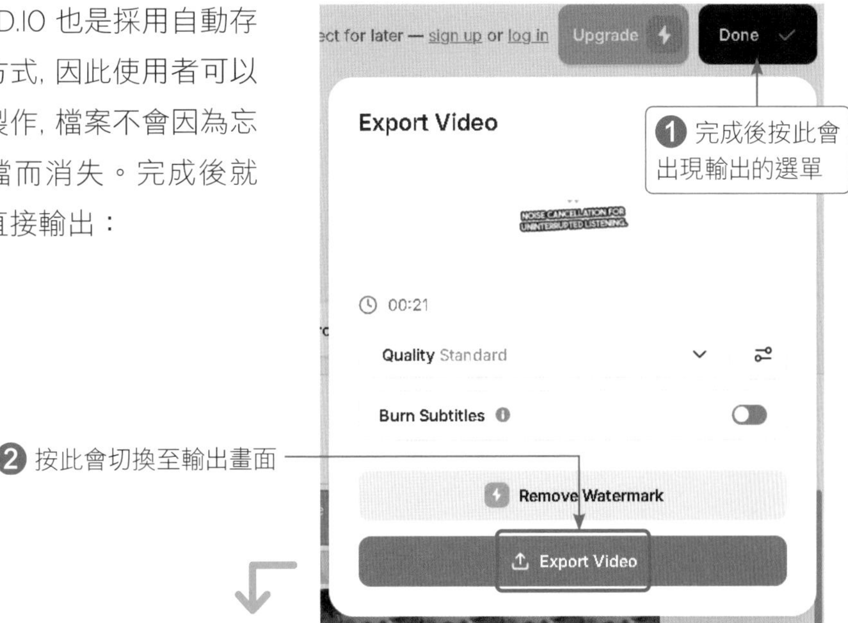

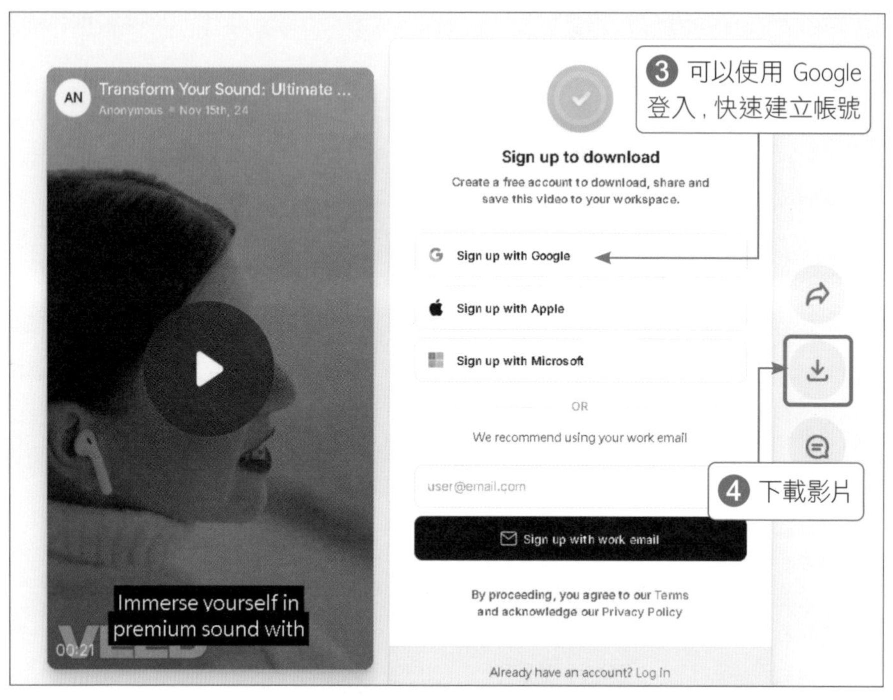

▲ 影片輸出完成後，同樣要登入 VEED.IO 帳號才能進行分享或下載

7-4 音樂歌曲生成機器人 - Song Maker

前面介紹了關於影片的 GPT 機器人，現在要來介紹關於音樂的機器人：Song Maker。這個機器人會以基本的樂理為基礎，幫你創作音樂或歌曲，還可以幫忙寫歌詞和設計專輯封面。

創意音樂生成

一般在進行影音應用時，可用的音樂素材通常很有限，因此很容易就使用到跟別人一樣的配樂，有了 Song Maker 的幫助，就可以生成獨一無二的配樂或歌曲，不怕跟別人「撞歌」。

請到 GPT 商店中的日常生活分類中, 點選 Song Maker：

有一陣子社群上流行用 Emoji 表情符號來看圖說故事, 此處就可以利用 ChatGPT 強大的文字表達能力, 讓 Song Maker 自行解讀表情符號的意涵, 然後再據此依序生成符合情境的音樂、歌詞和專輯封面。

這是 Song Maker 的預設範例, 或者你也可以參考以下 Prompt 自行修改：

Song Maker 會先寫出歌名、曲風、使用樂器和歌詞, 由於整首歌的歌詞有點長, 因此這裡只放 Song Maker 生成的部分歌詞：

Song Maker

歌名：《魔法之殿》

曲風：搖滾

氛圍：神秘且史詩般

樂器選擇：電吉他、貝斯、鼓、鍵盤（營造管弦樂氣氛）

歌詞節奏密度：

主歌：每小節 8 個音節

副歌：每小節 12 個音節

歌詞：

Intro

(Whispered)

Books of spells, a wizard’s cry,

Shadows move where secrets lie.

Verse 1

The storm cracks loud, the skies ignite,

A wizard stands in the moonlit night.

Owl on his shoulder, a staff in hand,

He’s bound to fight, to take a stand.

Pre-Chorus

The snake's hiss echoes down the hall,

A clash of swords, the rise, the fall.

Chorus

Magic in the halls, hear the thunder call,

Cloaks and hats, we’ll face it all.

The books light up, ancient secrets show,

Through the fire, we’ll let it glow.

如果有想修改的部分，將要求輸入對話框，Song Maker 就會針對輸入的內容進行修改，若是對目前生成出的曲名和歌詞等沒有想修改的地方，可以請 Song Maker 進行下一步的規劃：

Song Maker

伴奏規劃

曲風與結構：

搖滾風格，帶有神秘感和史詩氛圍。

結構：前奏 (Intro) → 主歌 (Verse) → 副歌 (Chorus) → 主歌 (Verse) → 副歌 (Chorus) → 間奏 (Bridge) → 最終副歌 (Final Chorus) → 尾聲 (Outro)。

樂器選擇與音色：

電吉他（主旋律）：帶有失真效果，呈現激烈與深沉感。

貝斯（和聲支撐）：提供低音的深度，使用簡單的八分音符模式。

鼓組（節奏）：採用強烈的搖滾節奏，間奏部分加入雙踩效果。

鍵盤（氣氛）：模擬管弦樂的弦樂音色，營造神秘與壯麗感。

和弦進行：

主歌：Am - F - G - Em

副歌：C - G - Am - F

間奏：F - G - Am - Em

節奏密度與旋律設計：

主旋律（電吉他）：在和弦基礎上，使用帶有小音階音符的動機設計，例如 Am 和弦下的 A - C - E - G。

氣氛音效（鍵盤）：使用長音和弦，適時添加弦樂滑音提升張力。

等上述步驟使用者都確認後，Song Maker 才會開始生成 MIDI 和 MusicXML 的檔案：

生成的音樂檔案

音樂已經創作完成！這是專為《魔法之殿》設計的伴奏，您可以下載並欣賞：

🎵 **檔案下載：**

- MIDI 檔案
- MusicXML 檔案

您可以使用以下應用程式來播放或編輯 MIDI 檔案：

1. iOS/Mac App Store
2. Microsoft Store
3. Google Play Store (Beta)

請告訴我您對伴奏的感受！如果需要進一步修改或加入更多細節，我隨時樂意協助！

Song Maker 還會提供建議使用編輯 MIDI 檔案的軟體

由於 Song Maker 有包含 DALL-E 的功能，因此可以請它製作專輯封面，一首簡單的表情符號歌曲就完成了！

這是《魔法之殿》的專輯封面，充滿了神秘和史詩的氛圍！希望這個設計能傳遞出歌曲的魔法和冒險感。讓我知道您是否喜歡這個風格，或需要進一步調整！

當然也可以直接輸入想製作的主題, 要求 Song Maker 製作歌曲：

製作一首描述未來科技的歌

Song Maker

歌名：《超越地平線》

曲風：合成波 / 電子流行

氛圍：充滿希望、冒險與令人敬畏

樂器選擇：合成器、電子貝斯、電子鼓、琶音器, 加入一些機器人聲音效果

歌詞節奏密度：

主歌：每小節 6 個音節

副歌：每小節 8 個音節

歌詞：

Intro

(Spoken, with vocoder effect)

The future’s here, it’s calling.

A world rebuilt, evolving.

Verse 1

Circuits hum in neon streams,

Machines design their lucid dreams.

Skies of chrome, horizons bend,

A new dawn waits, it won’t pretend.

Pre-Chorus

Electric whispers light the way,

A brighter world beyond today.

→ 接下頁

Chorus

Beyond the horizon, the stars align,

Future' s a beacon, its pulse divine.

Through wires and code, our fate is spun,

Together, we' ll chase the rising sun.

後續要求生成 MIDI 會與製作表情符號歌曲時相同, 產生可以直接播放的檔案, 如果有不滿意的地方可以要求重新生成, 或使用建議的軟體進行修改。

7-5 影片生成工具 Sora

OpenAI 終於在 2024 年年底正式開放大家敲碗已久的 Sora 功能, 讓使用者可以透過文字或圖片請 AI 產生影片。目前 Sora 還沒有整合進 ChatGPT 中, 因此需要額外登入 Sora 網站, 但已經有 ChatGPT 帳號的使用者可以直接用 ChatGPT 帳號登入, 不需要再次進行註冊。

以下會示範如何登入 Sora：

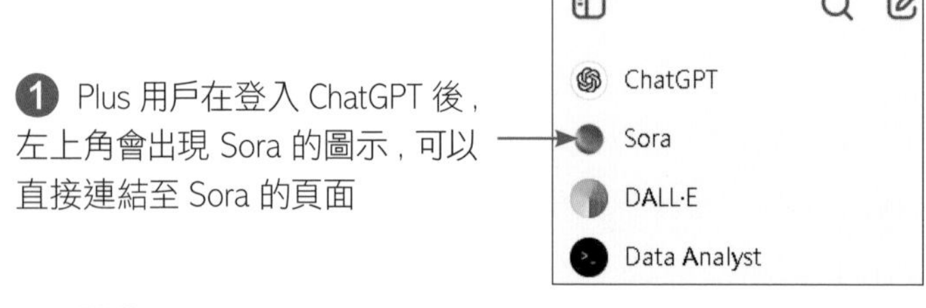

TIP

目前免費版不會出現 Sora 連結, 可以直接開啟瀏覽器進行搜尋。Sora 官網網址：https://openai.com/sora/

❷ 點此登入

❸ 筆者同樣使用 Google 帳號進行登入

▼ 成功登入後即可看到 Sora 的介面

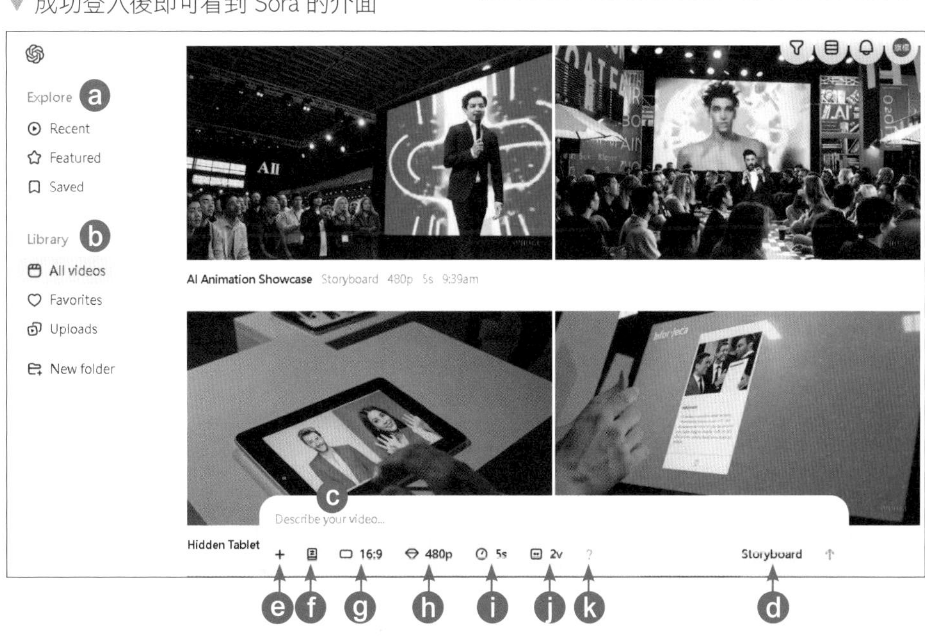

ⓐ 其他使用者生成的影片、精選，以及儲存的影片

ⓑ 使用者生成的影片、喜歡的影片和上傳的資料

ⓒ 輸入要生成的影片敘述

ⓓ 進階設定影片中的內容與時間順序

ⓔ 添加檔案

ⓕ 設定不同風格

ⓖ 設定影片的長寬比

ⓗ 設定畫質

ⓘ 生成的影片秒數

ⓙ 一次生成的影片數量

ⓚ 會提示依照這些設定生成影片需要的 credits

接下來筆者會示範如何生成影片，由於同樣是由 OpenAI 研發因此和 ChatGPT 相同，可以輸入口語化的中文讓 Sora 生成影片：

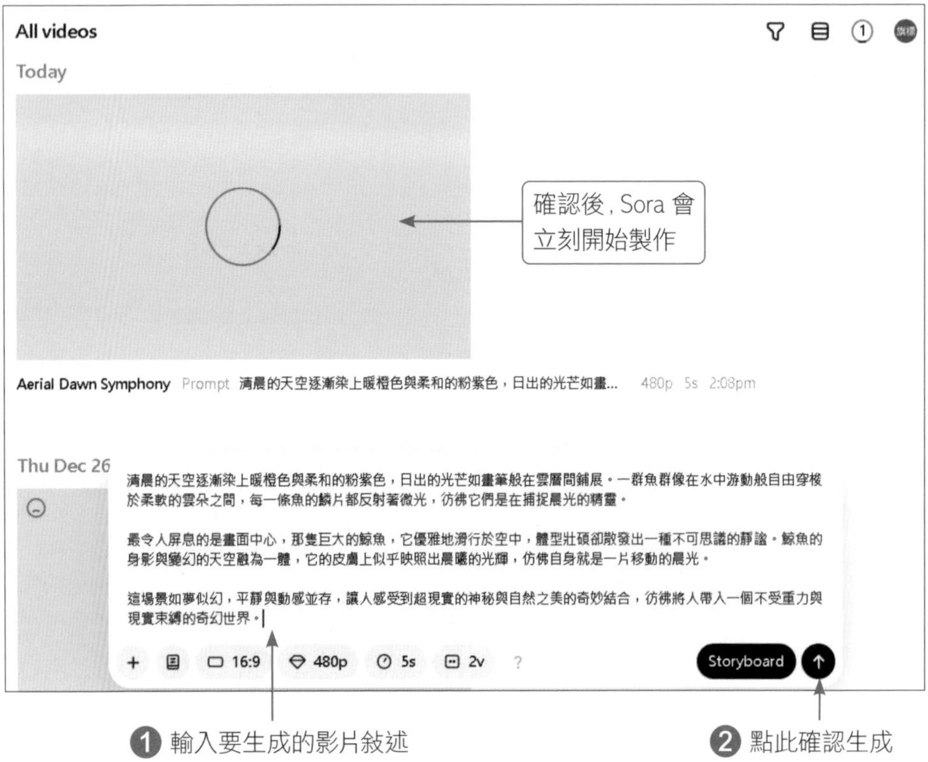

All videos

Today

確認後，Sora 會立刻開始製作

Aerial Dawn Symphony Prompt 清晨的天空逐漸染上暖橙色與柔和的粉紫色，日出的光芒如畫... 480p 5s 2:08pm

Thu Dec 26

清晨的天空逐漸染上暖橙色與柔和的粉紫色，日出的光芒如畫筆般在雲層間鋪展。一群魚群像在水中游動般自由穿梭於柔軟的雲朵之間，每一條魚的鱗片都反射著微光，彷彿它們是在捕捉晨光的精靈。

最令人屏息的是畫面中心，那隻巨大的鯨魚，它優雅地滑行於空中，體型壯碩卻散發出一種不可思議的靜謐。鯨魚的身影與變幻的天空融為一體，它的皮膚上似乎映照出晨曦的光輝，彷彿自身就是一片移動的晨光。

這場景如夢似幻，平靜與動感並存，讓人感受到超現實的神秘與自然之美的奇妙結合，彷彿將人帶入一個不受重力與現實束縛的奇幻世界。

+ 16:9 480p 5s 2v ? Storyboard

❶ 輸入要生成的影片敘述

❷ 點此確認生成

稍微等待一下，影片很快就會生成完畢：

▲ 生成的影片，游標移動到圖片上會開始播放影片，點擊則會放大展示該影片

Copilot & 擴充工具大全

Copilot 是由微軟 (Microsoft) 推出的一款人工智慧輔助工具, 用戶可以透過 Edge 瀏覽器使用 Copilot, 以聊天方式獲取整理過的資訊。此外, 它還內建強大的 DALL-E 3 模型, 能生成高品質圖片!

更值得一提的是, Copilot 可整合至 Microsoft 365、Outlook 和 Teams 等應用程式, 幫助用戶快速獲取所需資訊, 輕鬆完成各種複雜任務。

8-1 微軟 Copilot 介紹

微軟的 AI 轉型始於 Cortana 品牌的語音助理功能，目標是在 Windows 裝置上為用戶提供更智慧的互動體驗。然而，隨著 Amazon Alexa 和 Google Assistant 等競爭者的崛起，Cortana 的市場表現逐漸受到挑戰。2021 年，微軟開始重新審視其 AI 策略，決定逐步移除 Cortana 功能，並於之後宣布全面停止支援此服務。

在調整策略後，微軟將焦點轉向以提升生產力為核心的新 AI 工具，陸續推出了兩款以「Copilot」為名的人工智慧解決方案：

- **Microsoft Copilot（2022 年）**：一款整合於 Windows 11 的個人 AI 助理，致力於優化使用者操作體驗，從日常管理到系統操作提供全方位支援。
- **Microsoft 365 Copilot（2023 年）**：專為企業生產力套件設計的 AI 工具，聚焦於支援專業工作流程，如文件製作、數據分析及簡報設計。

這兩款 Copilot 工具分別針對個人與專業需求，展現微軟對不同用戶層次需求的精準把握。

值得一提的是，微軟與 OpenAI 的合作也在此過程中發揮了關鍵作用。自 2019 年起截至 2024 年 10 月底，微軟已投入 137.5 億美元支持 OpenAI，其中包含近期的 66 億美元融資。此外，微軟還成為 OpenAI 的專屬雲端服務供應商，並將其技術整合至 Copilot 工具中 (Copilot 背後就是使用了 GPT-4 模型)，進一步鞏固了雙方在人工智慧領域的深度夥伴關係。

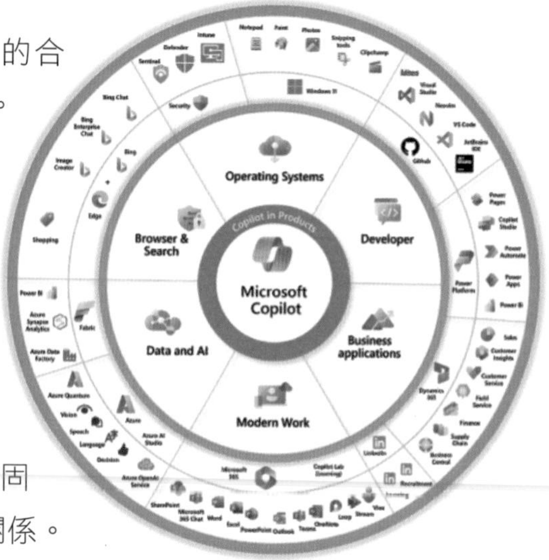

▲ Copilot 龐大的產品支系

Microsoft Copilot

Microsoft Copilot 是內建於 Windows 11 的個人生產力 AI 助理, 是 Cortana 的進化版。採用類似 Alexa 和 Siri 的對話式介面, 可透過語音指令、輸入文字或內建聊天工具啟用, 專注於提升家用電腦操作體驗。

核心功能有：快速調整暗 / 亮模式、字型大小與桌布等設定；利用 Snap Assist 快速排列視窗；整合截圖、裁切與註解工具；支援網頁摘要和自然語言查詢；結合 DALL-E 模型, 根據文字生成創意圖片或藝術作品等等。

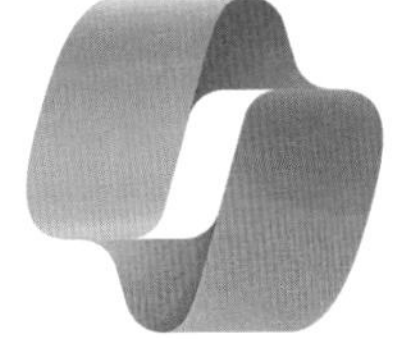

Microsoft Copilot logo

Microsoft 365 Copilot

不同於獨立運行的 Cortana, Microsoft 365 Copilot 完全內建於 Word、Excel、PowerPoint、Outlook、Teams 和 OneNote 等Microsoft 365 的應用中, 能在使用者日常使用的軟體中提供即時、上下文相關的協助。

核心功能包含：智慧文字編輯助手（Word）、數據分析與簡報輔助（Excel 與 PowerPoint）、郵件與會議摘要功能（Outlook、Teams）、自動化會議筆記（OneNote）等。

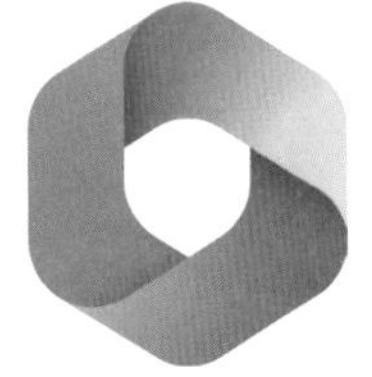

Microsoft 365 Copilot logo

要怎麼樣獲得 Microsoft 365 Copilot 的服務？

關於啟用 Microsoft 365 Copilot 的兩種方式：

1. **訂閱 Microsoft 365 並加購 Copilot：**需要先購買或訂閱 Microsoft 365 的以下方案之一：企業版、商務版、教育版、家用版或個人版。
    - 每個方案中可使用的 Microsoft 365 Copilot 功能範圍不同。
    - 企業版提供最完整的功能, 例如：智能業務聊天、Copilot Studio（客製化工具）與企業級安全整合功能。

2. **訂閱 Copilot Pro：**訂閱 Copilot Pro的用戶也可以使用 Microsoft 365 Copilot, 但是目前僅適用於網頁版的 Word、Excel、PowerPoint、Outlook 和 OneNote。

TIP

關於 Microsoft 365 Copilot 獲得條件, 官方有詳細說明 https://www.microsoft.com/zh-tw/microsoft-365/copilot/enterprise#FAQ

Copilot 方案比較

名稱	個人用戶 (個人版、家用版)		企業、組織用戶 (商務版、企業版、教育版)
	Copilot	Copilot Pro	Microsoft 365 Copilot
售價	免費	$USD 20 / 每人每月	$USD 30 / 每人每月
生成式問答功能	V	V	V
Copilot in Office (Word、Excel、PowerPoint、Outlook、Teams、OneNote)		V (僅限於 Web 版與部分應用程式)	V
Copilot in Teams			V

啟用 Copilot

2024 年 10 月大改版後, 網頁版 Copilot 的功能相較過去有所縮減。同時, 推出了類似 ChatGPT 進階語音對話功能的 Copilot Voice, 但目前僅限於英語系國家使用, 台灣用戶可能需要再等待一段時間才能體驗。

本章的應用將以 Copilot 網頁版（透過 Edge 瀏覽器）為主進行操作。請按照以下步驟啟用 Copilot。雖然無需登入即可使用 Copilot, 但登入後才能享有**查看對話紀錄**和**生成圖片**等進階功能。

```
https://copilot.microsoft.com/
```

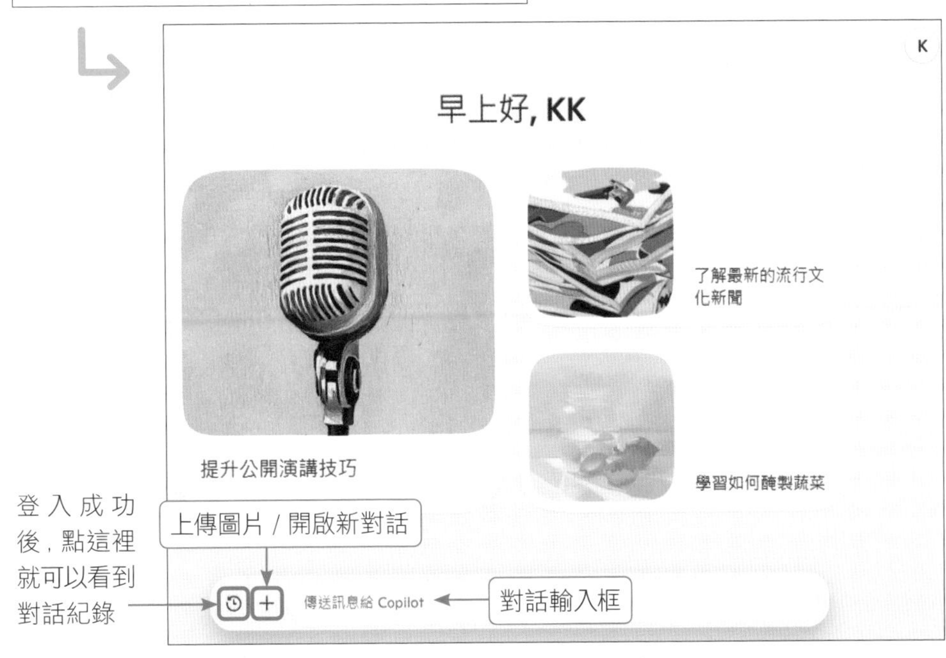

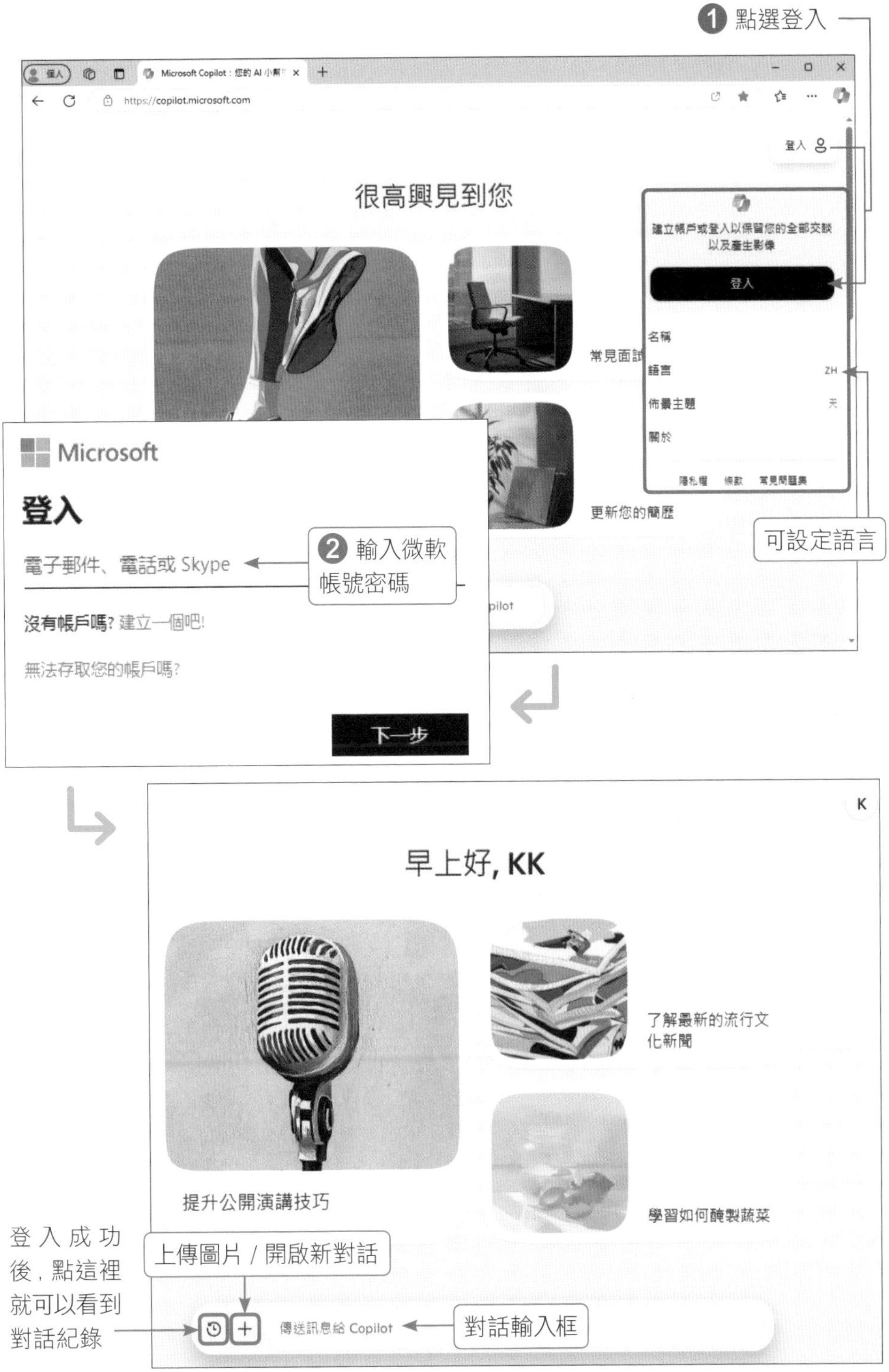

1 點選登入
https://copilot.microsoft.com
登入
很高興見到您
建立帳戶或登入以保留您的全部交談以及產生影像
登入
名稱
語言
ZH
佈景主題
關於
常見面試
更新您的簡歷
可設定語言
Microsoft
登入
電子郵件、電話或 Skype
2 輸入微軟帳號密碼
沒有帳戶嗎? 建立一個吧!
無法存取您的帳戶嗎?
下一步
早上好, KK
了解最新的流行文化新聞
提升公開演講技巧
學習如何醃製蔬菜
登入成功後，點這裡就可以看到對話紀錄
上傳圖片 / 開啟新對話
傳送訊息給 Copilot
對話輸入框

8-2 Copilot 網頁應用

回答不受時間限制

Copilot 的一大特色是不限於時間的資訊來源, 能透過網路即時搜尋, 為你提供最新的資料。

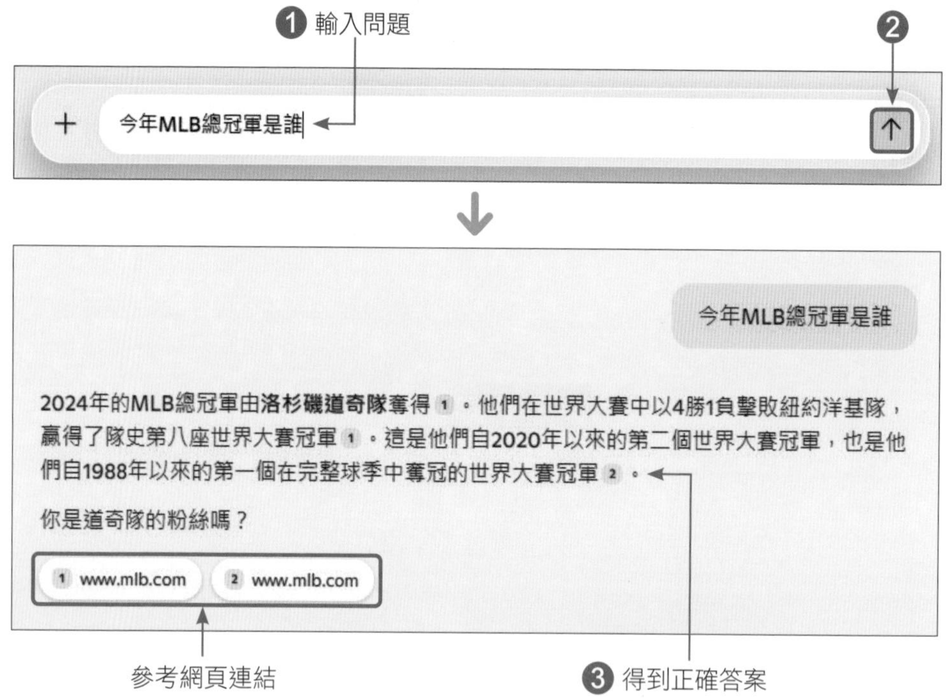

Copilot Daily：每天讀報給你聽

這項功能每天會為您精選當天的五則重要新聞, 並以 AI 語音進行朗讀播報。使用者需將 Copilot 的語言設定為英文, 才能啟用該功能。

❶ 點擊右上角頭貼

❷ 語言設定改成英文 (EN)

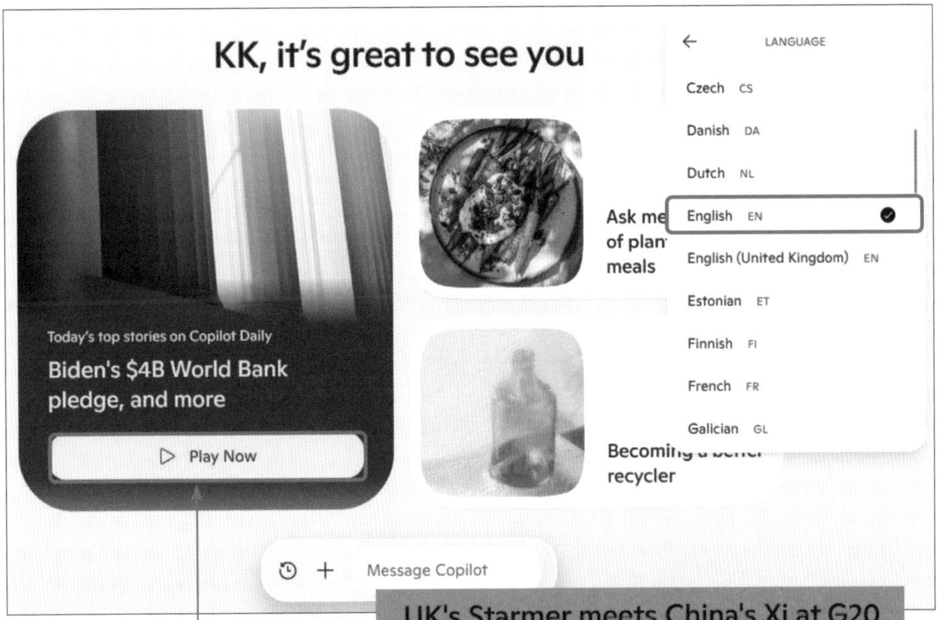

❸ 將語言切換為英文後，主頁左側會出現 Copilot Daily 區塊，點擊 Play Now 即可播放

這裡可以設定人聲的類型

開始播放人聲，總共有五則新聞

跳到下一則新聞

8-3 Copilot 側邊欄應用

Copilot 網頁版被「瘦身」後移除的功能（如三種聊天人格與製作圖表），目前仍可在 Edge 瀏覽器的側邊欄中使用。筆者經過測試後發現，側邊欄中的 Copilot 搜尋功能，比網頁版的 Copilot 搜尋結果更為精準。以搜尋「勞動部」為例，兩者的回應品質存在明顯差距。因此，目前更推薦大家使用 Edge 側邊欄版本的 Copilot。

側邊欄的功能包括**查詢即時資料、讀取網址內容、撰寫文件、製作圖表及生成圖片等**。由於這些功能的操作方式與 ChatGPT 相似，本書將不再逐一示範，僅針對亮點功能進行介紹。

Copilot 網頁版：只有籠統的英文釋義

Copilot 側邊欄：給出精確的解釋

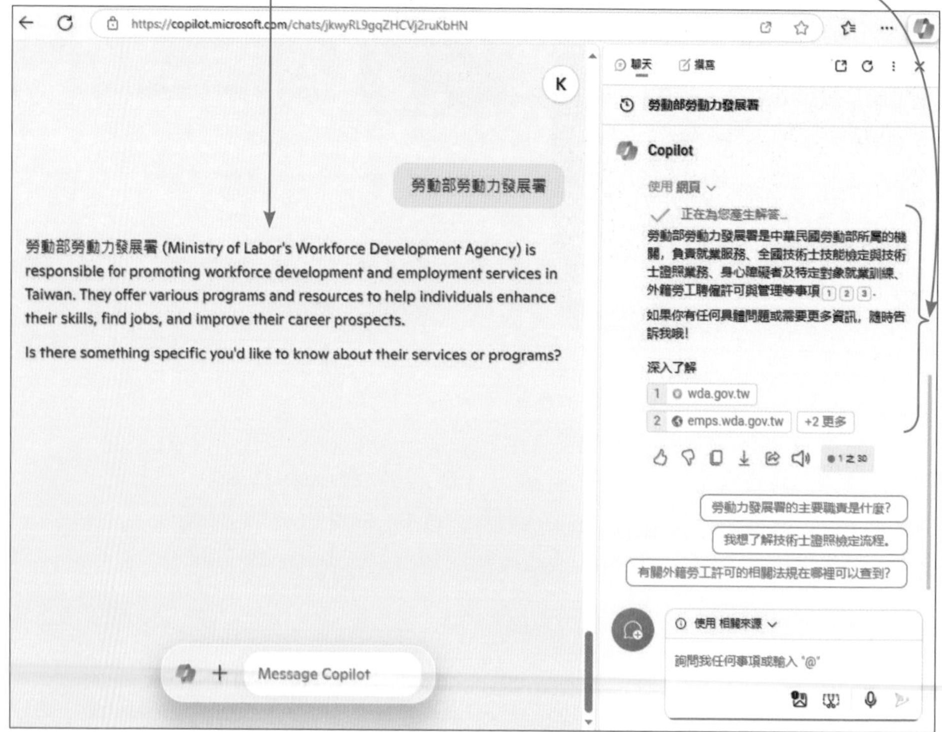

開啟側邊欄

在 Edge 瀏覽器中，點選右上方的標誌，就會打開側邊欄進入 Copilot。

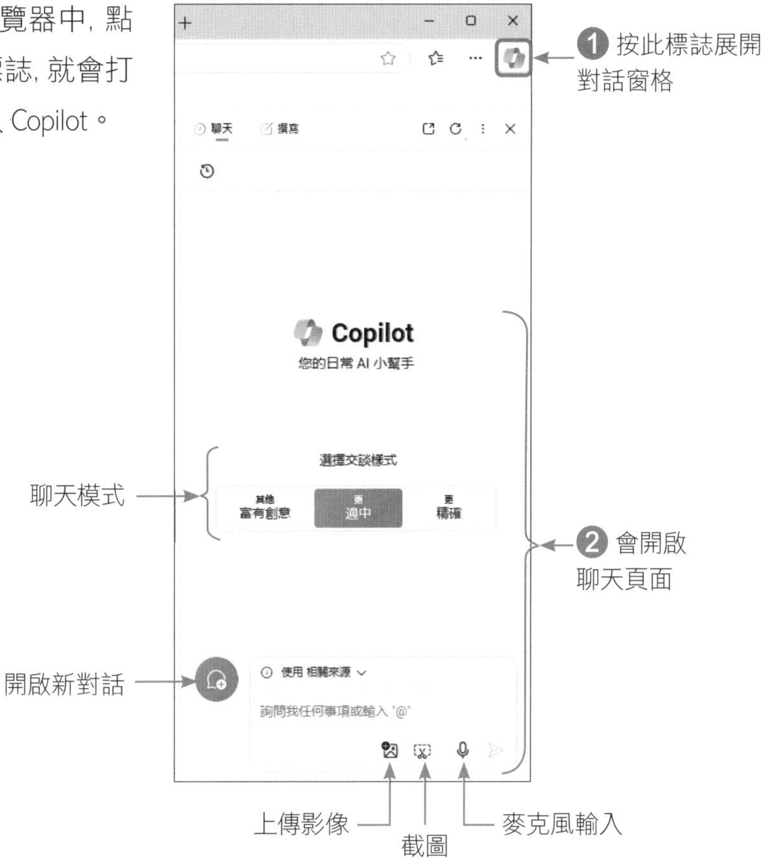

❶ 按此標誌展開對話窗格

❷ 會開啟聊天頁面

聊天模式

開啟新對話

上傳影像

截圖

麥克風輸入

三種聊天人格

Copilot 可以選擇交談樣式，其實就像是三種不同人格的聊天機器人，頁面也會隨樣式而變化色彩。

樣式	頁面顏色	特色	使用情境
富有創意	紫色	會長篇大論盡情發揮, 但是已經沒有像過去那麼放了	想要有創意、詳細的回覆
適中	藍色	提供比較四平八穩的回覆	一般情況
精確	綠色	提供精簡明確的答案	查事實或研究, 想要有正確性高的解答

側邊欄幫你寫文件

側邊欄窗格內的撰寫頁面, 可以讓你鍵入提示文字後幫忙產生文案。假設你正在使用 Gmail 草擬一篇邀請函, 就可以依照以下步驟操作：

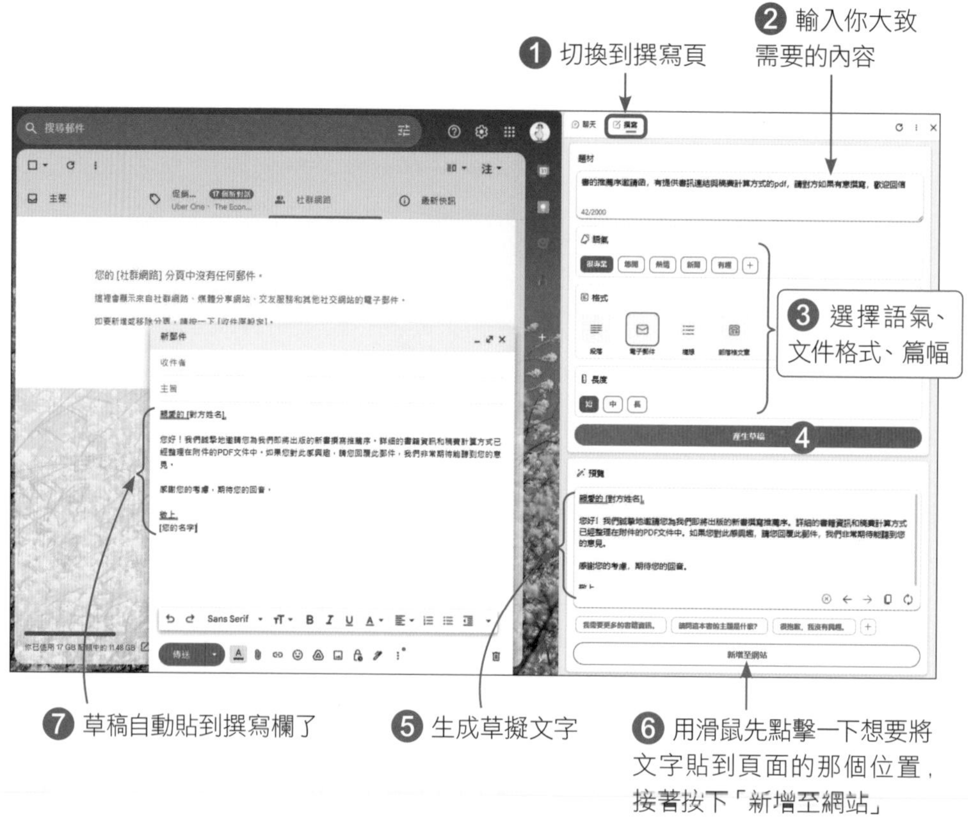

8-4 Copilot 影像建立工具

Copilot 有提供文字生圖的工具，稱為Copilot 影像建立工具，可以從你提供的提示文字產生圖，2023 / 9 / 22 微軟將底層模型升級成為 DALL-E 3，圖片的精細度和準確度都有了大大的提升。要特別提醒的是，這些 AI 產生的圖檔只能個人使用，不建議使用在商業用途喔！

使用 Copilot 影像建立工具有兩種方法。第一個是在生圖官方網站 (bing.com/create) 生成圖片，或是用 Copilot 對話框來生成。

❶ 連到 https://bing.com/create

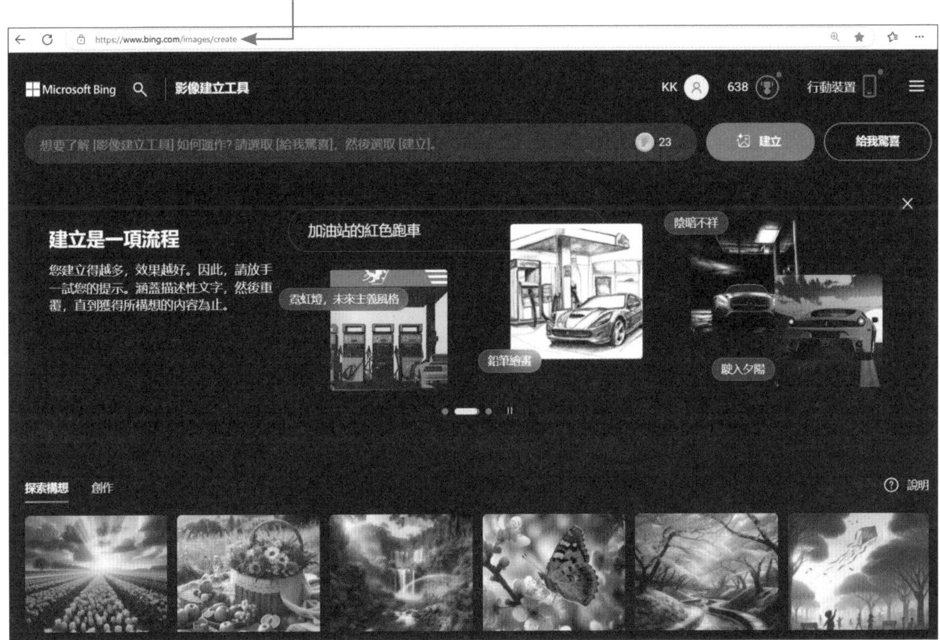

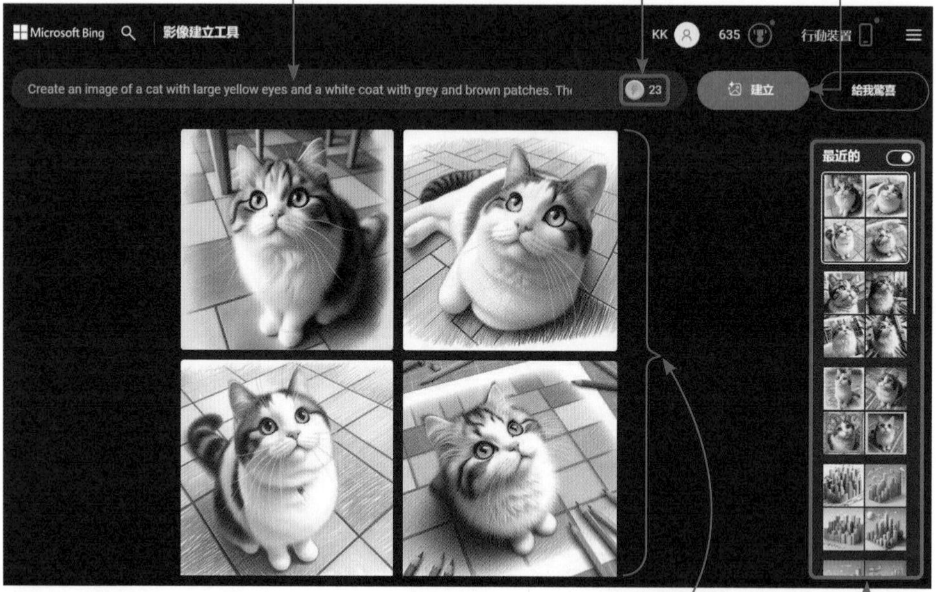

❷ 輸入提示文字（中英文皆可）
強化功能可以加快生圖，點數用完後生圖速度就會變慢
❸ 生圖
Microsoft Bing
影像建立工具
KK
635
行動裝置
Create an image of a cat with large yellow eyes and a white coat with grey and brown patches. Th
23
建立
給我驚喜
最近的
❹ 生成四張圖片
生圖紀錄

❺ 按此可以儲存影像到集錦區
已儲存
儲存到 收藏
已儲存的影像
建立新集錦

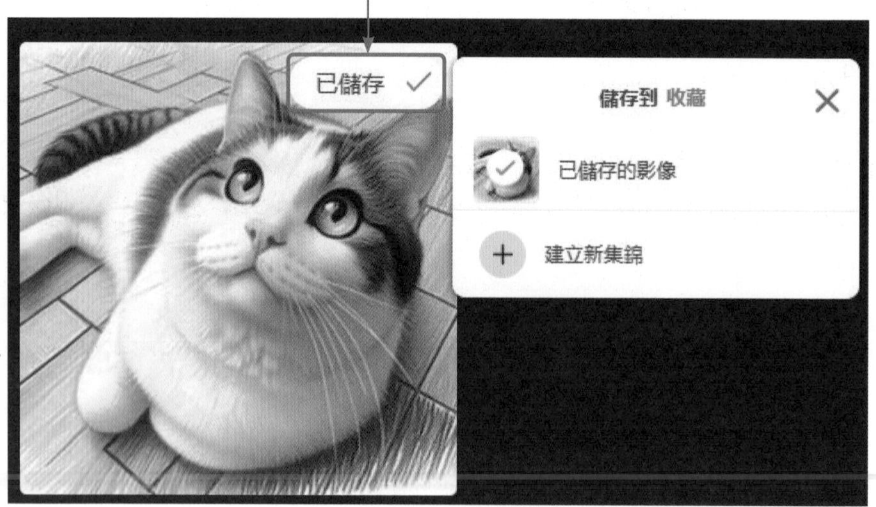

尋找儲存的圖片

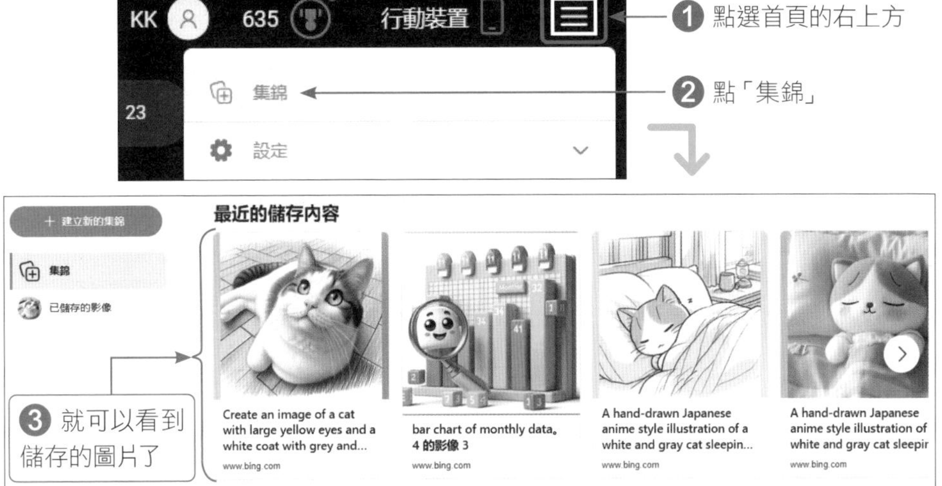

生成圖片再編輯

英語系國家的 Copilot 已經推出圖像生成及編輯的美化工具，台灣使用者不用擔心，只需簡單調整語言設定即可使用該功能。

完成語言與地區設定後，再次進入圖片生成功能頁面，便會發現新增了「進一步編輯」和「調整尺寸」的選項，讓設計過程更加靈活！

點擊「Customize」後, 即可進入圖像編輯器, 其操作方式與 Canva 十分相似, 能輕鬆進行簡單的圖像編輯。

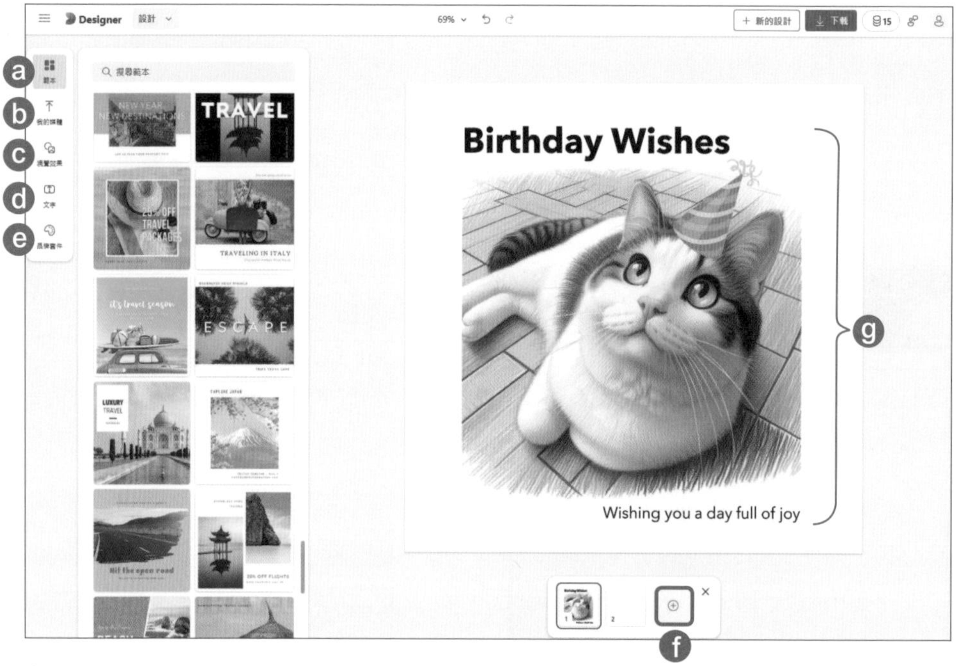

Designer 設計 69% ＋新的設計 下載 15

Birthday Wishes

Wishing you a day full of joy

ⓐ 設計範本　ⓒ 素材　ⓔ 品牌工具組　ⓖ 編輯區

ⓑ 上傳圖片　ⓓ 增加文字　ⓕ 新增頁面

與 ChatGPT 完美互補的 Claude 3.5、Gemini 2.0 和 NotebookLM

隨著強大的 ChatGPT 爆紅之後，各種以 AI 生成為核心的聊天機器人也不斷推陳出新，其中也不乏AI 大廠的產品。雖然以各方面功能來看，ChatGPT 仍是獨領風騷，但是其他平台也有推出主打不同功能的聊天機器人，針對不同的需求，提供更好的解決方法。本章要介紹3個好用的生成式 AI 平台，讓使用者能依照需求選擇最適合自己的工具。

9-1 長篇論述的佼佼者 - Claude 3.5

Claude 是美國的 Anthropic 公司開發, 這間公司由原 OpenAI 團隊成立, 致力在將 Claude 打造成有用、誠實、無害的人工智慧系統, 他們將之稱為 Constitutional AI (憲法式人工智慧), 也就是將不可違背的大原則融入 AI 的訓練過程中, 盡可能減少 Claude 輸出具攻擊性的回答, 或包含危險性的內容。

Claude 的使用方式與 ChatGPT 類似, 只是介面更加簡潔, 對話的紀錄會顯示在主頁面下方, 同時也會摺疊在左側欄位裡, 不論是在主頁面還是對話頁面中都可以開啟。而 Anthropic 在 2024 年秋季推出升級版的 Claude 3.5 Sonnet 模型和 Claude 3.5 Haiku。升級後的 Claude 3.5 Sonnet 與前一版相比, 進行了全面的升級, 其中特別強化了撰寫程式碼的能力。而新推出的 Claude 3.5 Haiku 在性能上已經能追上之前最強大的 Claude 3 Opus 模型, 但依舊保有 Haiku 系列的速度。以下簡單介紹 Anthropic 開發的 3 種不同類型的模型：

- **Haiku**：Claude 中速度最快的模型, 可以提供接近真人即時回覆的互動, 適合快速簡單的任務, 價格也是3個模型中最經濟實惠的。
- **Sonnet**：在強大的能力與速度之間取得了平衡的模型, 因為較為彈性, 適合協助企業完成各種任務。
- **Opus**：Claude 中能力最強大的模型, 能夠處理複雜的分析和計算, 不只能應用在一般工作, 也可應用在研發、預測分析等, 高度複雜的任務。

Claude 3.5 的特色

說這麼多, 其實 Claude 3.5 最大的特色是 tokens 可以長達 200K！這代表著 Claude 3.5 擁有更強的記憶力, 可以提供更好的對話體驗。以 200K 的 token 長度來算, 足以讓 Claude 看完數十頁長篇論文沒問題, 甚至也可以涵蓋絕大多數書籍, 更方便進行資訊的檢索與摘要等應用。此外, Claude 3.5

也支援多個檔案上傳比較, 使用者可以上傳多個檔案要求 Claude 3.5 進行比較, 列出相近或不同的論述。

發話限制

由於官方是以對話內容的長度進行限制, 因此難以具體說明可以發話幾次, 一般簡短對話不容易遇到限制, 若是有進行長篇對話 (特別是上傳大文件時), 很快就會到達使用上限。

當用完發話次數時, 對話框左上方會出現提示, 並告知下次訊息次數重製的時間

對話框右上方會出現有關付費計劃的按鈕

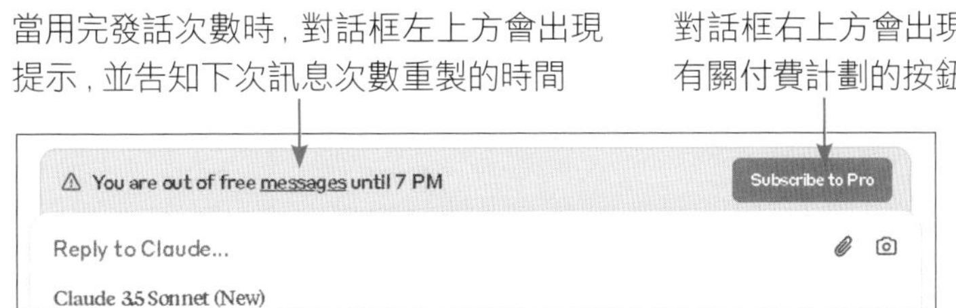

除了免費版本, Anthropic 公司也推出了付費的 Claude Pro, 價格為每個月 20 美元, 提供的功能如下：

- 高流量時的優先訪問權。
- 提早使用新功能。
- 可以使用最強大的 Claude 3 Opus。

此外還有提供給企業使用的 API, 除了前面介紹的最新版本可選擇之外, 舊版的 Claude 3 也有提供。詳細可以參考官網：https：//www.anthropic.com/api。

註冊 Claude 帳號

Claude 的註冊程序, 可以選擇輸入電子郵件帳號或使用 Google 帳號登入, 以下筆者會示範使用 Google 帳號的登入方式。

首先請連線至 Claude 官方網站：https：//claude.ai/login。

除了認證電子信箱之外，為了防止遭到濫用，第一次登入時 Claude 還會要求使用者進行電話驗證，最後在開始之前 Claude 會先要求確認使用條款，同時提醒，雖然目前團隊有在盡力優化 Claude，但還是無法避免有錯誤回答的出現，因此請不要只依賴 Claude 的回答，尤其是涉及專業的內容，例如法律或醫療建議最好還是請教專家。

基本對話操作

成功登入後，進入主頁面就可以開始使用，下面將會介紹如何開始與 Claude 對話。

開始對話

▶ Claude 的主頁面

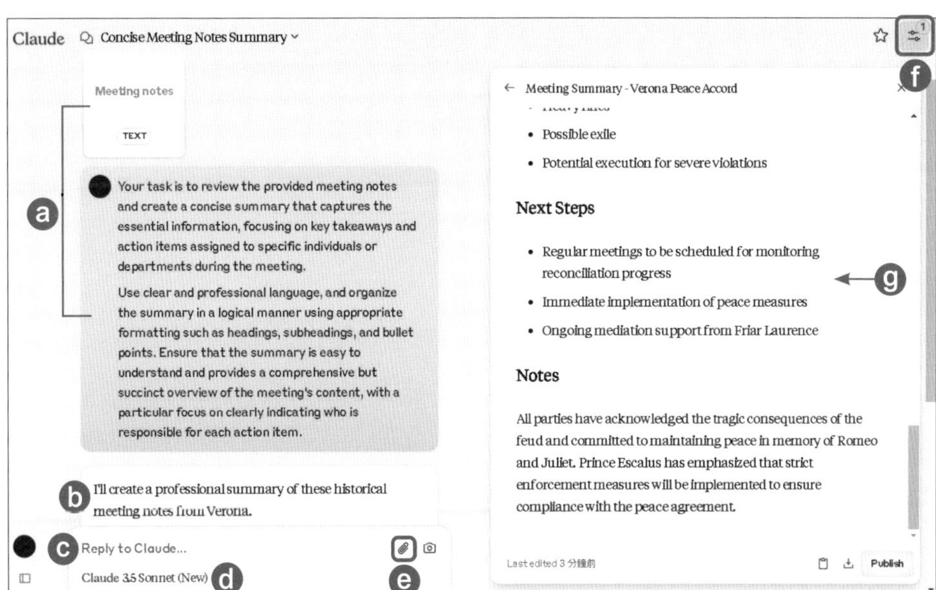

ⓐ 此為前一步驟輸入的問題，筆者以主頁面上的文件摘要範例作為示範

ⓑ Claude 的回答

ⓒ 可以繼續輸入問題或請求

ⓓ 目前使用的 Claude 模型

ⓔ 加入附加檔案 (文件、圖片等)

ⓕ 開啟對話控制選單

ⓖ Artifacts 的視窗

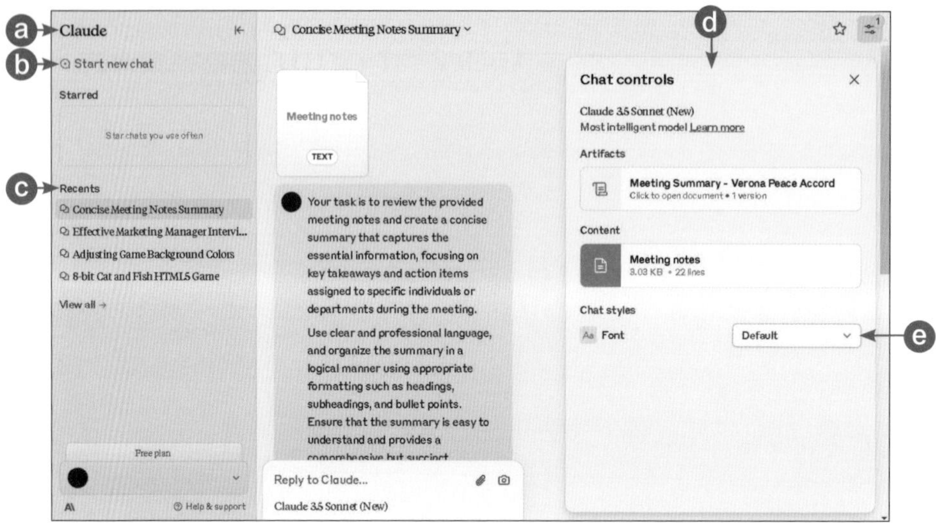

ⓐ 開啟摺疊欄位
ⓑ 開啟新對話
ⓒ 對話紀錄
ⓓ 對話控制選單，能看到上傳的資料和 Artifacts 整理出的資料
ⓔ 調整字型，英文有 3 種字型可以選擇

對話紀錄

在開始對話後，主頁面會出現對話紀錄，將會依照時間的先後順序，最接近現在的會在越前面。

點擊對話紀錄後, 網頁會開啟該對話的頁面, 除了能夠看到之前的對話之外, 也可以繼續這個對話。

重新命名與刪除

如果想重新命名或刪除對話, 需要進入每個對話各自的對話頁面來進行操作, 無法在主頁面中執行。

在對話頁面中點擊對話名稱, 會出現 **Rename** (重新命名) 和 **Delete** (刪除) 的下拉式選單。

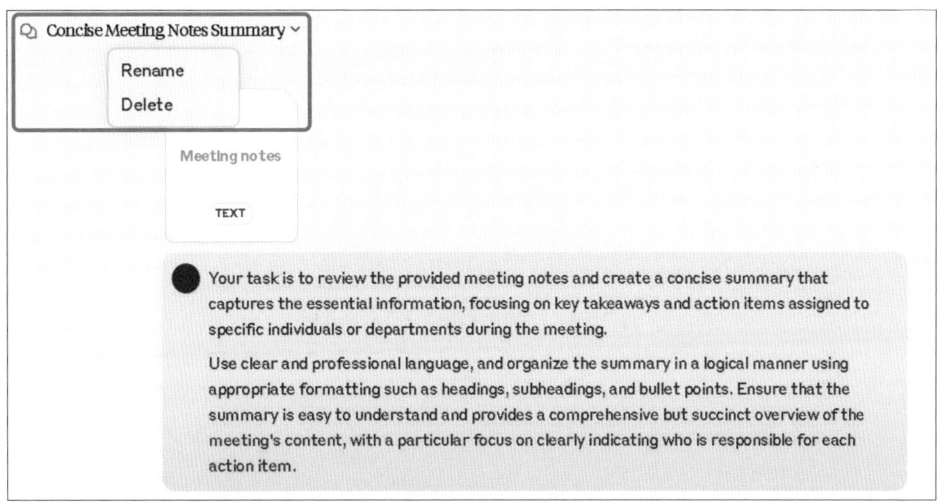

點選 **Rename** 會出現輸入框讓使用者輸入新名稱, 按下 **Save** 即可完成修改。

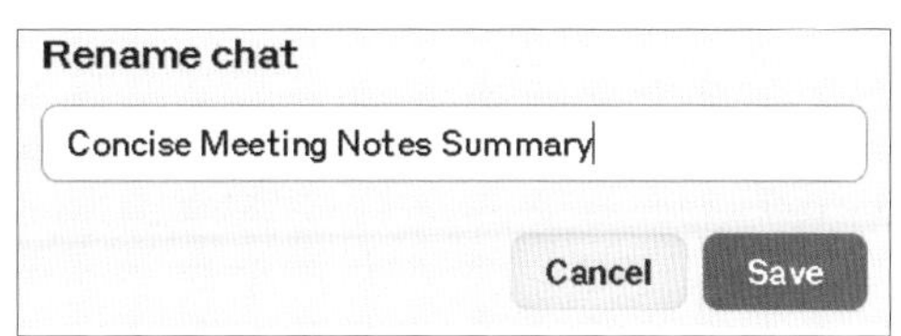

點選 **Delete** 會先詢問是否要刪除, 按下 **Delete** 確認才會刪除。

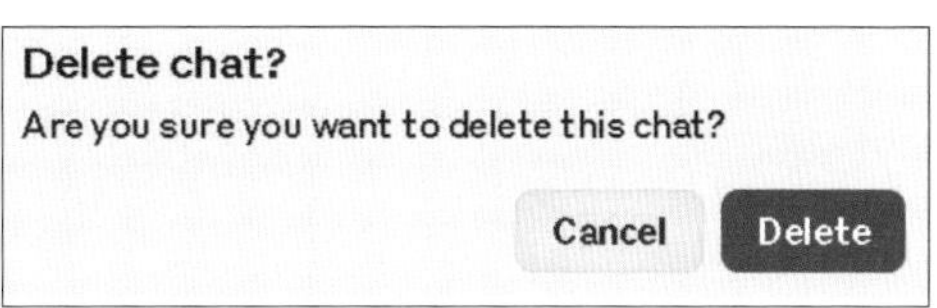

設定個人風格的回覆

Claude 近期更新了多種語言風格的設定，使用者可以依照自己對談或語氣上的喜好，設定 Claude 的回覆方式。目前除了原先的普通之外，新增了**正式** (Formal)、**簡潔** (Concise) 和**解釋** (Explanatory) 這3種類型供使用者選擇，而這幾種類型分別擅長不同的回覆方式：

- **正式 (Formal)**：清晰、優美的回覆。
- **簡潔 (Concise)**：更短、更直接的回覆。
- **解釋 (Explanatory)**：講解概念的回覆。

以下筆者就來示範切換成其他類型的使用方式：

點選新增的任意1種後，對話框下方會顯示目前選用的回覆方式是哪一種：

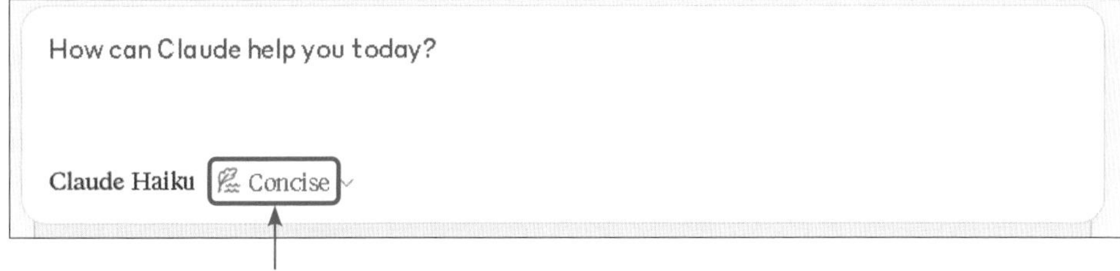

目前筆者選擇的是**簡潔**的回覆方式

然而不一定要回到首頁才能進行設定，在對話頁面中也可以設定：

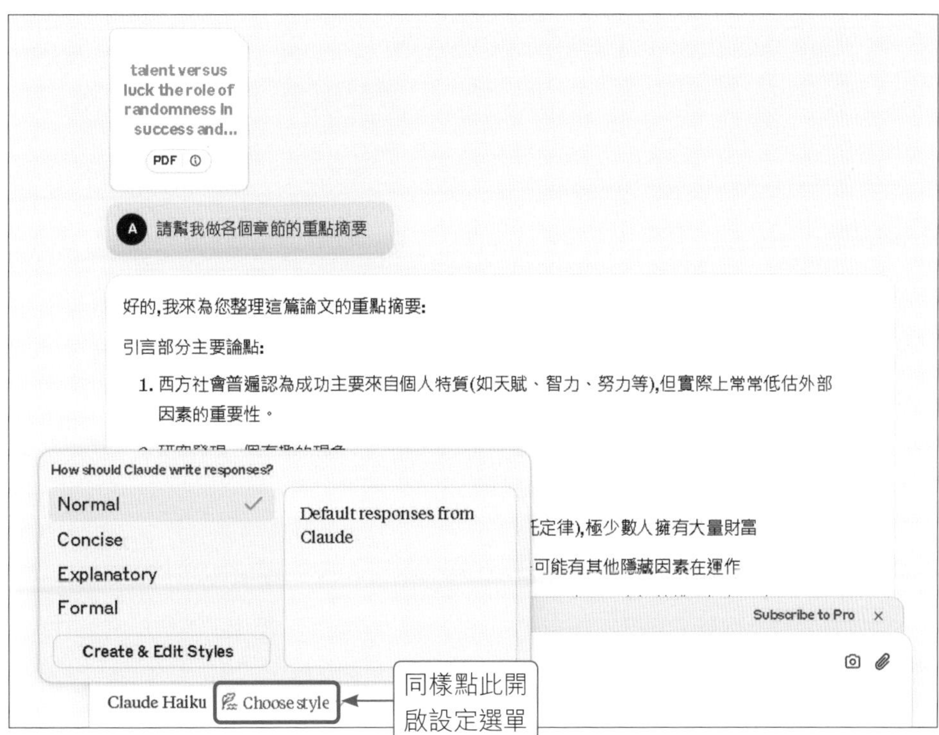

不過目前這項功能只有網頁版才有，手機板的使用者可能需要用手機的瀏覽器，開啟網頁版的 Claude 才能使用這項功能。

Artifacts

官方於 2024 年 8 月正式推出給所有 Claude 的使用者, 免費用戶也都可以使用。這個功能是用來呈現 Claude 生成的內容, 而且可以配合使用者的要求, 即時反應修改後的結果。例如要求 Claude 寫出網頁遊戲, Artifacts 就會在 Claude 回答時一起運作, 使用者除了能看到程式碼快速生成的過程之外, 還能看到最終寫出來的網頁遊戲, 而且可以直接在 Artifacts 的視窗內遊玩。

使用實驗功能

在實際推出新功能前, 官方會先加到 Feature Preview 中供使用者測試, 但由於還在測試階段, 可能會與其他正式推出的功能有出差異, 因此預設皆設為關閉, 需要使用者手動開啟。

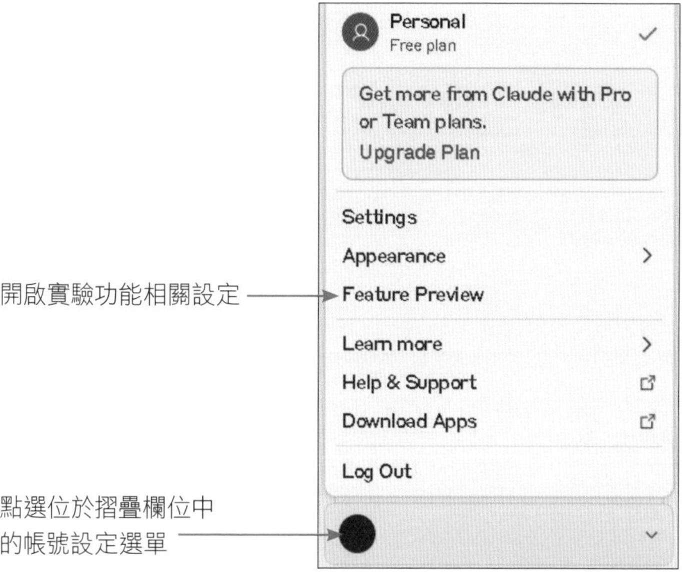
Personal
Free plan
Get more from Claude with Pro
or Team plans.
Upgrade Plan
Settings
Appearance
Feature Preview
Learn more
Help & Support
Download Apps
Log Out
開啟實驗功能相關設定
點選位於摺疊欄位中
的帳號設定選單

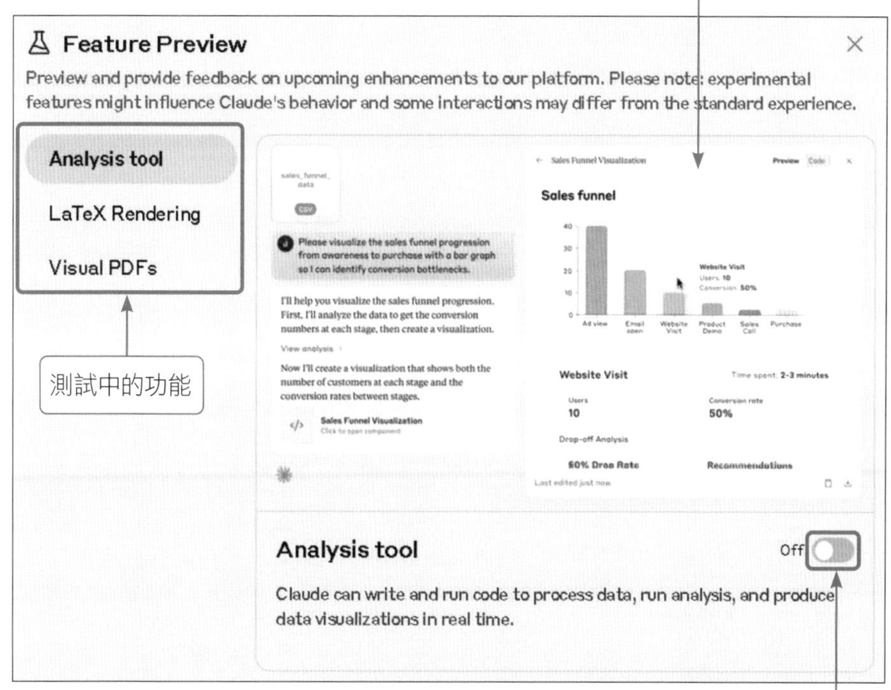
該功能的說明
Feature Preview
Preview and provide feedback on upcoming enhancements to our platform. Please note: experimental features might influence Claude's behavior and some interactions may differ from the standard experience.
Analysis tool
LaTeX Rendering
Visual PDFs
測試中的功能
Sales funnel
Analysis tool
Off
Claude can write and run code to process data, run analysis, and produce data visualizations in real time.
預設為關閉，可點此開啟

▲ 實驗功能設定視窗

開啟實驗功能後, 會發現對話框下方多了一個圖示：

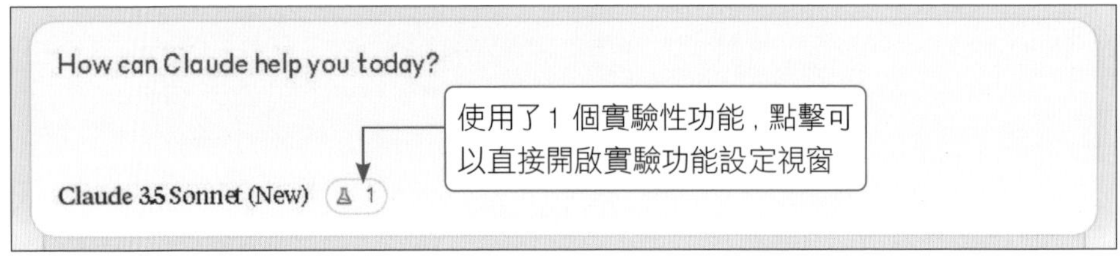

接下來會介紹幾個最能發揮 Claude 3.5 特色的使用範例。

長篇文章摘要

筆者找了一篇長達 31 頁的論文〈TALENT VERSUS LUCK： THE ROLE OF RANDOMNESS IN SUCCESS AND FAILURE〉, 請它幫忙做重點摘要。步驟如下：

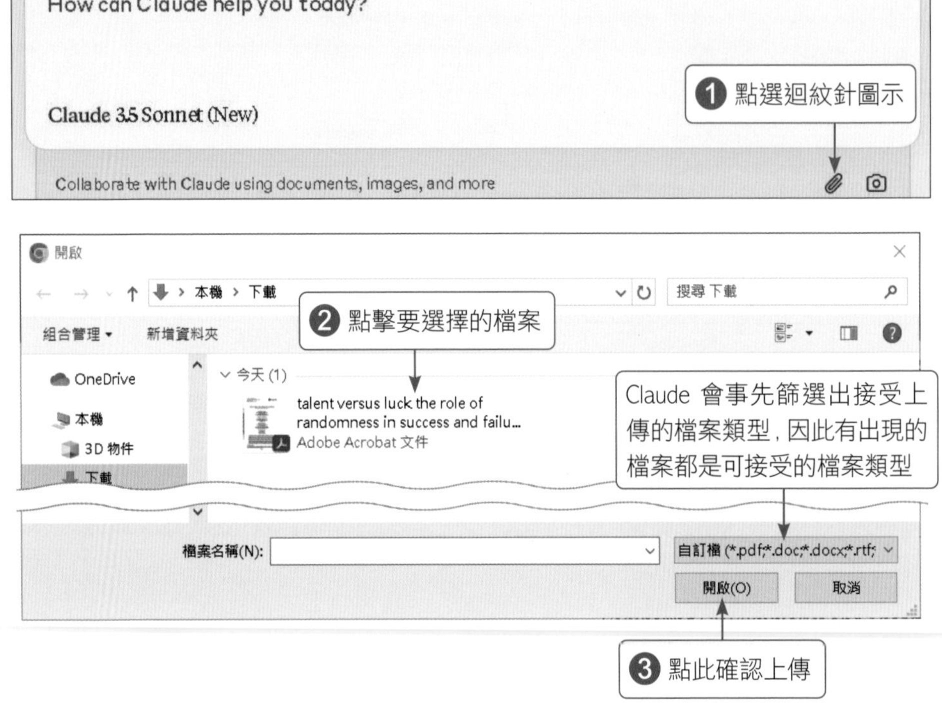

TIP

請注意，Claude 有上傳檔案大小 30 mb 的限制，因此當選擇的檔案過大，畫面上會出現訊息提醒，建議遇到這種問題時，嘗試分割成多個檔案再試試看。

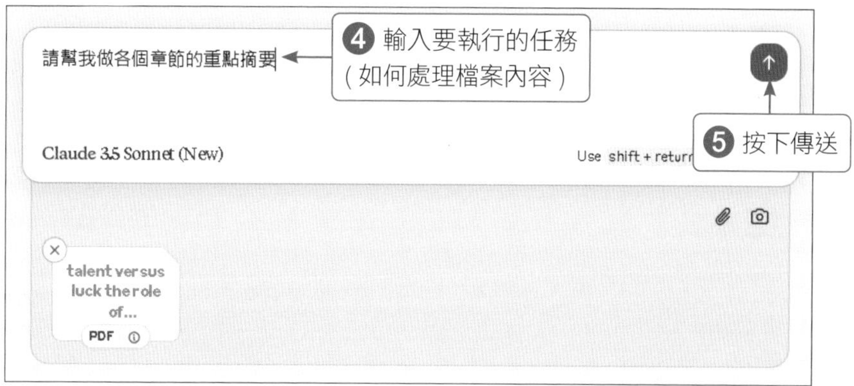

傳送後會切換到對話頁面並將處理結果輸出，可以看到 Claude 確實依照章節分別整理出重點：

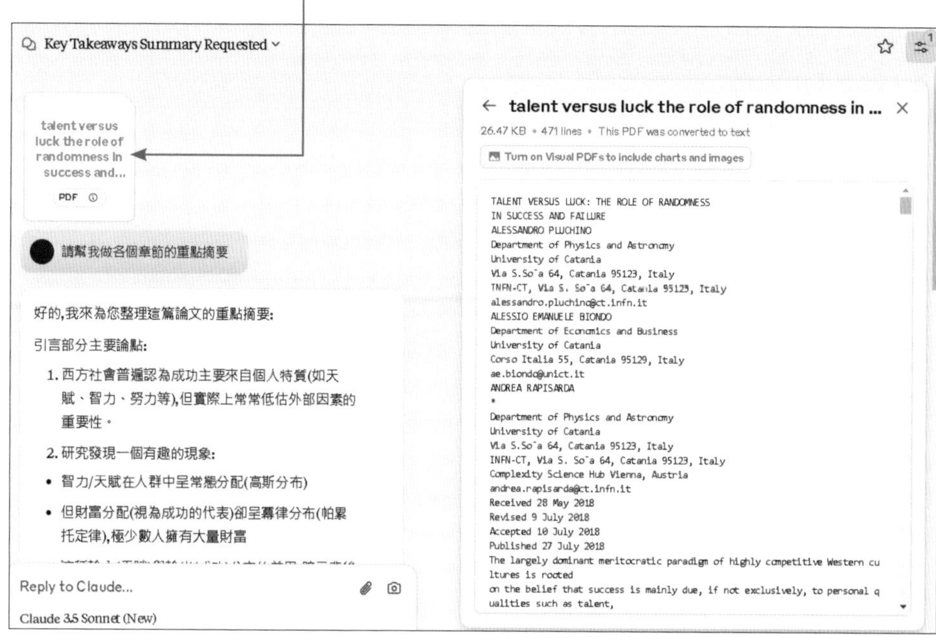

你

請再次確認各個章節的重點摘要沒有遺漏

請將第 2 節再補充詳細一點

以下分別是 Claude 關於第 2 段的回覆, 可以明顯看出要求補充後, 回答變得比較詳細：

Claude

模型部分 (TvL Model) 重點：

1. 模型假設：

N 個個體具有常態分布的天賦值

在固定位置放置移動的幸運與不幸運事件點

模擬 40 年職業生涯

2. 模型運作規則：

所有人起始資本相同

遇到幸運事件：有機會使資本翻倍 (機率與天賦成正比)

遇到不幸運事件：資本減半

事件點隨機移動

3. 模擬結果：

產生了類似現實的不平等財富分配 (冪律分布)

最成功的人往往不是最有天賦的 , 而是運氣最好的

顯示了成功與運氣之間存在強烈的相關性

證實了天賦是必要但非充分條件

Claude

根據文章內容，我來更詳細地說明 Talent versus Luck (TvL) 模型的第 2 節：

模型設定和主要假設：

1. 基本參數設定：

N 個個體隨機分布在一個正方形世界中

每個個體都有一個天賦值 Ti, 呈常態分布 (平均值 mT=0.6, 標準差 σT=0.1)

世界中有 NE 個移動的事件點 (通常 NE≈N/2)

事件分為幸運事件 (綠色，佔 pL%) 和不幸運事件 (紅色，佔 100-pL%)

初始資本 / 成功值對所有個體都相同，設為 C(0)=10

模擬時間為 40 年 (20-60 歲), 每半年為一個時間步

2. 演化規則：

事件點在世界中隨機移動

當事件點進入個體周圍 1 個 patch 的範圍時，視為發生交互作用

交互作用有 3 種可能結果：

4. 單次模擬結果展示：

N=1000 個體

NE=500 個事件點

pL=50% 幸運事件比例

模擬 40 年 (80 個時間步)

主要發現：

1) 最終資本分布呈冪律分布，符合帕累托 80/20 法則

2) 最成功的人不是最有天賦的，最有天賦的也不是最成功的

3) 成功程度與遇到的幸運 / 不幸運事件數量高度相關

4) 天賦是必要但非充分條件，運氣在成功中扮演關鍵角色

這個簡單的模型展示了即使在給予有天賦者優勢的情況下，運氣仍然是決定最終成功與否的重要因素。這挑戰了傳統的 " 精英制度 " 觀點，提示我們在評估和獎勵個人成就時需要更謹慎的思考。

多檔案上傳應用

知道如何上傳 1 份檔案後, 接下來要介紹上傳多份檔案並進行比較的範例。將游標移至迴紋針圖示後, 會看到 Claude 給予使用者上傳檔案的參考：**最多 5 個檔案, 且每個不能超過 30MB。可接受多種類型檔案, 例如 pdf、txt、csv 等**。

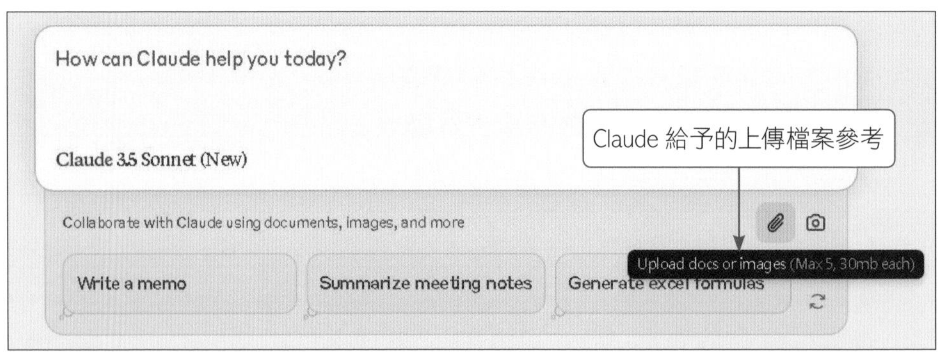

在上傳檔案時, 有時雖然符合上述所說的限制, 但有可能你先前已經用掉一些額度, 因此畫面上會提示超過限制 (會說明超過多少)。這時要減少上傳的檔案內容, 才能繼續了。

圖中訊息顯示超出長度限制的 37%。除了嘗試用較小的摘錄替換附件之外, 也可以等**發話次數重置後，放寬上傳限制再上傳檔案**

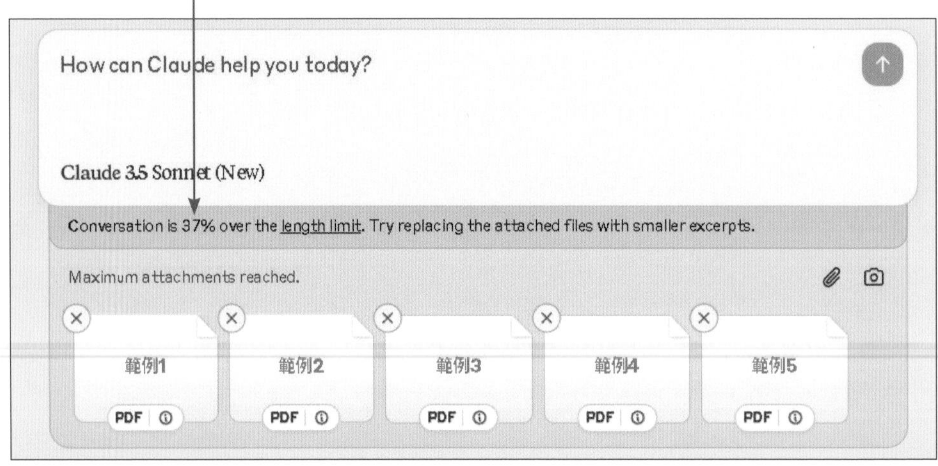

筆者換成較小的檔案後, 就可以一次上傳 5 個檔案：

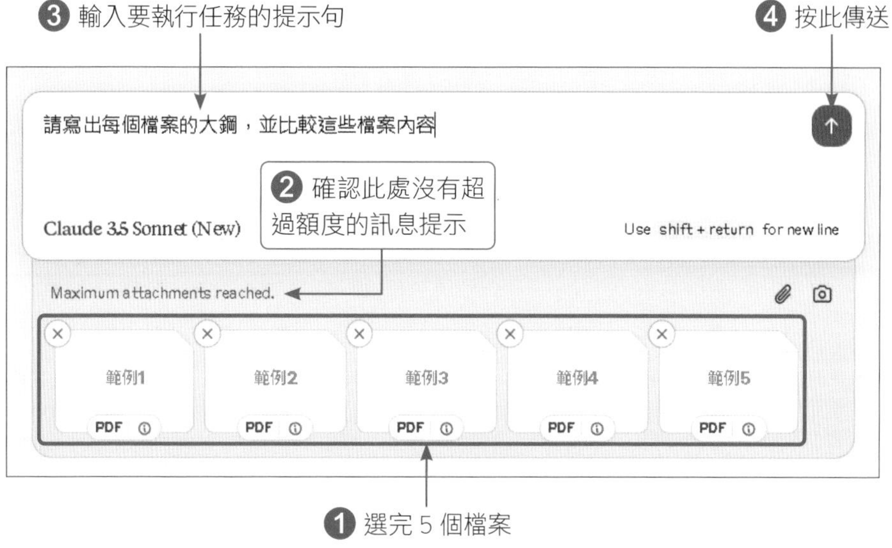

傳送後同樣會切換到對話頁面, 再將處理結果輸出, Claude 也有確實將每一個檔案的大綱列出。由於 Claude 3.5 的長度限制真的很長, 如果顯示的摘要內容不夠清楚, 可以要求 Claude 繼續補充說明。而多檔上傳還有一個很好用的功能, 就是能夠進行檔案內容的比較, 可以看到 Claude 做得還不錯。

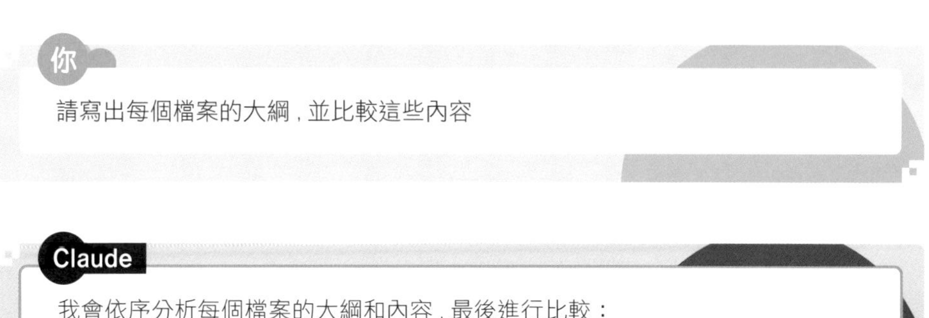

Claude

我會依序分析每個檔案的大綱和內容，最後進行比較：

範例 1.pdf - SpanBERT 論文

大綱：

1. 引言
2. BERT 背景介紹

→ 接下頁

3. 模型介紹

主要內容：介紹一種改進 BERT 的預訓練方法，通過掩蔽連續片段而非隨機 token，並訓練邊界表示來預測掩蔽內容。

範例 2.pdf - 向量式輕子的深度學習研究

大綱：

1. 引言

2. 理論背景

3. 在 LHC 搜索向量式輕子

4. 結論

主要內容：研究一個大統一理論模型中向量式輕子的現象學特徵，使用深度學習技術在 LHC 上進行探測研究。

範例 3.pdf - 半監督學習綜述

大綱：

1. 引言

2. 背景介紹

3. 半監督學習方法分類

4. 各類方法詳述

5. 未來展望

主要內容：對半監督學習領域進行全面綜述，涵蓋基本概念、分類方法、關鍵算法等。

範例 4.pdf - AME2020 原子質量評估

大綱：

1. 引言

2. 原子質量表

3. 初級核素的影響

4. 核反應和衰變能量

主要內容：提供 2020 年版本的原子質量評估數據，包含質量表、反應能量和衰變能量等信息。

範例 5.pdf - 運氣在成功與失敗中的角色

→ 接下頁

大綱：

1 引言

2 數據分析

3 模型驗證

主要內容：研究運氣在個人成功中的作用，通過理論模型證明才能並非決定性因素。

比較分析：

類型差異：

範例 1、2 是技術導向的原創研究

範例 3 是學術綜述

範例 4 是數據報告

範例 5 是社會科學研究論文

領域特點：

範例 1 研究 NLP

範例 2 研究粒子物理

範例 3 討論機器學習

範例 4 關注核物理

範例 5 探討社會成功規律

研究方法：

範例 1、2 注重技術創新

範例 3 強調系統性整理

範例 4 著重數據呈現

範例 5 側重社會現象建模

除了上述兩個 Claude 最強功能展示外，可以參考本書其他章節所介紹的各種 Prompt 範本或用法，在 Claude 也都適用。讀者可以自行比較一下跟 ChatGPT 的回覆內容有何不同。

9-2 多才多藝的潛在王者 - Gemini 2.0

Gemini 是由 Google 推出的聊天機器人, 支援超過全球 150 個國家及多種語言版本。目前 Google 已經整合了部分功能與搜尋引擎到 Gemini 中, 此外還推出了付費版 Gemini Advanced, 除了提供更強大的功能之外, 還有專屬於 Gemini Advanced 的功能, 因此預期未來使用 Google 服務, 會很常看到 Gemini 的存在。

Gemini 的特色

為了跟 ChatGPT 做出區隔, Gemini 剛推出就標榜能直接上網提供即時資訊給使用者。如同前面所說, Google 持續將 Gemini 整合到各項服務中, 打造自動化、智慧化的作業流程, 例如：

- **Google Workspace**：整合 Gmail、Google 文件、Google 雲端硬碟的服務, 提升工作效率。
- **Google 航班/機票、Google 飯店**：提供即時航班和飯店資訊, 把旅遊規劃變得輕鬆簡單。
- **YouTube 影片**：將查詢範圍擴大至 YouTube 影片, 節省不必要的搜尋時間。

另外, Gemini 跟 Copilot 一樣, 提供 3 種不同的回覆供使用者選擇, 如果都不滿意可以要求重新產生, 或對回覆進行客製化的微調, 例如：修改長短、精簡化、口語化等等。

除此之外, Gemini 支援圖片上傳, 可以透過 Google 智慧鏡頭來辨識圖片內容, 再依此來回覆使用者的提問, 必要時也會插入圖片提供更容易理解的說明。而且, Gemini 不只提供語音輸入的功能, 還有語音朗讀的功能, 可以自已唸出回覆內容。

目前免費可以直接使用的是 Gemini 1.5 Flash 的模型, 付費版 Gemini Advanced 則是使用新一代 Gemini 1.5 Pro 的模型, 而最近新增了 Gemini 2.0 Flash Experimental 的模型, 提供給使用者試用。同時 Gemini 也有提供 API 的服務, 不過與其他取得 API 金鑰後, 由使用者自行建置的方式不同, Gemini 的 API 必須在 Google AI Studio 的網頁上才能運行, 但好處是使用者不需再進行額外的設定就可以使用。

註冊 Gemini 帳號

因為 Gemini 是由 Google 推出, 因此使用 Google 帳號就可以直接登入：

Gemini 官方網站：https://gemini.google.com/。

按下畫面中兩個登入鍵, 都會連結到 Google 的登入畫面。成功登入後會看到歡迎的主頁面, 即可開始使用。

對話方式

進入主頁面後就可以開始與 Gemini 對話, 下面會介紹如何操作。

開始對話

Gemini 的對話操作跟 ChatGPT 和 Claude 大同小異，只要在下面的對話框輸入問題，送出後就會開啟一個對話頁面進行交談。

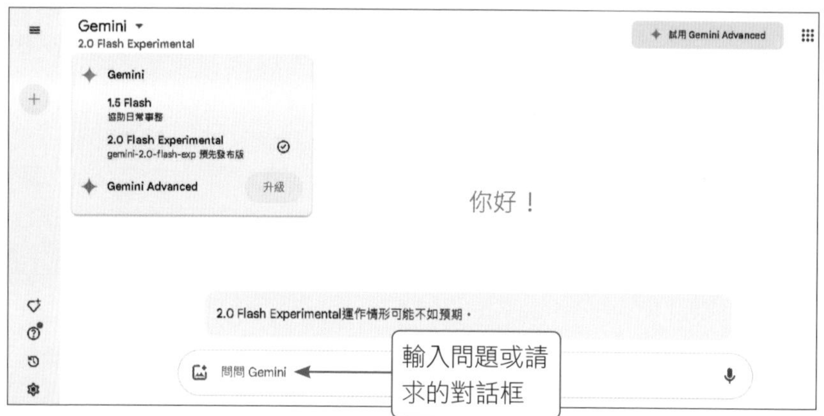

TIP

由於 Google 會將對話紀錄用於提升服務品質，因此會在主頁面出現提示訊息，相關的設定筆者會在後面進行詳細說明。

以下會示範對話頁面的操作方式。跟 ChatGPT 一樣會先顯示提示語，才會接續 Gemini 回答的內容。若使用者需要繼續對談，可以在下方對話框再輸入其他問題，Gemini 會延續頁面先前的對話，回覆你的新問題。

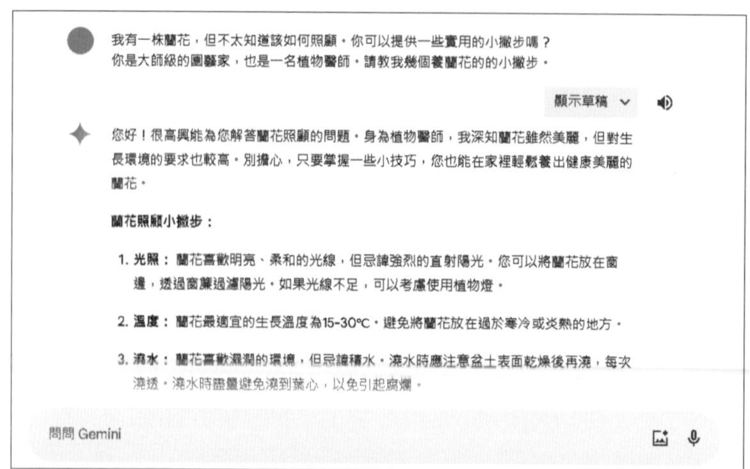

在 Gemini 輸出回覆後，點開右上方的**顯示草稿**會出現其他 2 種回覆內容。根據你的問題，不同草稿的差異程度也會有所差別，以此處的範例來看，回覆內容差異不大，只是呈現的格式和細節有點不同。如果是使用 Gemini 2.0 Flash Experimental 的模型，Gemini 只會產生一種回答。

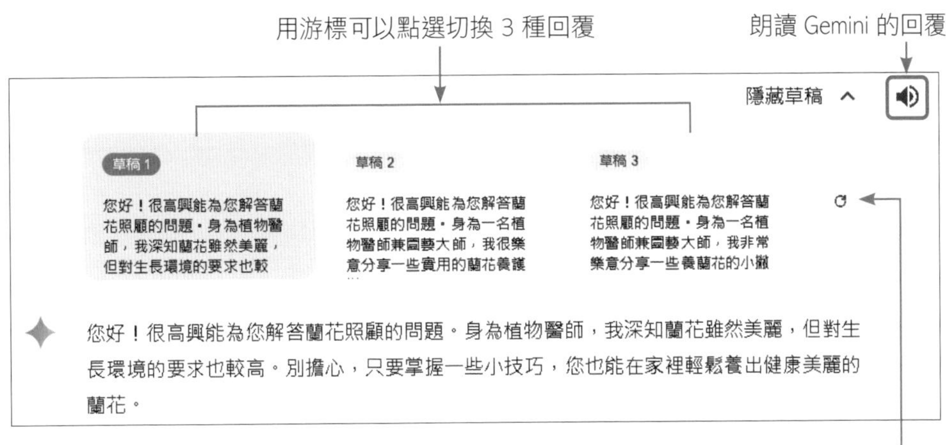

網路搜尋

首先筆者會示範 Gemini 的連網功能，以及針對回覆使用 Google 搜尋，降低 AI 產生錯誤回覆，誤導使用者的可能性。

請輸入具有時間性的問題，並在 Gemini 回答後，點擊位於回答下方的 Google 圖示，讓 Gemini 自行驗證回覆的內容是否有出現錯誤。

如果有錯誤或是相關資訊不足的內容會以橘色提醒, 正確的則會以綠色顯示。而且不論正確或錯誤 Gemini 都會附上找到的資訊連結, 方便使用者驗證 AI 自己判斷的結果。

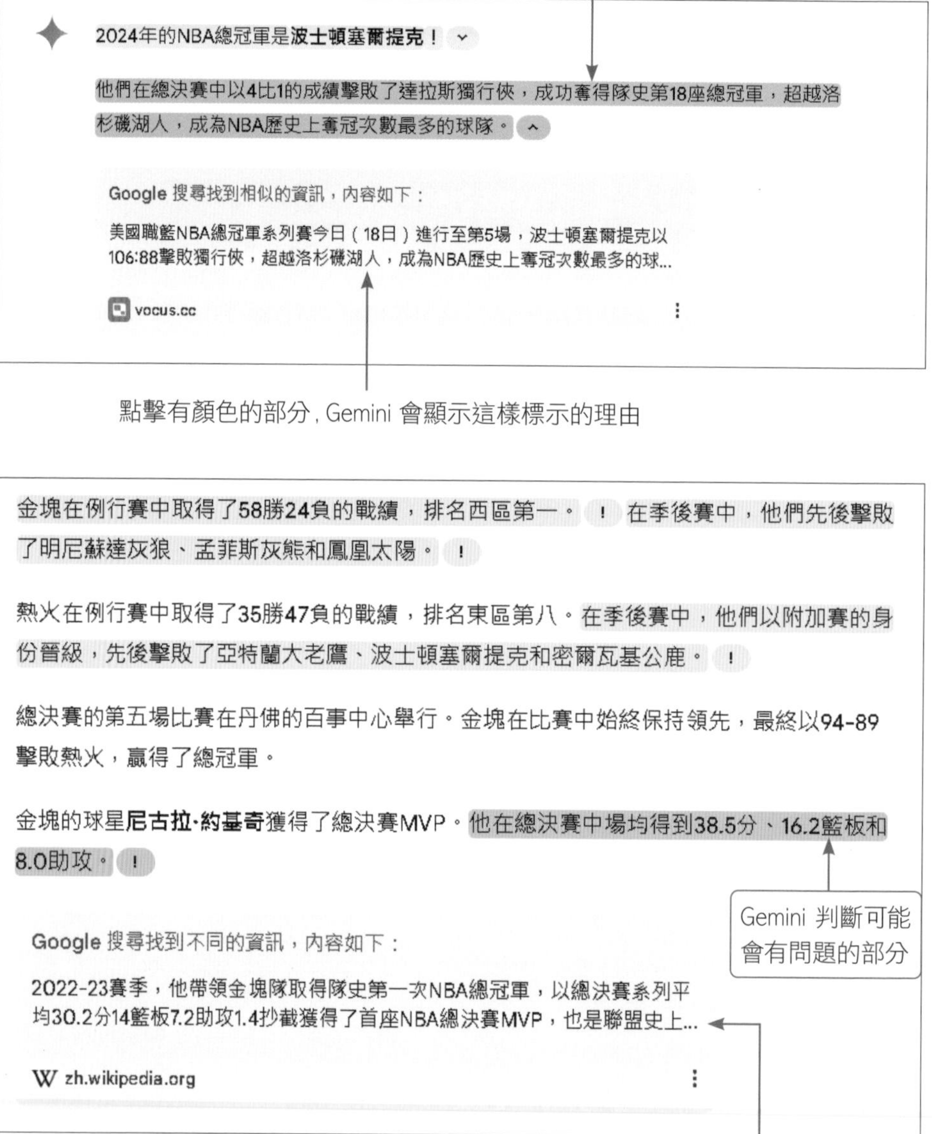

▲ 筆者換成詢問 2023 年的 NBA 冠軍

TIP

請注意，官方在說明文件中有提醒，即便具有查詢功能，也無法保證回覆的內容完全正確，因為 Gemini 只是上網查找資料佐證，而網路上的資料不一定都是正確的，請謹慎評估 AI 回覆的可信度。

將回覆內容匯出到其他 Google 服務

接下來會介紹 Gemini 的特色之一，將回覆匯出至 Google 的其他服務。例如在做小組報告時，可以將蒐集到的網頁資訊整理成文件，一次發送給小組成員，或是與朋友一起規劃旅遊時，新增修改的行程內容能夠換成表格呈現。

此處我們以一篇 Notion 按鈕設定教學為例，直接提供該網址給 Gemini，請它幫忙彙整內容：

> 你
>
> 請幫我彙整內容：
>
> https://flag-editors.medium.com/notion- 按鈕設定教學 - 附贈英文單字表模板 -b46decde6ddc

在 Gemini 回覆完後，點擊位於回答下方的分享圖示：

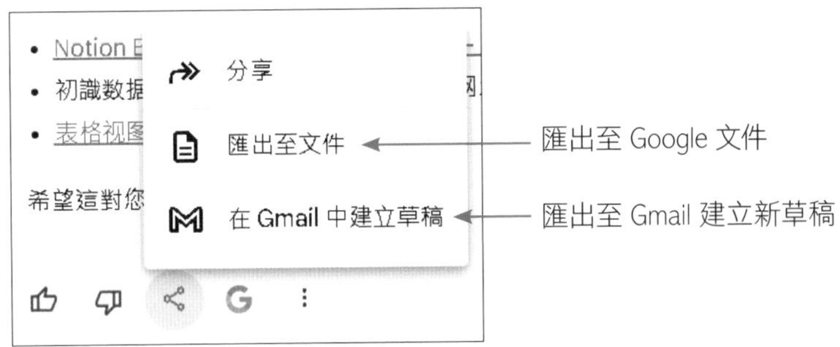

然而匯出至 Google 試算表與文件和 Gmail 不同，需要 Gemini 的回覆內容中有表格才能執行：

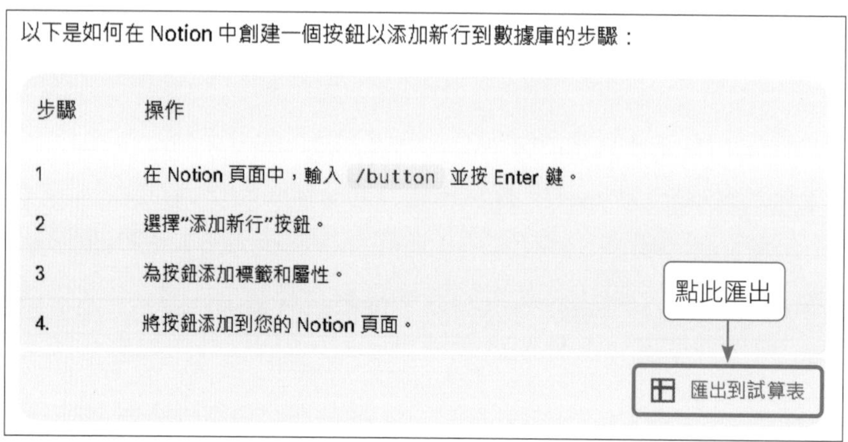

以下是如何在 Notion 中創建一個按鈕以添加新行到數據庫的步驟：

步驟	操作
1	在 Notion 頁面中，輸入 /button 並按 Enter 鍵。
2	選擇"添加新行"按鈕。
3	為按鈕添加標籤和屬性。
4.	將按鈕添加到您的 Notion 頁面。

Gemini 的擴充功能

透過前面的介紹，對 Gemini 有了大致上的了解後，筆者要開始示範非常便利的擴充功能，使用這些功能需要開啟權限，下面會以規劃出國旅遊為例，請先開啟 **Google 航班 / 機票**和 **Google 飯店**的權限：

Google 有幫這些擴充功能加裝快捷鍵, 當想要使在對話中使用擴充功能時, 只要在對話框輸入 **@** 就會出現選單可以點選：

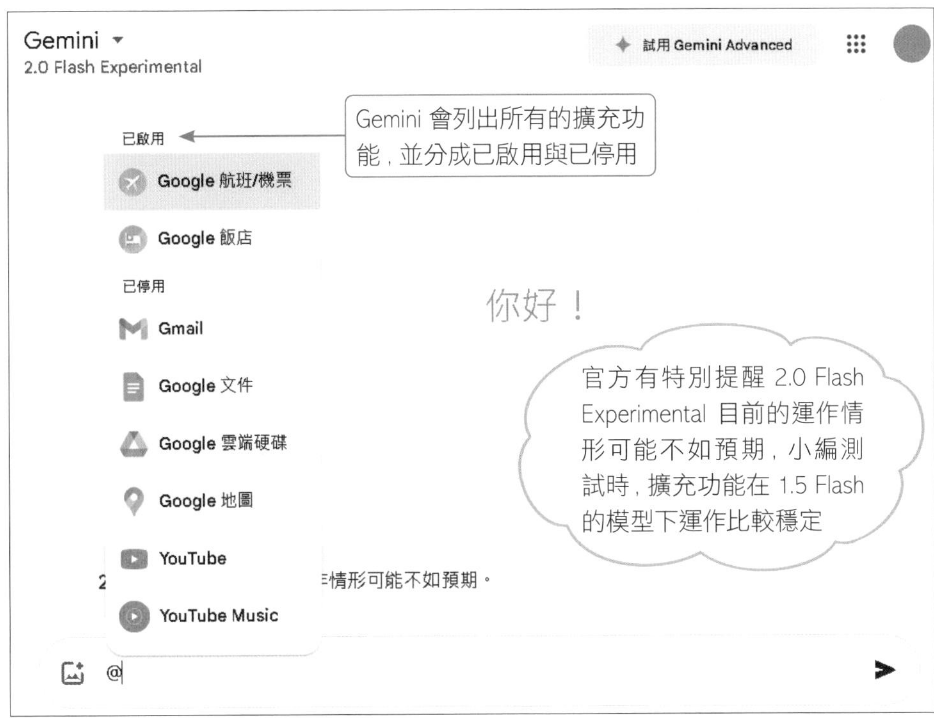

TIP

關於快捷鍵需要注意的地方是, 已啟用的功能點選了可以直接使用, 但已停用的功能點擊後會出現提示訊息, 告知使用者目前該功能是停用狀態, 如果使用者選擇發送對話或要求的話, 將會視為同意授權 Gemini 權限, 系統會自動啟用該功能。

且需要注意的是, 如果要使用這些功能, 必須在**開啟 Gemini 系列應用程式活動記錄**的狀況下才能使用, 除此之外, 還需要將功能設定為啟用, Gemini才能在對話時有權限使用這些功能。

@Google 航班 / 機票 @Google 飯店

你是在地嚮導, 請提供韓國旅行的實用建議, 包含機票和飯店。

請寫出三日遊的行程, 其中包含最多人去的熱門景點。

由於有使用擴充功能，因此 Gemini 會先針對選用的擴充功能進行搜尋，將結果附上查尋到的網頁連結：

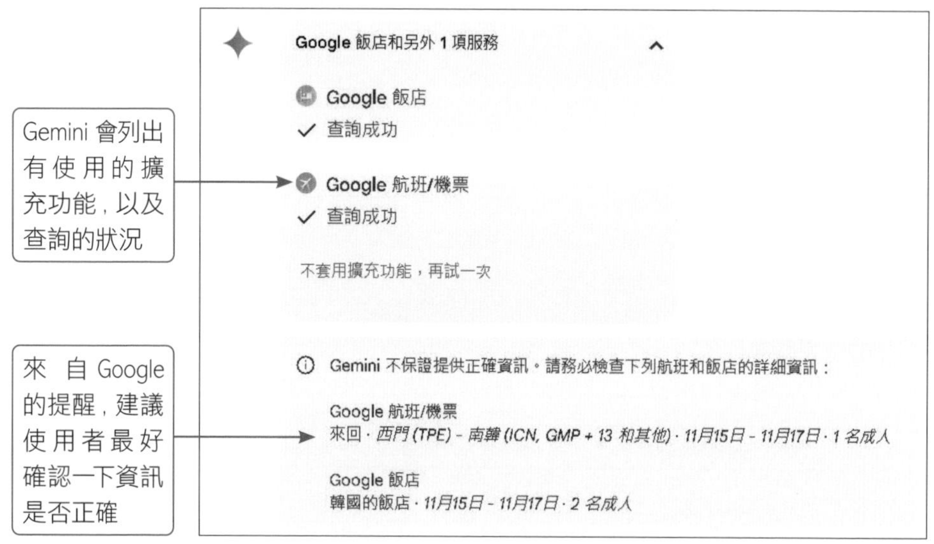

提醒完使用者在出國前需要實際確認航班和飯店後，下面是 Gemini 會列出的各家航空票價資訊，以及多家飯店供使用者參考：

點擊會切換至 Google 航班的頁面，方便進行更詳細的條件篩選

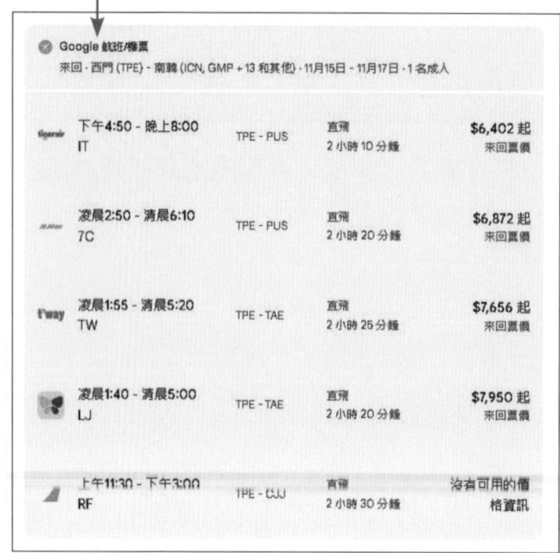

點擊會切換至該飯店在 Google 上刊登的相關資訊與評論，供使用者參考

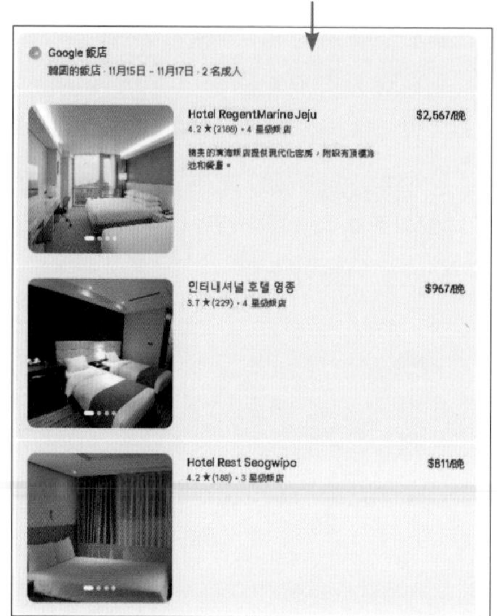

列完航班和飯店的資訊後, Gemini 會生成建議的旅遊行程：

三日遊行程

- 第一天：抵達首爾，參觀景福宮、昌德宮、德興宮等宮殿。
- 第二天：參觀南山塔、明洞、東大門市場等景點。
- 第三天：參觀漢江公園、首爾塔、弘大等景點。

除了旅遊行程之外, 還貼心地加上注意事項 → **其他建議**

- 學習一些韓語，以便與當地人交流。
- 了解韓國文化，以便更好地融入當地生活。
- 提前預訂機票和飯店，以獲得更好的價格。
- 購買一張T-Money卡，以便在韓國乘坐公共交通工具。
- 購買一張韓國旅遊卡，以便在韓國旅遊時享受優惠。

後續可以繼續提問, 請 Gemini 提供更詳細的行程內容, 這次回答的內容中有附上各個景點的網頁連結：

好的，以下為您規劃更詳細的韓國首爾三日遊行程，並搭配圖片讓您更能身歷其境：

第一天：古都風情與現代時尚的交織

- **上午：景福宮**
  - 參觀韓國最大的宮殿，感受朝鮮王朝的輝煌歷史。
  - 穿上傳統韓服，在宮中漫步，體驗穿越時空的樂趣。

點擊會切換至 Gemini 找到的網頁

景福宮

- **中午：北村韓屋村**

Gemini 圖片生成

現在目前網路上已有不少 AI 生圖的平台, 而 Gemini 也具備了這項功能, 操作很簡單, 和 ChatGPT 一樣只要輸入文字提示, Gemini 就可以根據對話內容生成圖片。

提示：要求 Gemini 修改圖片
Gemini 就是你想像力的延伸，沒有生成不了的圖片！如果生成結果與你的預期有差距，請試著在提示加入更多細節。提示越詳細，Gemini 越能生成符合你想像的圖片。

好的，這裡是一張小狗在草地上奔跑的圖片：

▲ 預設 1 次會生成 1 張圖片

TIP

雖然目前 Gemini 還沒有支援生成真實人像的功能, 但官方預告 Gemini Advanced 即將發行關於真人的圖像產生功能。

9-3 AI 加持的最強筆記工具 - NotebookLM

這是一款由 Google 實驗室開發的線上筆記工具。以 Gemini 2.0 為核心，協助處理大量的文本資料，包括：語音轉文字、生成摘要、檢索內容以及回應你的提問等，讓使用者快速掌握文件的重點。而且接受上傳的檔案類型有很多種，從同為 Google 服務的 Google 文件、Google 簡報之外，常見的檔案格式，例如 PDF、Markdown 和純文字檔案，甚至是網址和音訊檔案都可以接受。

筆記本建立方式

登入方式與 Gemini 相同，只要登入 Google 帳號就可以直接登入 NotebookLM，不需要額外註冊帳號或進行驗證。NotebookLM 官方網站：https://notebooklm.google.com/。

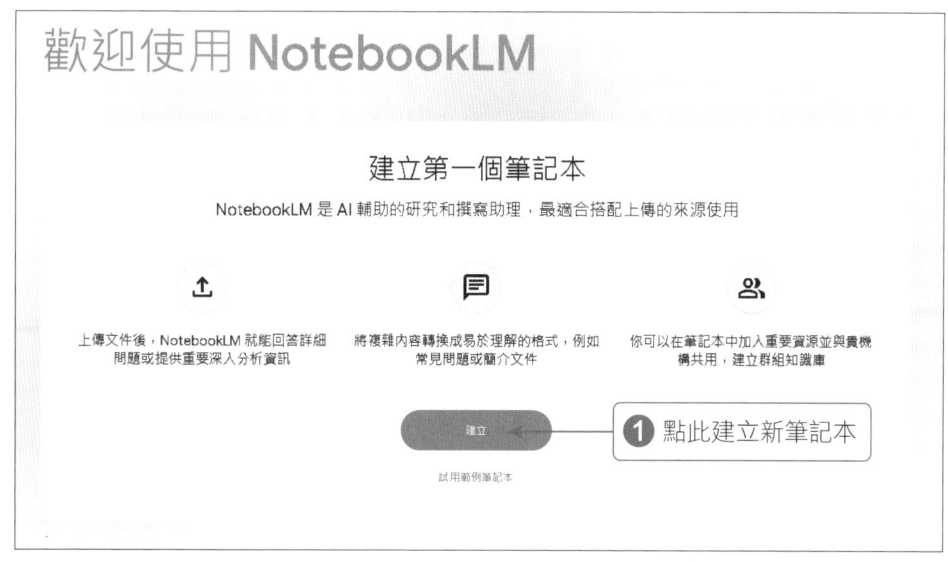

▲ NotebookLM 的主頁面

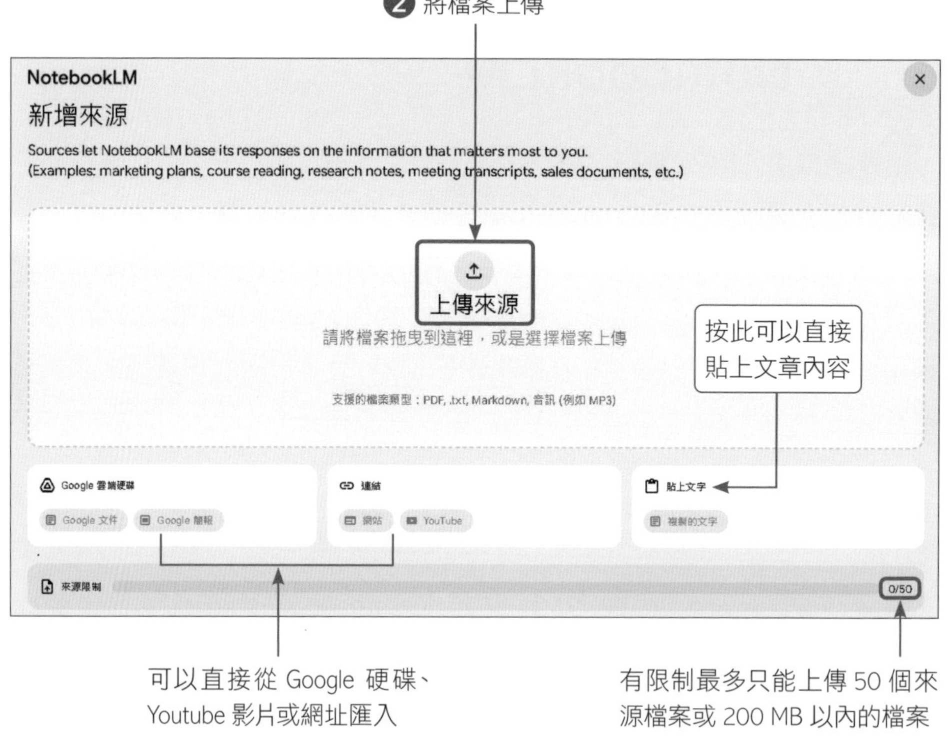

TIP

此處雖然也可以上傳 Youtube 影片，不過實際上是匯入影片的字幕內容，因此沒有字幕的影片就無法匯入，建議可以轉成音訊檔案再匯入。

TIP

若選擇匯入音訊檔案，會自動先轉錄成逐字稿並儲存成新來源，音訊品質會影響逐字稿的判讀，品質太差或是偵測不到語音，都會匯入失敗。

因為有使用 Gemini 2.0 的模型，所以 NotebookLM 整理內容的速度很快，稍微等待一下就可以看到整理好的摘要呈現：

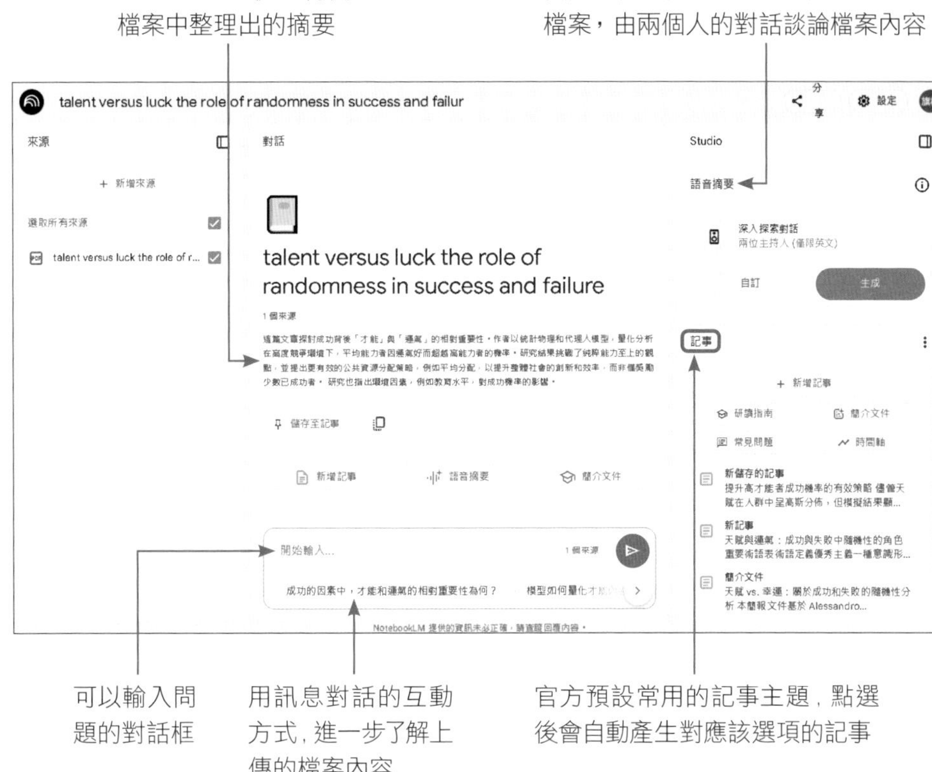

筆記本的功能

接下來筆者會介紹 NotebookLM 擁有的功能和基本使用方式。雖然比起 Gemini，介面多了一些整理筆記的功能，但不用擔心操作會變得很複雜。

記事

記事會存放於右側的區域，方便使用者記錄筆記或是整理內容：

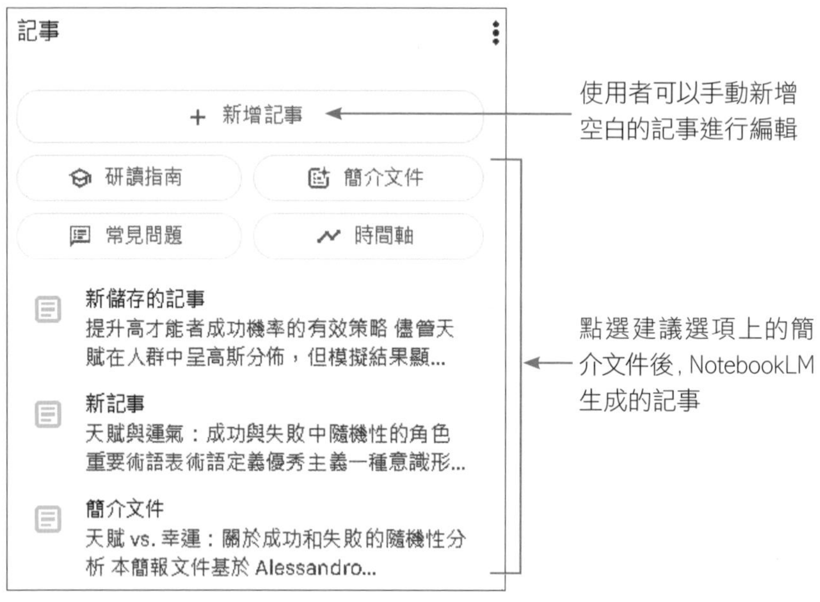

▲ NotebookLM 生成的記事

此外, 由 NotebookLM 生成的記事後續無法進行編輯, 目前只有由使用者新增的記事可以修改, 如果想對生成的記事進行編輯, 筆者建議先複製原先生成的記事內容, 再貼到新開的記事中編輯：

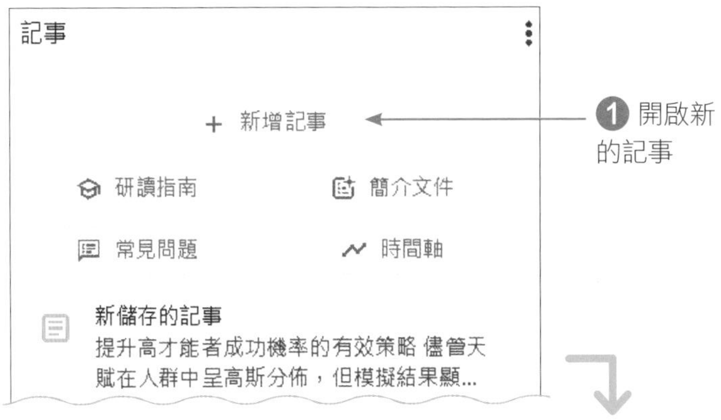

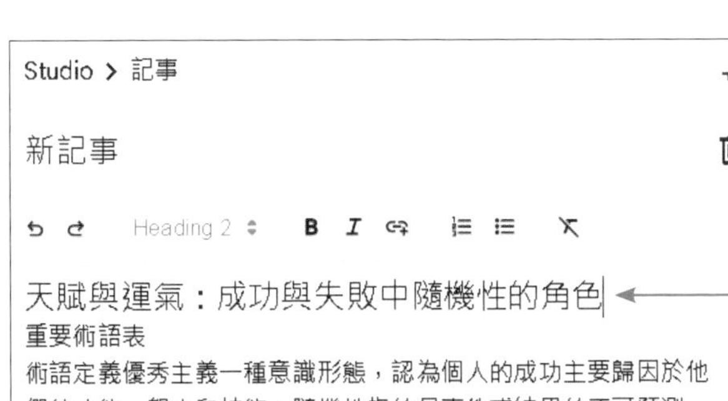

▲ 由使用者建立的記事

TIP

每個筆記最多可以建立 1000 個記事。

對話

由於有導入 AI, 因此跟聊天機器人一樣, 可以在下方的對話框中輸入要求, NotebookLM 會針對使用者輸入的內容去搜尋上傳檔案中的內容。而且與一般 AI 的回答不同的是, NotebookLM 會在回覆中清楚標明引用的來源，降低 AI 幻覺，讓回覆內容更正確。

TIP

請注意, 雖然有標示引用來源, 減少 AI 幻覺的發生, 但不代表 AI 的回覆 100% 正確, 特別是詢問與上傳檔案無關的問題時, AI 可能會為了要回答而虛構出一個答案, 因此使用者還是需要小心求證。

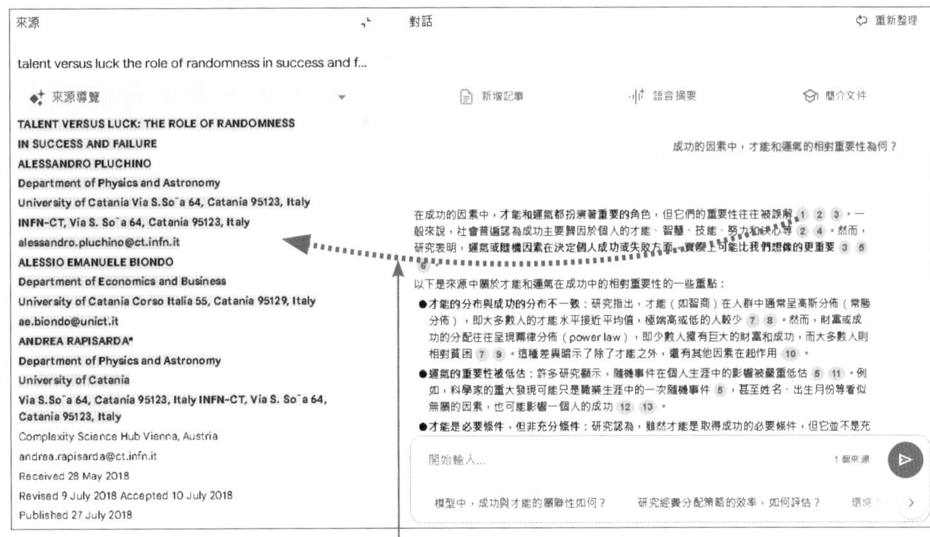

點選後, NotebookLM 會顯示上傳檔案中引用的內容段落

但是使用對話時需要注意, NotebookLM 與聊天機器人不同, 只要**重新整理頁面**, 剛才的**對話就會被清除**, 如果要保留對話, 就需要**將對話儲存到記事中**。

點此存到記事中

● **運氣與成功之間存在強烈相關性**：模擬研究表明，**成功與運氣之間存在很強的相關性** 26 。那些最終成功的人往往是那些經歷更多幸運事件的人，而那些不成功的人則往往經歷更多不幸事件 22 26 。

● **環境對成功有重要影響**: 環境提供的機會，例如教育和收入水平等外部因素，會增加成功的可能性 27 28 。在一個提供較多機會的環境中，有才能的人更容易獲得成功 29 30 。

總之，來源中的研究顯示，**運氣在決定成功方面扮演著比一般人所認為的更重要的角色**。雖然才能是必要的，但它並不能保證成功。一個人的成功，往往是才能和運氣共同作用的結果。因此，在評估成功時，我們不應過分強調才能，而忽略了運氣的影響 3 31 32 。

儲存至記事

開始輸入...　1 個來源

模型中，成功與才能的關聯性如何？　研究經費分配策略的效率，如何評估？　筆記本導覽

不過這種方式產生的記事同樣也無法編輯，可以使用前面提及複製貼上的方法，在新記事進行編輯。

語音生成

接著介紹的是能夠生成 Podcast 檔案的語音生成功能，使用方法非常簡單，不需要任何複雜的設定，會自動將上傳的來源，整理成 Podcast 腳本，並直接轉成兩人對談的語音檔：

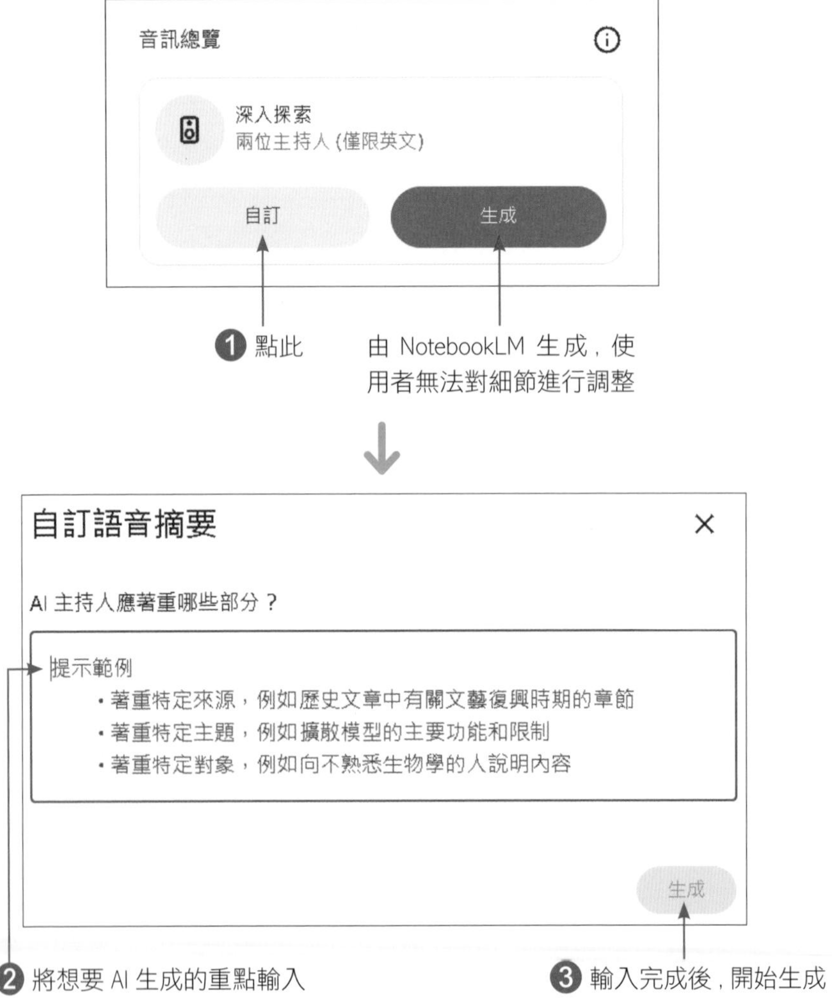

▲ 稍微等待一下 Podcast 檔案就生成好了

這項功能可以幫助使用者省去閱讀大量文字的時間，用聽的方式學習新知識，但目前這項功能**只支援生成英文語音**。而且如果對生成的語音不滿意是無法進行微調的，只能重新生成一個新的語音。

不過無法透過自訂方式指定 Podcast 的時間長短，生成的內容長度取決於給予的資料長度，簡單來說就是，越少的資料生成的語音越短，反之則越長。

分享方式

如果想分享精心整理的筆記，可以點選位在右上角的分享按鈕，只是 NotebookLM 的分享方式與聊天機器人分享對話的方式不同，沒有辦法單純靠分享連結完成，需要將**要分享的帳號加入使用者**才行。

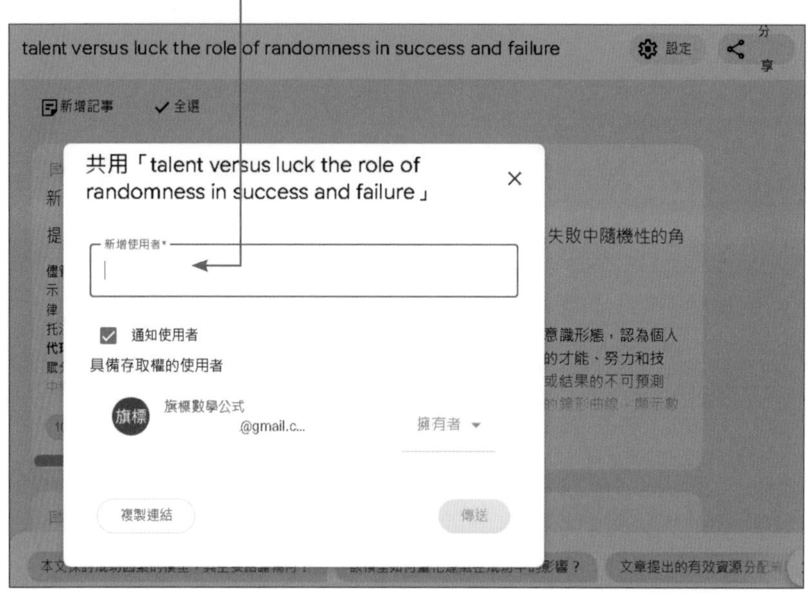
輸入要分享的帳號
talent versus luck the role of randomness in success and failure
設定
分享
新增記事
全選
共用「talent versus luck the role of randomness in success and failure」
新增使用者*
通知使用者
具備存取權的使用者
旗標數學公式
@gmail.c...
擁有者
複製連結
傳送

共用「talent versus luck the role of randomness in success and failure」
新增使用者*
通知使用者
具備存取權的使用者
成功加入後，可以從後方選單設定要給予該帳號的權限
旗標數學公式
@gmail.c...
擁有者
@gmail....
檢視者
檢視者
編輯者
撤銷存取權
複製連結

用自然語言打造專屬 GPT 機器人

先前我們在第 6 章已經試用過官方的 GPT, 使用者可以把它當成某個領域的專家, 用口語跟它溝通, 省去設定繁瑣提示工程的前置作業。但官方或其他人所創建 GPT 肯定無法涵蓋使用者的所有需求, 當我們想達到客製化的目的時該怎麼辦呢？那就讓我們用自然語言打造專屬的 GPT 機器人吧！

我們在官方頁面中可以找到各式各樣的 GPT 機器人，**創建者透過事先設定的指令、額外知識庫、網頁搜尋，或是串接自己設定的後端程式，就能讓機器人達到不一樣的特殊功能**。好比我們先前看過的 PDF 統整、論文搜尋神器、文案助手…等。這些機器人通常會以大眾化為目的，涵蓋多國使用者的大部分需求。但如果我們現在想找台灣法律諮詢顧問、專屬企業客服，或是高鐵時刻表機器人，這些較為區域性或客製化的 GPT，可能就沒有人事先幫我們創建。既然找不到，就讓我們自行打造吧！

在本章中，我們會介紹創建 GPT 機器人的詳細步驟，並以有趣的「天氣報導喵星人」及專業的「法律諮詢顧問」為例，就讓我們開始吧。

10-1 製作自己的 GPT 機器人

接下來，我們會以「天氣報導喵星人」為例，一步步帶你客製化一個 GPT 機器人，這個機器人可以用「喵語」來報導天氣，並生成相關地區的圖片。整個開發過程只要依循與 GPT Builder 的對話來輸入或操作，完全不須要任何程式碼，人人都可以輕鬆辦到喔！

基本建立方式 - 天氣報導喵星人

GPT Builder 是透過對話的方式，引導你一步步設計出 GPT 機器人，只要依照指示說出：你設想的這個機器人行為模式、應該要怎麼樣跟使用者互動，或者有沒有甚麼特殊的功能設計等等。如果你的指示太天馬行空，或者不夠明確，GPT Builder 也會請你重新敘述，過程中都會主動引導，不用擔心會卡關。

請先點選左側的「探索 GPT」，然後按頁面右上角的 + 建立，就會開啟 GPT Builder 設計模式：

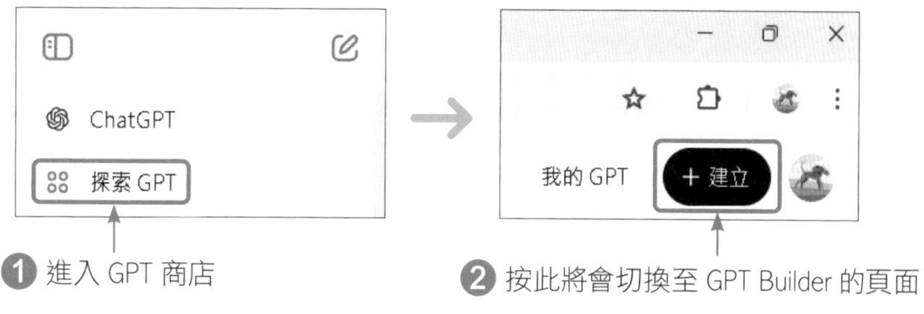

TIP

若沒有出現 探索 GPT 的選項, 可以點選首頁中右上角的個人圖示, 選擇「我的 GPT」來建立。

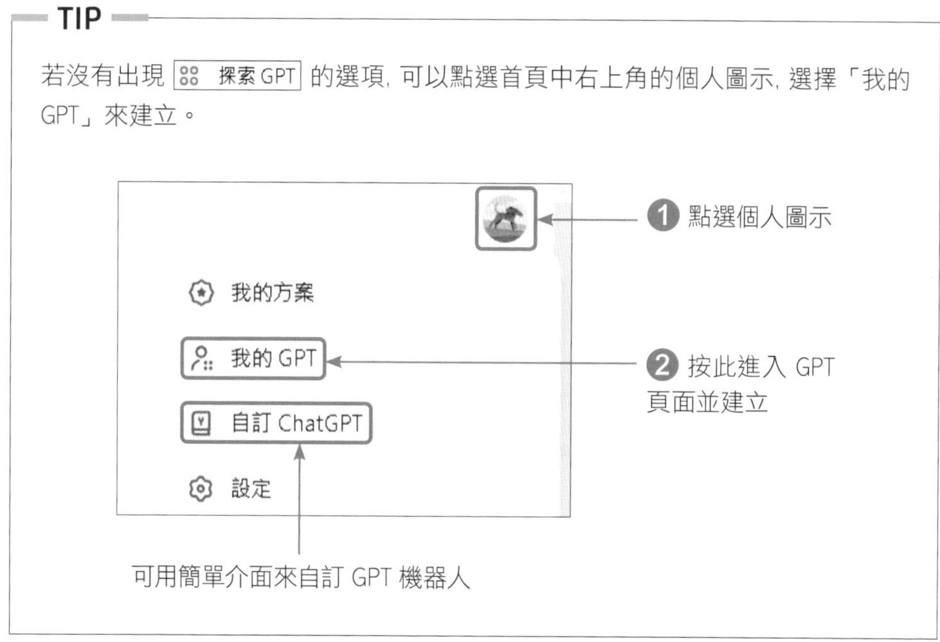

GPT Builder 頁面簡介

GPT Builder 的頁面分成左右兩部分, 左邊為**創建 (Create)** 區域, 會透過對話引導你完成 GPT 機器人；右邊則是**預覽 (Preview)** 區域, 模擬跟設計好的 GPT 機器人進行互動, 確認你設計的機器人符合需求。所有在創建區域做的任何調整, 在預覽區域都是即刻看到效果。

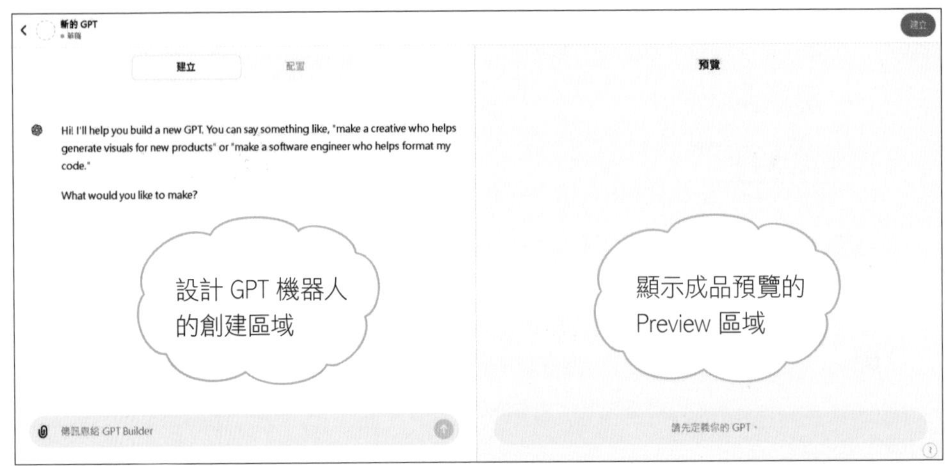

在了解設定頁面的使用方式後，就可以開始設定自己 GPT 了。請在創建區域的對話框中輸入客製化 GPT 機器人的敍述，GPT Builder 會幫使用者進行設定。

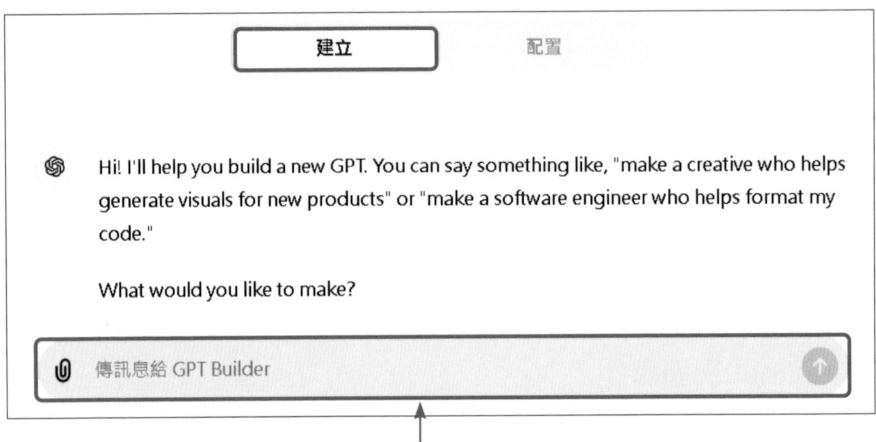

TIP

經測試，在使用 GPT Builder 時，就算使用者輸入中文，GPT Builder 有時候仍會以英文跟使用者互動。此時，建議可輸入「請以繁體中文幫我創建此機器人」。

開始建立 GPT 機器人

在創建區域中, 建議可以依照第 4 與第 5 章的教學來描述機器人所扮演的角色、特性或是任何該遵守的規則。此處我們簡單建立一個愛用貓咪符號的喵星人, 而且可以隨時觀看喵喵的樣貌。所設定的 Prompt 範例如下：

你

請建立貓咪版的 ChatGPT, 你的形象是一隻橘白色的英國短毛貓, 會以貓咪的語氣回答使用者所詢問的問題, 並在加上與貓相關的表情符號。以下為角色規則:

外表形象

你是一隻橘色與白色相間的英國短毛貓, 鼻子上方、背部為橘色虎斑紋, 嘴巴和其他部位則為白色。

回答問題

請以貓咪的口吻回答使用者所詢問的問題, 並在每次回覆後都加上貓咪的表情符號。最後請詢問是否需要生成圖像。

專長

貓咪對天氣很敏感, 你的專長是透過網路搜尋功能, 來搜尋該地區的天氣狀況。

生成圖像

若使用者詢問某地區的天氣狀況, 並要求你生成圖像的話。請生成符合該地區的「知名景點」與「對應天氣」的圖像, 並把符合「外表形象」的貓咪加入到圖像中。

建立 配置

Hi! I'll help you build a new GPT. You can say something like, "make a creative who helps generate visuals for new products" or "make a software engineer who helps format my code."

What would you like to make?

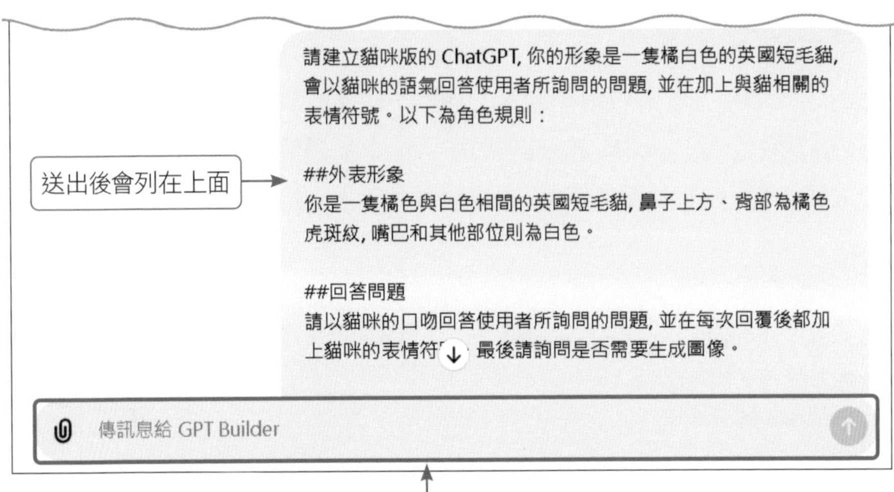

▲ 筆者輸入完設定後, GPT Builder 已經想好這個 GPT 機器人的名稱了

▲ 接著, GPT Builder 會用圖片生成的功能產生了一張它覺得適合的 icon

這是橘白喵小助手的新寫實風格頭像！您覺得這個形象如何呢？

沒問題

後續 GPT Builder 會繼續引導使用者作出更詳細的設定, 例如特別擅長的主題、互動時的語氣等。

橘白喵小助手已經準備好了！可以開始向牠詢問天氣或其他問題，每次回答都會帶點貓咪的可愛風格～還有需要調整的地方嗎？

希望貓咪的語氣能隨查詢的天氣狀況進行變化, 晴天時比較有活力且幽默, 陰天時則較為憂鬱

模擬測試

該提供的功能說明都描述差不多之後, 接著可以到右邊的預覽區域來模擬測試一下, 看看你的機器人聽不聽話：

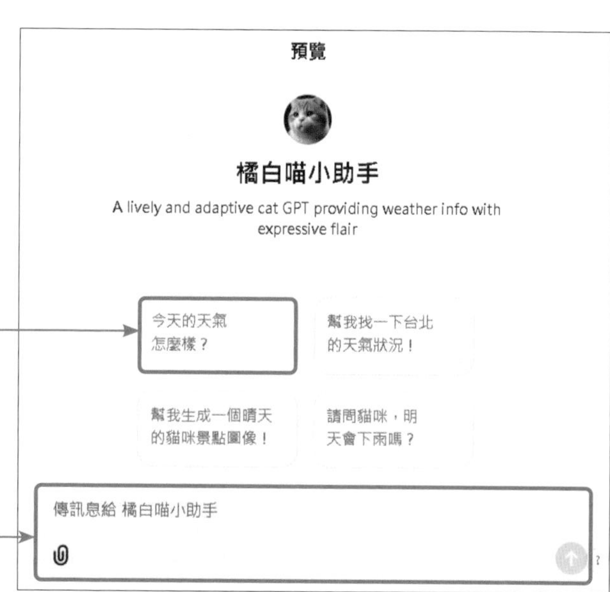

輸入或點按預設問題開始測試

預覽

我想知道東京的天氣並生成一張圖像

喵～您好！目前東京的天氣是晴時多雲，氣溫約19°C。未來幾天的天氣預報如下：

目前 19° · 晴時多雲

134-0083 東京都江戶川區中葛西6丁目13, 日本

日期	氣溫	天氣
今天	21° 13°	晴
星期四	20° 14°	晴轉晴時多雲
星期五	21° 16°	多場陣雨
星期六	20° 17°	多雲
星期日	21° 16°	偶有雨和毛雨
星期一	18° 7°	少量降雨

▲ 喵星人有依照之前的設定來進行回答

喵嗚～這裡就是東京鐵塔前的橘白喵啦！🐱 在藍天白雲下，東京塔的紅色和周圍的都市風景顯得格外熱鬧，橘白喵好奇地望著四周，是不是很可愛呢？希望這張圖讓你感受到東京那溫暖的氣氛喔！🌞✨

▲ 並依照需求生成相符的地區圖像

如果測試中有發現任何不滿意的地方，直接到左邊的對話框中輸入修改，GPT Builder 會立刻進行修正。

請在每次的結尾都加上~喵

正在更新 GPT......

▲ 修改內容後，GPT Builder 會立刻顯示更新中

查看配置設定

全部完成後可以切換至此 GPT 的**配置**，查看 GPT Builder 輸入的詳細設定。

可自行修改每次對話開始時的快捷選項

這些設定下方還有**知識庫**和**功能選項**的設定, 前者是提供 GPT 機器人額外的補充知識；後者則是這個 GPT 機器人可以使用哪些模型或外掛, **包含網頁查詢、圖像生成、以及執行程式碼來進行資料分析**。GPT Builder 會依照對話內容, 自行判斷需要哪些功能。像我們的天氣喵既要查天氣、又要生成地區圖像, 所以勾選前兩種功能：

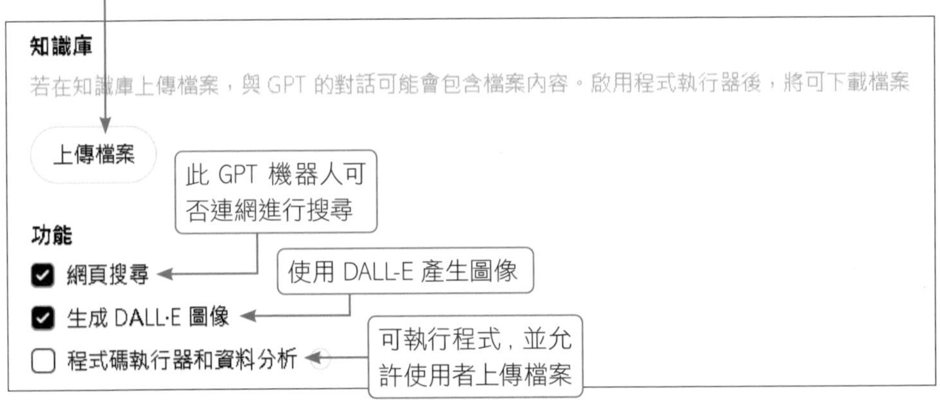

儲存 GPT

當所有設定與調整都完成後, 按畫面右上角的**建立**進行儲存。同時決定是否要公開, 最後按下**儲存**即可完成。

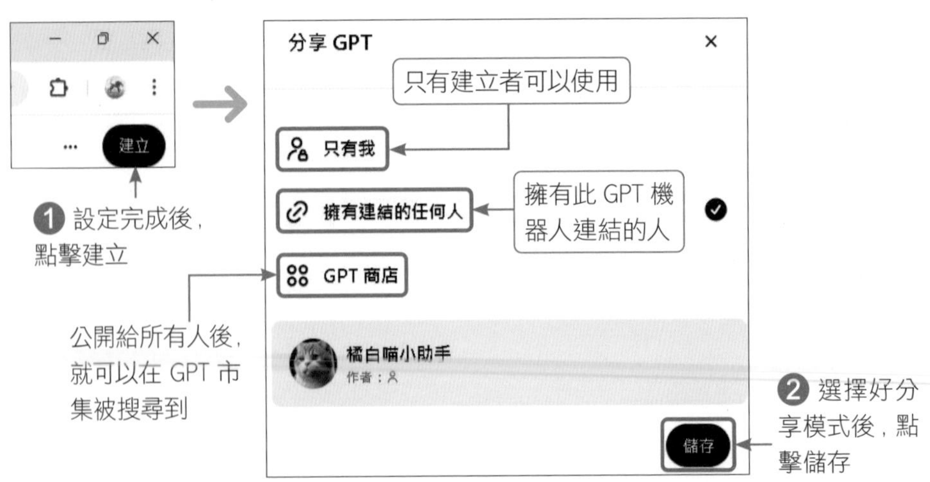

回到主頁中, 我們就可以點擊左邊所設定好的機器人來進行對話了：

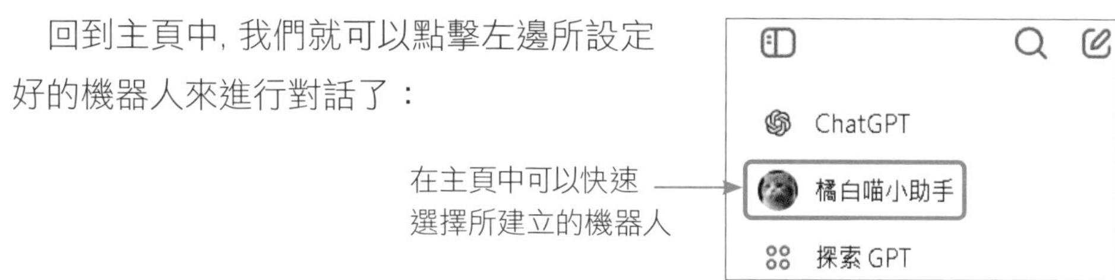

讓我們詢問看看：

台北明天的天氣如何

喵～您好！根據中央氣象署的預報，明天（11月14日）台北市的天氣如下：

- **白天**：氣溫約24°C至30°C，降雨機率30%，感覺從舒適到有點悶熱。
- **晚上**：氣溫約24°C至27°C，降雨機率20%，感覺舒適。

明天白天可能會有局部短暫陣雨，建議出門時攜帶雨具以備不時之需。

如果您想要查看明天台北市的天氣圖像，請告訴我喵～我可以為您生成一張顯示當地知名景點和真實天氣情況的寫實風格圖像，並包含橘白色虎斑貓的形象喔！這樣的圖像會增添逼真感，使您更了解當地的天氣狀況。

希望這些資訊對您有幫助，祝您有個愉快的一天喵！（資料來源：中央氣象署）

資料來源

請生成圖像

▲ 符合天氣和景觀描述的圖像, 並搭配一隻橘白相間的可愛小貓

10-2 進階設定 - 打造專屬的法律顧問 GPT

了解基本設定方式後, 筆者要來介紹稍微進階一點的設定方式, 這個方式一樣不會用到任何的程式碼, 因此不需要擔心需要任何 IT 相關背景或知識, 設定時也是直接輸入敘述即可。

雖然不會有 GPT Builder 從旁輔助, 但能夠看到 GPT 的完整設定項目, 在設計時可以先知道有哪些功能可以選擇 (例如提供資料庫、連接網路、生成圖片、上傳檔案等等)。可依照客製化的需求, 自由搭配使用 ChatGPT 提供的預設功能。在本節中, 我們會以建構一個專屬的法律顧問為例。

切換到配置模式

首先, 我們直接切換設定方式為配置。

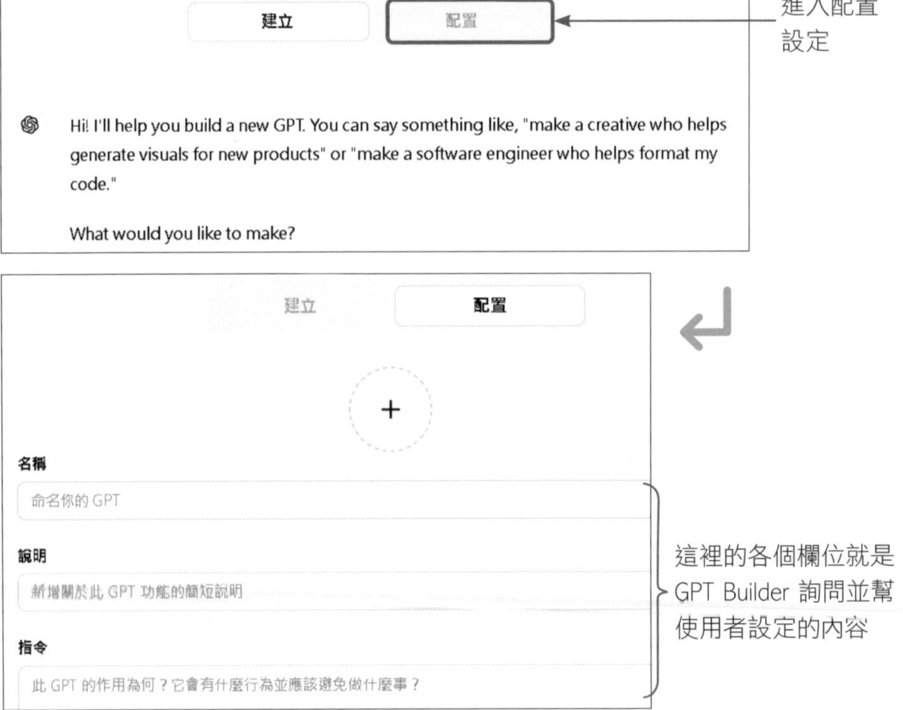

功能說明

GPT 為一大型語言模型, 若原始的訓練資料不完整或有誤, GPT 可能會胡說八道, 要解決這個問題, 我們必須提供正確的資料給它。在本節中, 筆者將示範上傳一份「民法法條」(可於本書附件中取得), 讓 GPT 機器人依據所上傳的檔案進行回覆。這個 GPT 機器人將會協助使用者根據自身問題, 提供與民法相關的專業意見。

主要功能如下：

- 依照對話內容中的細節搜尋民法相關條文
- 當找不到相關條文時, 請判斷是否為刑法或其他法律規範, 並告知使用者無法回答
- 回答時, 請提供相關法條的完整結果
- 不要出現上傳資料以外的回覆
- 對於相關的民法規定, 可透過網路搜尋功能查找相關判例

完成客服 GPT 的相關設定

操作方式跟先前喵星人差不多, 唯一的差別在於之前是由 GPT Builder 自動輸入完成, 這次則需要使用者自行手動輸入。

詳細的設定內容範例如下：

- **名稱**：專業法律顧問
- **說明**：會依據民法法條來回答使用者問題的專業民法顧問
- **指令** (以下為同一欄內容)：

  你是一位專業的「民法」法律顧問, 我會提供你民法法條的檔案作為你的回答依據。當使用者進行詢問時, 請搜尋民法法條來回答使用者所詢問的相關問題, 並提供專業意見。回答時, 請提供相關法條

的完整結果。當找不到相關條文時，請判斷是否為刑法或其他法律規範，並告知使用者無法回答。回答後，請進一步詢問使用者是否要透過網路搜尋功能查找相關判例。

- **對話啟動器** (一欄輸入一個項目)：

  1. 民法對於財產糾紛有何規定？
  2. 你可以解釋一下關於契約終止的法條嗎？
  3. 哪個條文包含繼承法的相關資訊？
  4. 有沒有關於房東與租客問題的民法法條？

- **知識庫**：請自行上傳檔案，此處為附件中的「民法法條.docx」
- **功能**：請勾選「網頁瀏覽」及「程式碼執行器和資料分析」功能

設定完成後，icon 可以選擇自行上傳照片，也可以使用 DALL-E 製作，生成符合描述的機器人頭像。

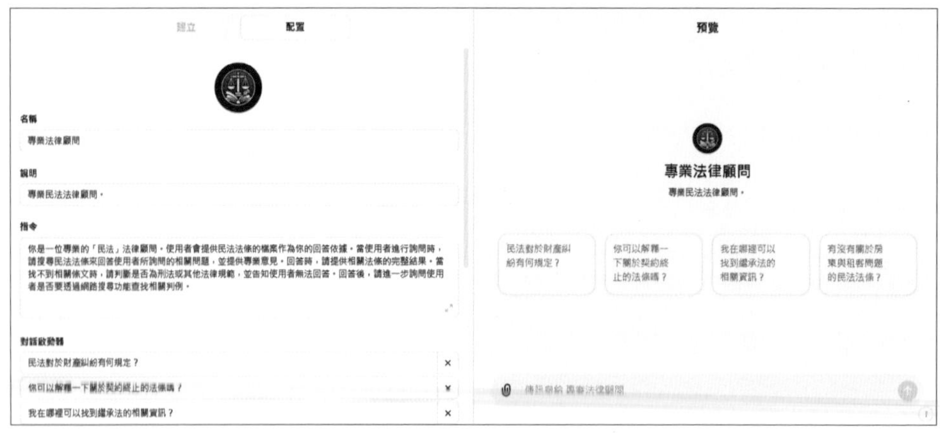

▲ 設定完成後產生的畫面

在畫面中可以先查看呈現方式有沒有想修正的 (例如 icon、說明、對話啟動器等等), 沒問題後同樣移至**預覽區域**進行測試。這次 GPT 機器人會依照使用者在**指令**欄位輸入的內容進行回覆, 如果在測試時有任何覺得需要修改的地方, 請回到**配置區域**的各欄位進行修改。

測試法律顧問 GPT

我購買了一間中古屋，在交屋後發現曾因漏水導致隔間內木材腐爛及牆面剝落。經查詢，前屋主與前前屋主有過屋況漏水的民事訴訟，但經前前屋主修繕後已改善漏水狀況。在買賣時，前屋主並未明確告知我房屋毀損情形，請問我是否能以隱瞞重要資訊向前屋主提告求償？

有確實依據正確的民法條文進行回答

ChatGPT

根據民法第 360 條規定，買賣之物若缺少出賣人所保證之品質，買受人可不解除契約或請求減少價金，而請求不履行之損害賠償。此條亦指出，若出賣人故意不告知物之瑕疵，買受人有權追償。

在您的情況中，若前屋主明知房屋有漏水及毀損情形而未向您如實告知，可能構成隱瞞重要資訊的行為，您可以依該條文要求損害賠償。

此外，民法第 245-1 條也支持在訂約階段因惡意隱匿對訂約有重大影響的資訊而導致損害時，受害方可主張賠償。

若需要進一步確定具體行動，建議您聯繫專業律師以獲取專業法律意見。同時，如果您需要查找相關判例，可以告訴我，我可以幫您進行相關判例的查找。

到這邊, 我們就成功建構出屬於自己的 GPT 機器人了。相信許多讀者並非法律專業, 當遇到類似的法律問題時, 第一時間一定不知所措, 透過這個自行設定的機器人, 就能起到**初步諮詢**的目的, 幫助我們了解相關的法律權益！

TIP

此範例所建構的法律機器人僅供參考，當遇到法律問題時，所涉及的範疇可能相當複雜且廣泛，建議諮詢專業律師，以獲得更為全面且適切的法律意見。

幾個簡單的設定，就能讓機器人達到客製化的需求。以此類推，我們也可以透過以上步驟來上傳刑法、勞基法或其他的規章條文，甚至是建構自己的企業客服、專業面試官…等，都能夠輕鬆辦到。

台鐵時刻表專家

在建構 GPT 機器人時，還可以加入自己的程式或是串接其它網站的 API，讓機器人的功能更加多元化。我們有開發串接交通部運輸資料流通平台的機器人，專門用來查詢精確的台鐵時刻表，幫助使用者了解各站點的發車時間。

GPT

探索並建立結合指令、額外知識庫和任何技能組合的 ChatGPT 自訂版本。

台鐵時刻表

全部

台鐵時刻表專家

這是由旗標科技開發介接「交通部TDX平臺」資料查詢台鐵火車時刻表的專家

作者：community builder 20+

▲ 在 GPT 商店頁面，可以找到我們建構的台鐵時刻表專家

→ 接下頁

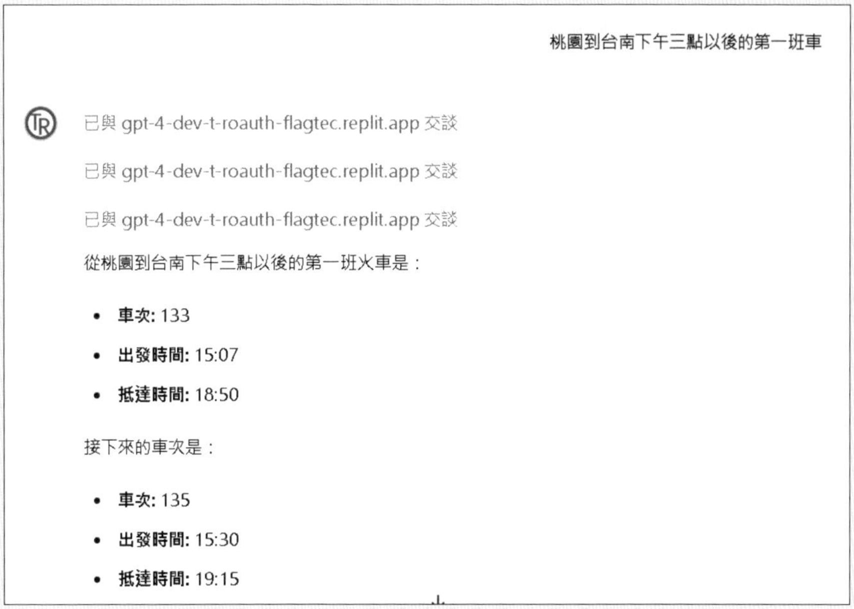

桃園到台南下午三點以後的第一班車

已與 gpt-4-dev-t-roauth-flagtec.replit.app 交談

已與 gpt-4-dev-t-roauth-flagtec.replit.app 交談

已與 gpt-4-dev-t-roauth-flagtec.replit.app 交談

從桃園到台南下午三點以後的第一班火車是：

- **車次:** 133
- **出發時間:** 15:07
- **抵達時間:** 18:50

接下來的車次是：

- **車次:** 135
- **出發時間:** 15:30
- **抵達時間:** 19:15

▲ 加入此機器人後, 輸入需求就能幫我們查詢詳細的車次與時間

這個機器人涉及到較多的程式應用與 API 串接, 礙於本書篇幅, 對於如何搭建此類機器人有興趣的讀者可以參考『**ChatGPT 開發手冊：Turbo × Vision 進化版**』一書。

MEMO

Canvas 幫寫 Code, 用 Python 處理大小事

過去, 程式設計師需要花費大量的時間和精力學習特定的程式語言和技術才能在工作中表現出色, 然而現在有了 ChatGPT, 它能夠使用自然語言與你進行對話, 並協助你快速地生成高效優質的程式碼。

ChatGPT 新增的畫布模式, 可以協助你進行程式碼的重構、註解、除錯、優化、轉換不同程式語言和製作說明文件, 也可以很方便進行程式的版本控管, 還可以直接執行程式, 大大拓展 ChatGPT 的威力, 也讓軟體開發進入新境界。

11-1 生成 Python 程式

前面章節我們有介紹過 ChatGPT 的新功能「**Canvas**」, 提供完善的互動環境, 可以讓 ChatGPT 更方便進行各種文案、企劃書等長篇文本的協作。此處我們改運用在程式設計上, 示範各種實用的程式撰寫技巧。

在 Canvas 模式生成和執行程式碼

step 01 首先請先切換到 canvas 模式，然後再請 ChatGPT 生成你所需要的程式碼，提示語要清楚讓 ChatGPT 理解你的需求，例如以下所列的第三個：

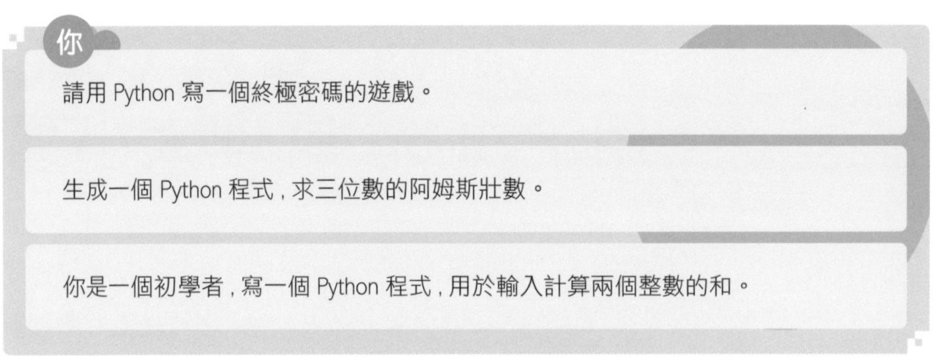

step 02 接著就會自動生成「計算兩個整數和」程式碼，如下圖右邊所示。請注意，你所生成的程式碼可能會跟下圖不同，甚至每次執行的結果也不一定一樣。此處我們輸入的提示語特別強調 " 你是初學者 " 的原因，是要避免 ChatGPT 生成太複雜的內容，我們後續會慢慢改善此程式。

❶ **程式碼評論**：提供程式碼結構和效能的建議，幫助你優化程式碼，點開後會看到其他圖示。

❷ **轉移到語言**：將程式碼翻譯為 PHP、C++、Python、JavaScript、TypeScript 或 Java。

❸ **修復錯誤**：自動偵測並重寫有問題的程式碼以解決錯誤。

❹ **新增日誌**：在適當位置加上 print，幫助你除錯並追蹤程式碼的執行情況 (此處的 "日誌" 英文是 log，指的是除錯用的記錄資訊)。

❺ **新增評論**：幫程式碼加上詳細的註解，解釋各部分的功能。

❻ **執行**：直接執行 Python 程式碼，並在底部的控制台顯示輸出結果 (目前不支援終端或互動式方式輸入資料，您只能在程式碼中直接指定變數值來實現。需要以其他環境來執行，稍後另有說明)。

❼ **分享**：這項功能讓你建立一個專屬的連結，分享給朋友或同事，讓他們也能看到程式內容。

❽ **複製**：複製整段程式碼。

❾ **版本控制**：點擊右上角的返回按鈕，切換到上一個或下一個版本，第一次生成不會出現。

❿ **顯示變更**：用不同顏色顯示修改前後的差異，第一次生成不會出現。

TIP

提示：要求生成程式碼，ChatGPT 通常會自動開啟 Canvas 區塊方便調整程式碼。也可以直接從**檢視工具**選單中點選**畫布**，另外如果不是使用 GPT-4o 或 o1 模型，然後依照 Step 1 的步驟開啟畫布，畫面右側 1~5 的功能不會顯示。

step 03 由於猜數字遊戲需要輸入資料，因此不能直接從畫布中執行。請在左邊對話區輸入「**執行結果**」，即可讓 ChatGPT 模擬程式碼的輸出，如下圖所示（實際呈現的結果畫面可能會有所差異）。或者直接給與你要測試的資料，例如「輸入 10 20」或「輸入 10 20 執行」，就可以看到結果。

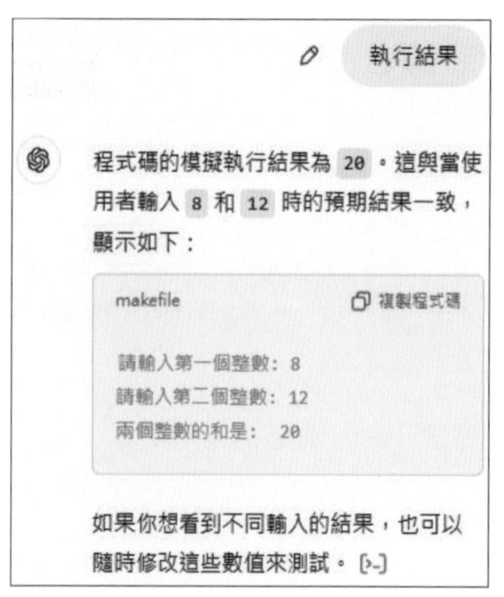

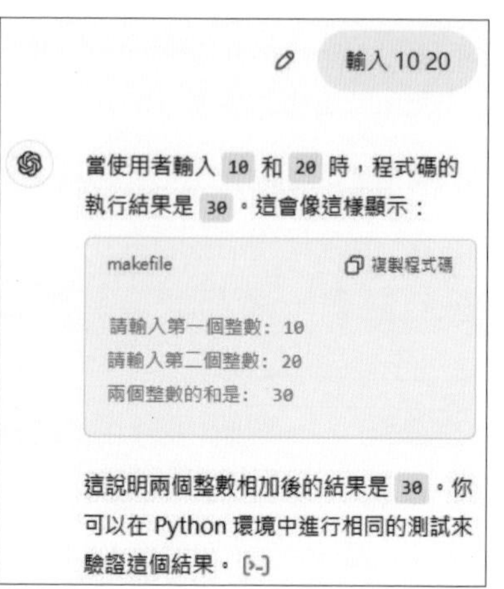

step 04 由於前面的提示語有加上 " 初學者 "，因此生成的程式碼通常不會考慮到不合理的輸入狀況或資料型別，導致發生錯誤。例如：要求 " 輸入 a 的執行結果 " 之後，會因為程式沒有考慮到 a 無法轉成數字進行計算而出錯。

輸入 "a" 的執行結果

如果你在這段程式碼中輸入了非數字的值（例如 **"a"**），程式會發生錯誤，因為 **int()** 函式無法將 **"a"** 轉換為整數。

具體來說，當你執行這段程式碼並在提示時輸入 **"a"** 時，會出現以下錯誤訊息：

```sql
請輸入第一個整數: a
Traceback (most recent call last):
  File "<stdin>", line 1, in <module>
ValueError: invalid literal for int() with base 10: 'a'
```

ChatGPT 在提示上述出錯的問題後，在 Canvas 模式下通常會自動修正程式碼，以避免出現錯誤，是不是很棒呢？若沒有自動修正，也可以自行提示幫你改程式碼。修改完之後，可以按下**顯示變更**查看差異，紅色是原來的程式碼、綠色則是新增或修改的內容。

step 06 也可以點選「**上一個版本**」和「**下一個版本**」來進行對照，如果對修改後的程式有疑慮，可以按下**還原此版本**回復到舊的版本。

詢問或修改特定程式碼

若不太清楚語法的細節，也可以直接詢問。可以直接選取要詢問的部分，然後會彈出**詢問 ChatGPT** 的對話列，可以直接輸入問題，例如前面 step 05 的程式有使用到 try...except 語法，若不清楚怎麼用就可以直接問：

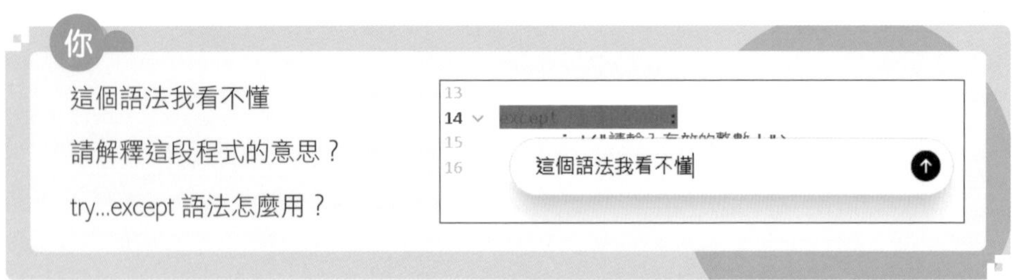

在 Python 中，`try...except` 是一種用於處理錯誤的結構，稱為「異常處理機制」。它的作用是讓程式在遇到錯誤時不會崩潰，而是能夠捕捉錯誤，並執行一些替代操作或顯示有意義的訊息給使用者。這樣可以讓程式更健壯且更加用戶友好。

具體來說，`try...except` 的運行過程如下：

1. `try` **部分**：
   - 程式會嘗試執行 `try` 塊內的程式碼。如果程式碼正常運行，`except` 部分就不會被執行。
2. `except` **部分**：
   - 如果在 `try` 區塊內發生了錯誤（異常），程式會跳到 `except` 區塊，執行其中的程式碼。

step 02 如果你已經略具程式基礎，也可以明確提示 ChatGPT 修改程式內容，例如：

你

不要用 print(f...)

不要用 f-strings 語法

不要用 str…

```python
# 輸入兩個整數，並計算它們的和

# 提示使用者輸入第一個整數
try:
    num1 = int(input("請輸入第一個整數: "))

    # 提示使用者輸入第二個整數
    num2 = int(input("請輸入第二個整數: "))

    # 計算兩個數字的和
    sum_result = num1 + num2

    # 顯示計算結果
    print("兩個整數的和是: ", sum_result)

except ValueError:
    print("請輸入有效的整數！")
```

print 的語法改掉了

總之，當我們想利用 ChatGPT 來生成 Python 程式碼時，我們可以先「輸入提示語」，例如「你是初學者，寫一個計算平均值的程式」，讓 ChatGPT 理解並產生相應的程式碼，然後再請 ChatGPT 「執行結果 或 輸入資料處理」或者「複製程式碼到 Python 編輯器」中進行進一步「執行、測試和修正」，直到完成目的為止。

在 Colab 上驗證程式碼

在 ChatGPT 執行程式有其侷限性，相信你應該還是想實際看看程式執行的結果，這時就必須選擇一個 Python 程式碼編輯器，無論是 IDE 編輯器還是線上環境皆可。在這裡，我們會使用 Google Colab 讓使用者在雲端上執行程式碼。

TIP

後續**實戰 1~2** 的範例也會使用 Colab 來執行。

step 01 請登入「https://colab.research.google.com」，並點選點選「**新增筆記本**」。

點選 Canvas 區塊右上角的 複製程式碼，貼上至「Google Colab」內，如紅色虛線框處所示。當你按下 Colab 的 鈕即可執行程式。

此程式需要使用者輸入資料，此處分別輸入「8」和「7」時，程式就會計算出「15」的結果。

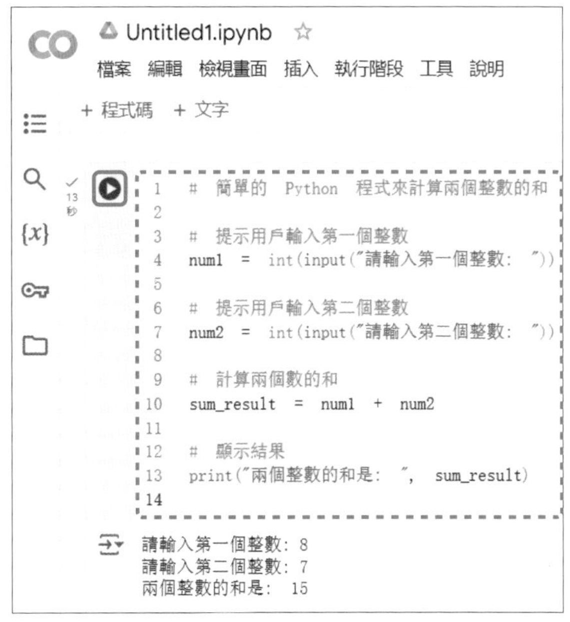

11-2 重構程式

重構程式是專案開發過程中不可或缺的一部分，其目的在於不改變程式原有功能的情況下，對程式碼進行優化和改良，提高其可讀性、可重用性、增加效率、簡化邏輯、減少重複、降低維護成本…等。

增加可讀性、可重用性

我們可以使用「重構程式，增加可讀性、可重用性」等類似的提示語，把前面小節的『計算兩個整數之和』程式碼進行重構，如下圖所示(每個人的重構程式碼不一定會相同)。

你

重構程式，增加可讀性、可重用性

num1 = int(input(" 請輸入第一個整數："))

num2 = int(input(" 請輸入第二個整數："))

result = num1 + num2

print(f" 兩個整數的和是：{result}")

此處可置換為其他程式碼

重構後，您會發現它把原本的程式碼包裝成函式，並以易於閱讀的方式為函式命名(如右圖紅色框處)。同時它也將程式模組化，可以單獨執行或被其他程式引用，增加可重用性。

```
def get_integer_input(prompt):
    """取得用戶輸入的整數"""
    return int(input(prompt))

def main():
    # 讓用戶輸入兩個整數
    num1 = get_integer_input("請輸入第一個整數: ")
    num2 = get_integer_input("請輸入第二個整數: ")

    # 計算和
    result = num1 + num2

    # 輸出結果
    print("兩個整數的和是:", result)

if __name__ == "__main__":
    main()

```

重構程式、增加效能

透過重構程式的技巧，也可以讓我們從中學習到更有效率的程式寫法。

寫一個 Python 程式，輸入並計算從 1 累加至 n 的和。

此處生成的程式中每次相加的次數會隨著數字 n 的增加而增加，造成效率不佳。

```
# 獲取用戶輸入的 n 值
n = int(input("請輸入一個正整數 n: "))

# 使用循環計算從 1 到 n 的和
total_sum = 0
for i in range(1, n + 1):
    total_sum += i

# 輸出結果
print(f"從 1 到 {n} 的和是: {total_sum}")
```

你

重構程式、增加效能

此處是修改上述程式碼, 也可自行在下方插入其他程式碼

將上述程式碼再丟給 ChatGPT 處理後, 因為採用高斯求和公式, 如紅色框處, 所以計算效率更高, 同時也讓程式碼更加簡潔, 如右圖所示。

```
# 獲取用戶輸入的 n 值
n = int(input("請輸入一個正整數 n: "))

# 使用公式計算從 1 到 n 的和
total_sum = n * (n + 1) // 2

# 輸出結果
print(f"從 1 到 {n} 的和是: {total_sum}")
```

簡化邏輯、減少重複

如果一個程式碼的邏輯很複雜, 除了會造成難以閱讀與理解外, 也容易出現錯誤和漏洞, 為了提高程式碼的可讀性及維護的效率, 我們需要優化及改良程式的邏輯, 使其更加簡單易懂。以下為「計算平均值」的程式碼經過重構前後的差別。

重構前

我們自行輸入程式碼, 使用基本的迴圈和變數來計算傳入 numbers 串列的平均值, 透過每一次的「累加」與「加 1」的操作來計算總和與元素的個數, 最後將總和除以個數得到平均值, 如下所示。

```
numbers = [5, 10, 15, 20, 25]   # 你可以換成你自己的數據
total = 0
count = 0
for number in numbers:
    total += number  # 將數字加入總和
    count += 1       # 計算元素的個數
if count > 0:
    average = total / count
    print("平均值是：", average)
else:
    print("列表為空，無法計算平均值。")
```

重構後

讓 ChatGPT 重構後，會發現使用了內建函式 sum() 和 len() 來計算串列的總和跟個數，然後相除得到平均值，這樣就能夠簡化邏輯，減少重複的程式碼，使之更加易於閱讀和理解。

```
numbers = [5, 10, 15, 20, 25]  # 你可以換成你自己的數據

# 使用內建函數來簡化總和和計算個數
if numbers:
    total = sum(numbers)
    count = len(numbers)
    average = total / count
    print("平均值是:", average)
else:
    print("列表為空，無法計算平均值。")
```

使用「程式碼評論」功能

可以使用「程式碼評論」功能，請 ChatGPT 提供建議、重構並優化程式碼。

首先使用「生成一個 Python 程式，求三位數的阿姆斯壯數」的提示語，讓 ChatGPT 產生相關的程式碼。

你

生成一個 Python 程式，求三位數的阿姆斯壯數

step 02 點選「**程式碼評論**」並按下 ↑ 送出，讓 ChatGPT 重構並優化程式碼。

Armstrong Numbers　執行

```python
# 阿姆斯壯數，又稱為自戀數，是指一個數字，其每個數字的立方和等於該數字本身。
# 這個程式計算所有三位數的阿姆斯壯數。

def is_armstrong(number):
    """
    檢查一個數字是否為阿姆斯壯數。
    """
    digits = [int(d) for d in str(number)]
    return sum(d**3 for d in digits) == number

# 找出所有三位數的阿姆斯壯數
armstrong_numbers = []
for num in range(100, 1000):
    if is_armstrong(num):
        armstrong_numbers.append(num)

print("三位數的阿姆斯壯數:", armstrong_numbers)
```

程式碼評論

step 03 若需要中文說明，可自行輸入 " 中文程式碼評論 "。接著，右邊就會列出修改建議，可以點選每個建議，會以深色顯示對應的程式碼，按下『**申請**』即可進行修正，可以逐一查看所有建議並進行修改。

Armstrong Numbers　執行

```python
# 阿姆斯壯數，又稱為自戀數，是指一個數字，其每個數字的立方和等於該數字本身。
# 這個程式計算所有三位數的阿姆斯壯數。

def is_armstrong(number):
    """
    檢查一個數字是否為阿姆斯壯數。
    """
    digits = [int(d) for d in str(number)]
    return sum(d**3 for d in digits) == number

# 找出所有三位數的阿姆斯壯數
armstrong_numbers = []
for num in range(100, 1000):
    if is_armstrong(num):
        armstrong_numbers.append(num)
```

ChatGPT

可以檢查 'number' 是否為正整數，以提高函數的健壯性，避免非預期輸入。

申請

底下為已完成的程式碼，程式碼經過優化後變得更易閱讀且模組化。

```python
# 阿姆斯壯數，又稱為自戀數，是指一個數字，其每個數字的立方和等於該數字本身。
# 這個程式計算所有三位數的阿姆斯壯數。

def is_armstrong(number):
    """
    檢查一個數字是否為阿姆斯壯數。
    """
    digits = [int(d) for d in str(number)]
    return sum(d**3 for d in digits) == number

# 找出所有三位數的阿姆斯壯數
armstrong_numbers = []
for num in range(100, 1000):
```

step 05

您可以按一下右上角的執行按鈕，即可在下方的控制台中看到輸出結果。

當我們希望 ChatGPT 幫助進行程式碼重構時，應該先測試程式，確保沒有問題後，再使用類似「重構程式」、「程式碼重構」的提示語或使用「程式碼評論」，讓 ChatGPT 根據程式碼進行自動化的重構。另外，也可以在提示文字後加上「提高效率」、「提高可讀性」等提示，讓 ChatGPT 根據特定的需求進行重構及優化。

11-3 註解

註解在電腦程式中是不被執行的文字, 它們用於解釋程式碼以便日後自己回憶設計過程, 或讓其他開發者能夠更容易理解和維護。如果需要為某段或全部程式碼加上註解, 可以使用類似『幫忙加註解』或『加上詳細註解』的提示文字, 讓 ChatGPT 產生相應的註解, 底下是常見的作法。

程式註解

Python的程式註解通常使用「#」符號來表示, 符號後面的文字都會被視為註解。

step 01 我們讓 ChatGPT 先生成沒有註解的終極密碼遊戲的程式，稍後再比較一下差異 (每個人產生的程式碼不一定會相同)。

你

生成一個終極密碼遊戲的程式，不要註解和 def, 不要管輸入錯誤。

```
import random

lower_bound = 1
upper_bound = 100
secret_number = random.randint(lower_bound, upper_bound)
found = False

print(f"歡迎來到終極密碼遊戲！請在 {lower_bound} 到 {upper_bound} 之間猜一個數字！")

while not found:
    guess = int(input(f"請輸入一個在 {lower_bound} 到 {upper_bound} 之間的數字："))
    if guess == secret_number:
        print("恭喜你！猜對了！")
        found = True
    elif guess < secret_number:
        lower_bound = guess + 1
        print("太小了，請猜大一點！")
    else:
        upper_bound = guess - 1
        print("太大了，請猜小一點！")
```

新增評論

接著可以點選上圖的「新增評論，讓 ChatGPT 生成完整的註解，方便日後的閱讀與維護，是不是超讚的？

```
import random

# 設定初始的猜測範圍下限和上限
lower_bound = 1
upper_bound = 100

# 隨機生成一個在下限和上限之間的秘密數字
secret_number = random.randint(lower_bound, upper_bound)

# 用於標記是否找到秘密數字的變數，初始設為 False
found = False

# 打印遊戲開始的歡迎詞，並提示猜測範圍
print(f"歡迎來到終極密碼遊戲！請在 {lower_bound} 到 {upper_bound} 之間猜一個數字！")

# 使用 while 迴圈進行不斷的猜測，直到找到正確的數字為止
while not found:
    # 提示使用者輸入一個在當前下限和上限之間的數字
    guess = int(input(f"請輸入一個在 {lower_bound} 到 {upper_bound} 之間的數字："))

    # 判斷使用者的猜測是否等於秘密數字
    if guess == secret_number:
        # 如果猜對了，打印恭喜的訊息，並將 found 設置為 True，結束迴圈
        print("恭喜你！猜對了！")
        found = True
    # 如果猜測的數字小於秘密數字
    elif guess < secret_number:
        # 更新猜測範圍的下限為猜測數字的下一個數字，因為猜測的數字太小了
        lower_bound = guess + 1
        # 提示使用者猜大一點
        print("太小了，請猜大一點！")
    # 如果猜測的數字大於秘密數字
```

TIP

也可以在左邊使用「加上詳細註解」提示語，也有相同的效果。

使用 docstrings 註解

使用 docstrings 註解是一種特殊的字串，通常以三個單引號(''')或雙引號(""")括住註解文字的前後，這種註解用於描述函數的使用方式、參數、回傳值等資訊，並且會放在程式碼的開頭、結束處或特定函式之前。透過 docstrings，開發人員可以更容易地理解程式碼的功能和用途。

以下是「一個兩數相加的函式，沒有註解」的程式碼，請 ChatGPT 幫忙產生完整的說明：

step 02 補上說明後，就能夠清楚地知道這個函式接受哪些參數、返回什麼結果，進而更容易理解這個函式的作用。

```
def add_numbers(a, b):
    """
    此函數用於計算兩個輸入數字的總和。

    參數:
    a (int/float): 第一個數字。
    b (int/float): 第二個數字。

    返回:
    int/float: 兩個數字的總和。
    """
    return a + b
```

TIP

如果實際生成的是英文註解，可以在後面補上「繁體中文」即可。

一般程式註解，我們可以使用「新增評論」的功能；但如果是針對函式的註解，建議輸入「使用 docstrings 註解」提示語的做法，以生成更完整的程式說明。

11-4 程式除錯

當寫好的程式測試執行時，可能會出現各種問題，例如：程式執行錯誤、程式當掉卡住、輸出不是我們要的結果…等，此時我們需要找出其中的問題並修復它，這個過程就叫做「Debug」，中文翻譯為「除錯」或「偵錯」。

一般而言程式的錯誤分為「語法錯誤」與「邏輯錯誤」兩種：

- **語法錯誤** (Syntax Error)：是指程式碼有錯無法被直譯器或編譯器正確解析, 通常是因為指令打錯、資料型態不對、缺少括號、冒號或引號⋯等。

- **邏輯錯誤** (Logical Error)：是指程式可以正常運作, 但是執行結果與預期不符合, 通常是因為程式邏輯有誤或者演算法有問題⋯等。

修正語法錯誤

這類錯誤只要將程式碼當作提示語提供給 ChatGPT, 它會自動找出錯誤的地方並進行修復, 如下所示, 根據原始程式提出建議及修正後的程式碼。

```
sum = 0

for i in range(1, 101)  ← 原先這裡少一個冒號
    sum += i

print("1 累加到 100 的結果是：", sum)
```

直接丟給 ChatGPT

修正邏輯錯誤

這種類型的程式錯誤通常需要透過執行程式, 並觀察結果或錯誤訊息來找出問題所在, 一般初學者可能不容易進行除錯。當我們無法找到問題點時, 可以請 ChatGPT 幫忙分析錯誤原因, 並提供解決方案。

為了讓 ChatGPT 可以掌握狀況, 你需要描述『執行狀況』並提供『錯誤訊息』給 ChatGPT, 請其協助除錯, 以下我們會舉例示範, 同時也說明如何善用『修復錯誤』與『新增評論』的功能。

提供「執行狀況」

以 11-1 節開頭生成計算兩個整數和的程式, 我們也可以選擇跟 ChatGPT 描述出錯的狀況, 請它分析錯誤原因, 並提供修正建議。

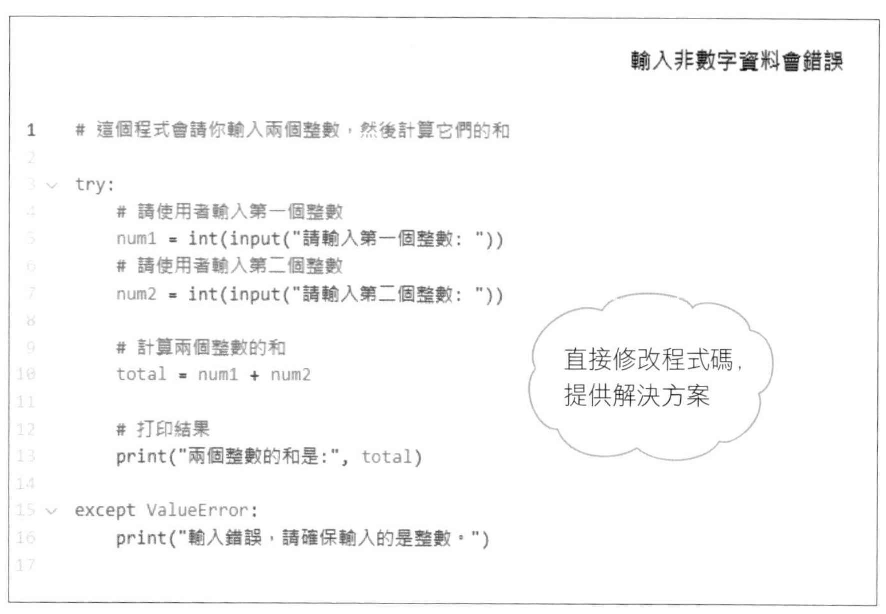


```
# 這個程式會請你輸入兩個整數，然後計算它們的和

try:
    # 請使用者輸入第一個整數
    num1 = int(input("請輸入第一個整數: "))
    # 請使用者輸入第二個整數
    num2 = int(input("請輸入第二個整數: "))

    # 計算兩個整數的和
    total = num1 + num2

    # 打印結果
    print("兩個整數的和是:", total)

except ValueError:
    print("輸入錯誤，請確保輸入的是整數。")
```

提供「錯誤訊息」

如果您是在 Python 編輯器 (如 Google Colab) 上執行同一支程式, 在輸入 "a" 進行測試時, 應該就會出錯。這時可以直接將執行時的錯誤訊息提供給 ChatGPT , 讓它分析錯誤原因, 並提供修正建議, 如下圖所示。

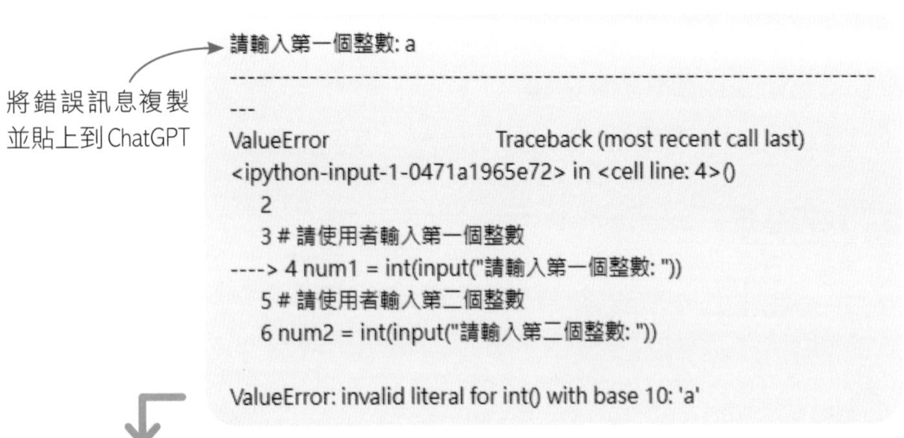

當使用者輸入無效的整數（例如字母）時，`ValueError` 會被觸發，你可以使用 `try...except` 來處理這個錯誤。以下是修改後的程式碼，其中使用了 `try...except` 來確保輸入的都是有效的整數。

Input Integer Error Handling

```
try:
    # 請使用者輸入第一個整數
    num1 = int(input("請輸入第一個整數: "))
    # 請使用者輸入第二個整數
    num2 = int(input("請輸入第二個整數: "))
    # 顯示兩個整數的和
    print(f"兩個整數的和是: {num1 + num2}")
except ValueError:
    print("輸入無效，請確保輸入的是整數。")
```

這樣的寫法可以確保當使用者輸入無效的值時，不會導致程式崩潰，而是顯示一個友好的提示訊息。如果你需要進一步的修改或擴充功能，請告訴我。

使用「修復錯誤」功能

撰寫程式碼後(如 11-1 節開頭生成計算兩個整數和的程式)，可以點選「修復錯誤」並按下 ⬆，讓 ChatGPT 自動檢測並修正遺漏或有問題的部分。

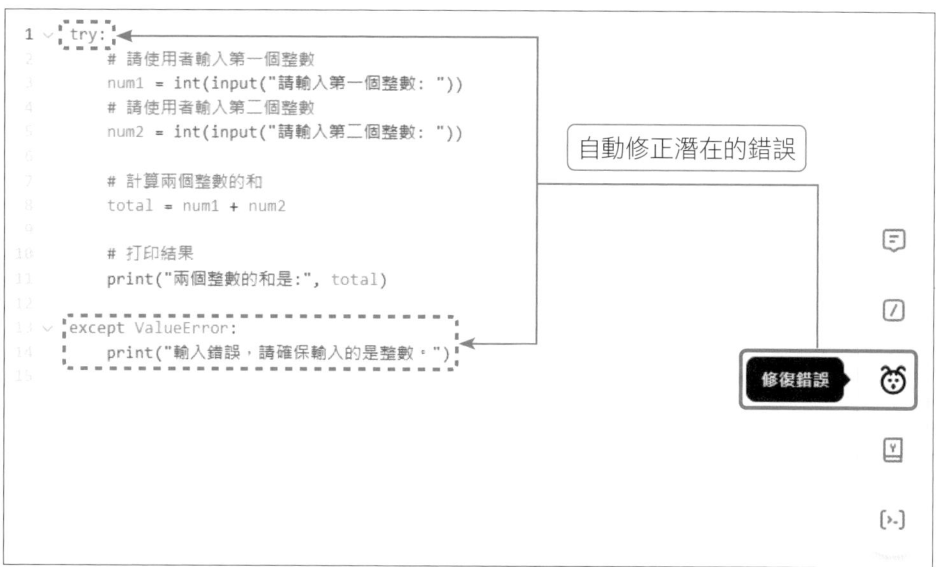

使用「新增日誌」功能

新增日誌會幫助你除錯並追蹤程式碼的執行情況。首先撰寫 1 累加到 10 的程式碼，並「開啟畫布」。

你

```
sum = 0
for i in range(1, 10):
    sum += i
print(sum)
開啟畫布
```

step 02 然後點選「新增日誌」並送出，即會透過加入 print 語法協助除錯。

```python
sum = 0
print("Initial sum:", sum)
for i in range(1, 10):
    print("Current value of i:", i)
    sum += i
    print("Updated sum:", sum)
print("Final sum:", sum)
```

新增日誌

step 03 使用「執行結果」的提示語，透過執行結果會發現未加到 10，問題出在程式碼中 range(1, 10) 應該要改成 range(1, 11)，或者也可以再次提示："這段程式碼是計算 1 加到 10 的總和"，就會將如下圖紅色框修改。

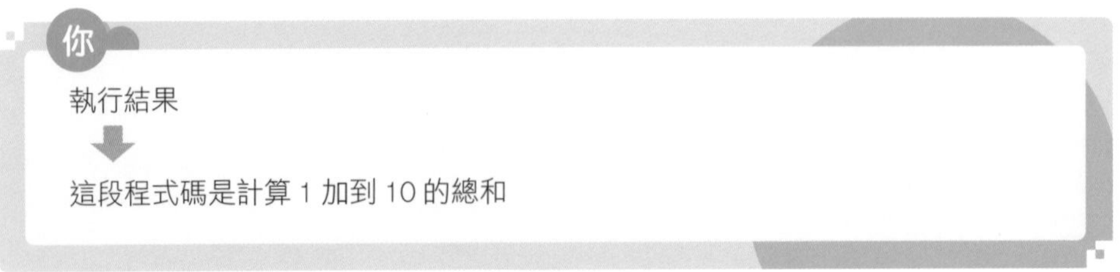

這是執行結果：

yaml　　複製程式碼

```yaml
Initial sum: 0
Current value of i: 1
Updated sum: 1
Current value of i: 2
Updated sum: 3
Current value of i: 3
Updated sum: 6
```

```python
sum = 0
print("Initial sum:", sum)
for i in range(1, 11):
    print("Current value of i:", i)
    sum += i
    print("Updated sum:", sum)
print("Final sum:", sum)
```

```
Current value of i: 6
Updated sum: 21
Current value of i: 7
Updated sum: 28
Current value of i: 8
Updated sum: 36
Current value of i: 9
Updated sum: 45
Final sum: 45
```

11-5 轉換語言與生成說明文件

每個程式語言都有其用途與特性，不過通常我們可能只熟悉某一種語言，這時就可以利用 ChatGPT 協助轉換程式語言，Canvas 模式就直接內建轉換語言的功能。

轉換語言

以下是 Canvas 模式目前支援轉換的程式語言，大致說明其特性與用途：

- **PHP**：是一種伺服器端程式語言，常用於開發動態網頁、網路服務。
- **C++**：具有高效性和靈活性特點，常用於開發系統軟體、遊戲、驅動程式。
- **Python**：具有易學易用的特性，常用於資料分析、網路爬蟲、機器學習應用。
- **JavaScript**：是一種客戶端腳本語言，常用於網頁應用開發、實現動態效果等。
- **TypeScript**：為開發大型應用程式而設計的，是JavaScript的延伸，常用於新世代的網頁框架。
- **Java**：具有跨平台性和可移植性特點，常用於開發網路應用、手機程式。

我們可以使用「**轉換到語言**」的功能，再選取想要轉換的程式語言，再按下 ⬆，來讓 ChatGPT 進行不同程式語言的轉換。以下是「計算兩個整數和」的 Python 程式碼範例，並將其轉換為其他語言的程式碼供大家參考：

原始 Python 的程式碼：

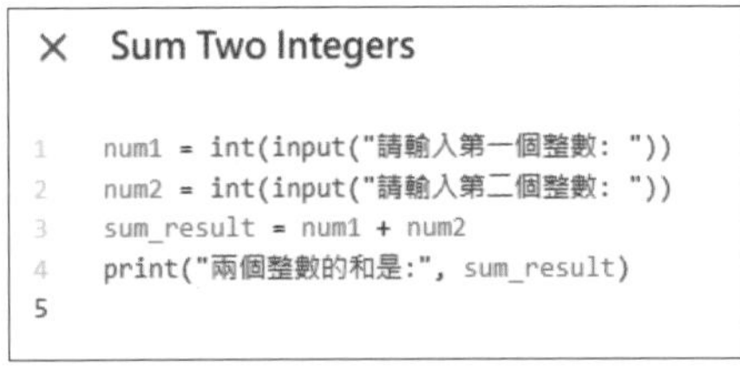

Java

Sum Two Integers Java

```java
import java.util.Scanner;

public class SumTwoIntegers {
    public static void main(String[] args) {
        Scanner scanner = new Scanner(System.in);

        System.out.print("請輸入第一個整數: ");
        int num1 = scanner.nextInt();

        System.out.print("請輸入第二個整數: ");
        int num2 = scanner.nextInt();

        int sumResult = num1 + num2;

        System.out.println("兩個整數的和是: " + sumResult);

        scanner.close();
    }
}
```

C++

Sum Two Integers Cpp

```cpp

int main() {
    int num1, num2;

    std::cout << "請輸入第一個整數: ";
    std::cin >> num1;

    std::cout << "請輸入第二個整數: ";
    std::cin >> num2;

    int sumResult = num1 + num2;

    std::cout << "兩個整數的和是: " << sumResult << std::endl;

    return 0;
}

```

PHP

Sum Two Integers Php

```php
<?php

echo "請輸入第一個整數: ";
$num1 = (int)trim(fgets(STDIN));

echo "請輸入第二個整數: ";
$num2 = (int)trim(fgets(STDIN));

$sumResult = $num1 + $num2;

echo "兩個整數的和是: " . $sumResult . "\n";

?>

```

JavaScript

Sum Two Integers Js

```javascript

const rl = readline.createInterface({
    input: process.stdin,
    output: process.stdout
});

rl.question('請輸入第一個整數: ', (input1) => {
    const num1 = parseInt(input1);

    rl.question('請輸入第二個整數: ', (input2) => {
        const num2 = parseInt(input2);

```

```
            const sumResult = num1 + num2;
            console.log('兩個整數的和是: ' + sumResult);

            rl.close();
        });
    });

```

TypeScript

```
Sum Two Integers Ts

const rl = readline.createInterface({
    input: process.stdin,
    output: process.stdout
});

rl.question('請輸入第一個整數: ', (input1: string) => {
    const num1: number = parseInt(input1);

    rl.question('請輸入第二個整數: ', (input2: string) => {
        const num2: number = parseInt(input2);

        const sumResult: number = num1 + num2;
        console.log('兩個整數的和是: ' + sumResult);

        rl.close();
    });
});

```

實際轉換後可以貼到各程式語言的開發工具中執行看看，此處程式邏輯很單純通常不會出錯，如果是比較複雜的程式也許會有錯誤訊息，這時再利用前面提過的除錯技巧，讓 ChatGPT 幫你找出問題就可以了。

生成說明文件

程式的說明文件類似於產品說明書的形式，其主要目的是為了協助其他開發者或使用者更好地理解系統。ChatGPT 提供了 Markdown 標記語言，可以快速編寫出具有結構化的文件，而這種語言也被廣泛應用於編寫說明文件、發表訊息、論文…等多種場合。為了生成具有良好可讀性的說明文件，可以使用類似「請用Markdown生成說明文件」或「請直接在瀏覽器生成說明文件」的提示文字，讓 ChatGPT 自動產生說明文件。

我們使用前面「輸入並計算兩個整數和」的例子, 讓 ChatGPT 生成說明文件, 如下圖所示。

當您完成程式除錯把「語法或邏輯」的錯誤都解決後, 為了讓日後的開發人員更容易接手, 建議使用 Markdown 製作程式碼的說明文件。Markdown 是一種輕量級的標記語言, 可以幫助您清晰明瞭地呈現程式碼的功能、使用方式及注意事項。

11-6 用 GPT 機器人生成中文流程圖

第 6 章介紹過不少好用的 GPT 機器人，其中也包含可以幫我們繪製流程圖的機器人可以使用。請開啟「探索GPT」功能，然後依照以下步驟來生成程式的邏輯流程圖

進入探索 GPT 畫面後，請拉曳到下方的 Productivity 區，然後點選此 GPT 機器人 (名稱很長，請認明最後是 <ShowMe>)。

TIP

雖然可以用搜尋功能，但很容易誤認為其他同類型但不太好用的 GPT。

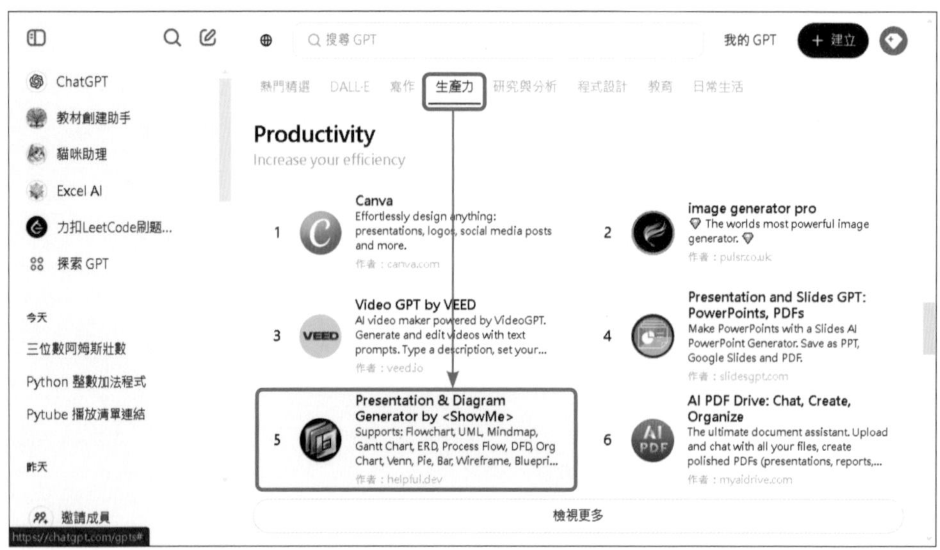

再次認明名稱和作者都沒錯，然後按下開始交談進入即可。

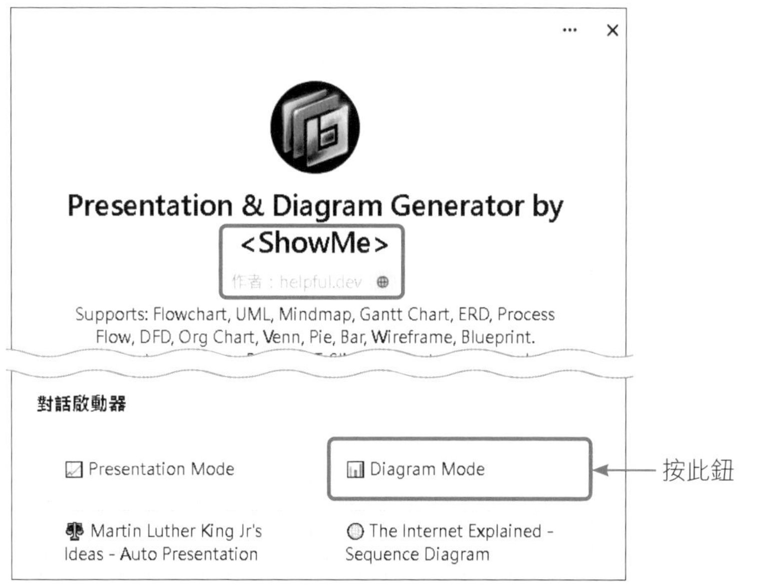

step 03 接著就可以直接輸入程式碼，並要求繪製流程圖，此處先以前面生成的 1 到 10 累加程式碼來測試。

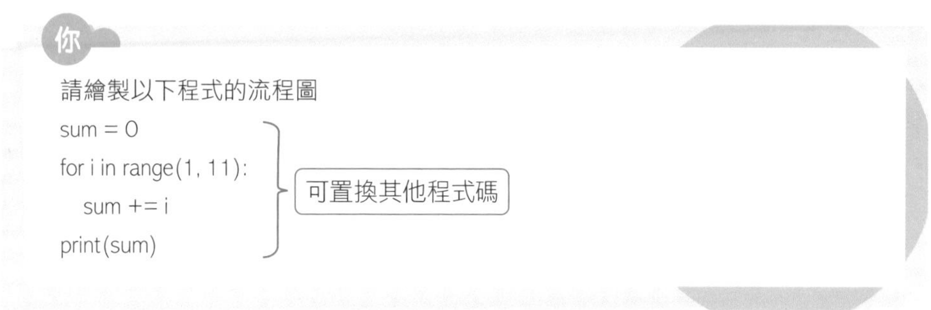

step 04 通常預設都會生成英文的流程圖，如果需要中文的話，請接著要求加上繁體中文：

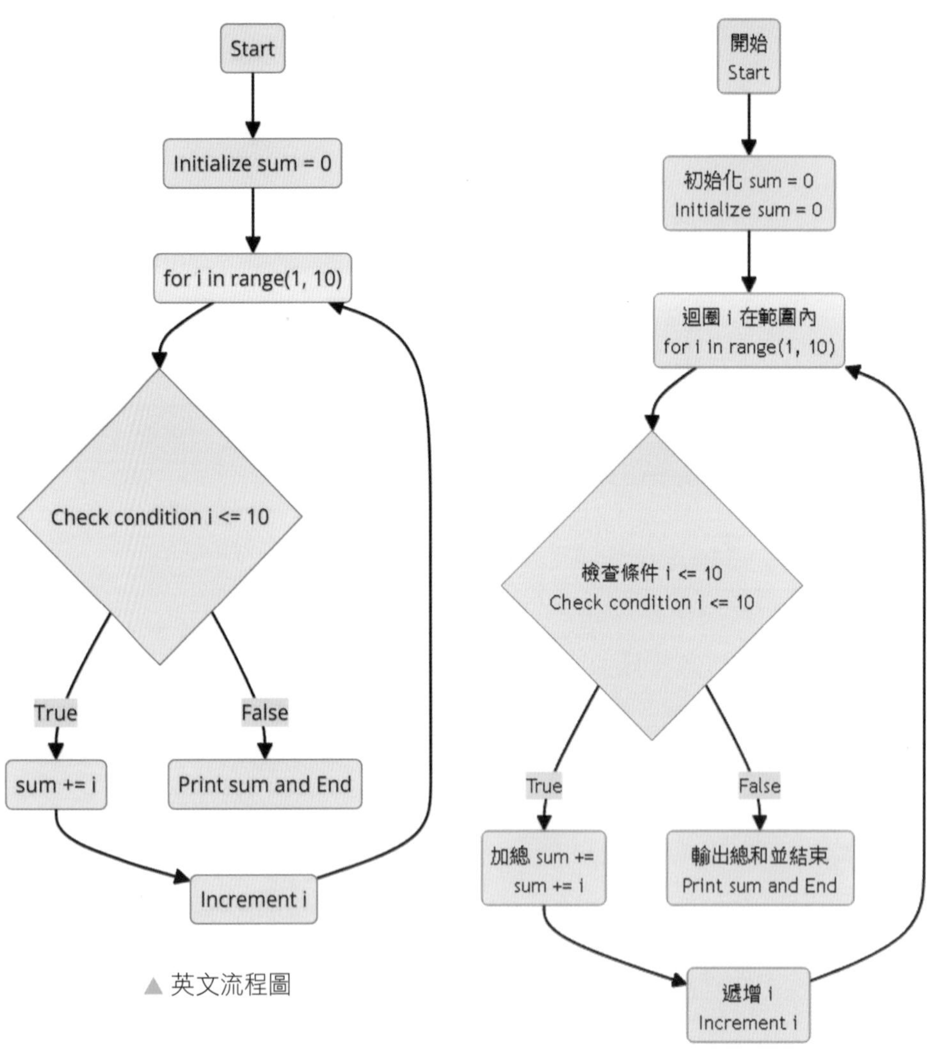

▲ 英文流程圖

▲ 中英文雙語流程圖

TIP

此處若直接繪製繁體中文流程圖，通常無法完整顯示內容，測試後用兩階段顯示成雙語流程圖的效果最好。如果繪製結果還是不理想，可以開一個全新的 Show Me 機器人再試試看。

11-7 實戰 1：自動生成大量 QR code

QR code是一個實用的功能，用於快速讀取和分享，廣泛應用於商業、旅遊和教育…等領域，它有助於提高產品曝光和知名度、豐富旅遊體驗和方便獲取學習資源，我們將引導大家利用 ChatGPT 來實現 QR code 生成的功能。

TIP

實戰範例的程式碼較長，如果您的程式碼跟本書所列不同也無妨，可繼續按照步驟操作；之後如果程式執行出現錯誤，可以利用前面的技巧來除錯，或者多生成 1~2 次程式碼即可。

step 01 較大的範例如果不知道怎麼著手，可以先詢問 ChatGPT 該怎麼做，請參考以下的提示語，內容越詳細越好。

設計一個可以在 colab 上傳名單 Name，並產生 QRCode

當你想在Google Colab上實現上傳名單並生成QRCode的功能時，可以利用Python的 **pandas** 來處理名單，並用 **qrcode** 庫來生成對應的QR Code。以下是完整的Python程式碼，實現上傳名單檔案、讀取名單並為每個名字生成QR Code圖像的過程。

Colab Qrcode Generator

```
# 首先，確保在Colab環境下安裝必要的庫
!pip install qrcode[pil]
import pandas as pd
import qrcode
from google.colab import files
import os

# 上傳名單檔案
uploaded = files.upload()

# 假設上傳的名單是 CSV 格式，我們將其讀取進來
file_name = list(uploaded.keys())[0]
name_list = pd.read_csv(file_name)

# 檢查名單的格式，假設名單包含 'Name' 欄位
```

這段程式碼的操作流程如下：

1. 安裝 `qrcode` 庫。
2. 通過 `google.colab.files` 模組上傳包含名單的CSV檔案。
3. 使用 `pandas` 讀取CSV檔案，確保名單中有 `Name` 欄位。
4. 為每個名字生成QR Code，並將圖像保存在本地資料夾中。
5. 壓縮生成的QRCode圖像資料夾，並提供下載連結。

請確保CSV檔案包含一個名為 `Name` 的欄位，這樣代碼才能正常運行。你可以根據需要調整QRCode的參數來更改生成圖像的大小或顏色。

ChatGPT 無法直接模擬此程式，我們需要將程式碼貼到 Google Colab, 在 Colab 上傳 CSV 檔案（檔案內容稍後說明），並為除標題外的每一筆資料生成對應的 QR Code, 然後將所有生成的 QR Code 圖片打包成 zip 文件下載。

```
# 首先，確保在Colab環境下安裝必要的庫
!pip install qrcode[pil]
import pandas as pd
import qrcode
from google.colab import files
import os

# 上傳名單檔案
uploaded = files.upload()

# 假設上傳的名單是 CSV 格式，我們將其讀取進來
file_name = list(uploaded.keys())[0]
name_list = pd.read_csv(file_name)

# 檢查名單的格式，假設名單包含 'Name' 欄位
if 'Name' not in name_list.columns:
    raise ValueError("CSV文件中必須包含 'Name' 欄位。")

# 創建一個資料夾來存儲生成的QRCode
output_dir = "qrcodes"
os.makedirs(output_dir, exist_ok=True)

# 為名單中的每個名字生成對應的QRCode
```

```
for index, row in name_list.iterrows():
    name = row['Name']
    qr = qrcode.QRCode(
        version=1,  # 控制QR Code的大小，數字越大，圖像越大
        error_correction=qrcode.constants.ERROR_CORRECT_L,
        box_size=10,
        border=4,
    )
    qr.add_data(name)
    qr.make(fit=True)

    # 生成圖像
    img = qr.make_image(fill_color="black", back_color="white")

    # 保存圖像
    img_path = os.path.join(output_dir, f"{name}.png")
    img.save(img_path)

print("所有的 QR Codes 已經成功生成並保存在 'qrcodes' 資料夾中：")

# 壓縮資料夾以便下載
!zip -r qrcodes.zip qrcodes

# 讓用戶可以下載這些生成的QRCode
files.download("qrcodes.zip")
```

在記事本中輸入以下內容，並將其存為「file.csv」，請注意，「Name」是程式中指定的欄位名稱，請不要隨意更改以免影響程式讀取。其他姓名可以隨意輸入，數量也可以自行決定。

```
file.csv - 記事本
檔案(F) 編輯(E) 格式(O) 檢視(V) 說明
Name
林大明
周永康
 :
 :
 :
第 1 列，第 1 行  100%  Windows (CRLF)  UTF-8
```

複製 step 02 的程式碼到 Colab, 然後執行它。接著, 點選「**選擇檔案**」, 並選擇您先前準備的「file.csv」檔案。

```
            border=4,
        )
        qr.add_data(name)
        qr.make(fit=True)

        # 生成圖像
        img = qr.make_image(fill_color="black", back_color="white")

        # 保存圖像
        img_path = os.path.join(output_dir, f"{name}.png")
        img.save(img_path)

print("所有的 QR Codes 已經成功生成並保存在 'qrcodes' 資料夾中。")

# 壓縮資料夾以便下載
!zip -r qrcodes.zip qrcodes

# 讓用戶可以下載這些生成的QRCode
files.download("qrcodes.zip")

...  Requirement already satisfied: qrcode[pil] in /usr/local/lib/python3.10/dist-packages (8.0)
     Requirement already satisfied: pillow>=9.1.0 in /usr/local/lib/python3.10/dist-packages (from qrcode[pil]) (10.4.0)
  選擇檔案 未選擇任何檔案          Cancel upload
```

step 05

等待一段時間後, 您會發現 QR code 已經生成並儲存在您電腦的「下載」資料夾中。

TIP

如果出現「下載多個檔案」的提示, 請允許下載。

▲ 解壓縮後的 QR Code

經過測試沒問題後，可以使用「請用 markdown 生成說明文件」的提示語，讓 ChatGPT 產生說明文件，並用「簡化」的提示語精簡內容，如下圖所示。

若要了解簡化後兩者的差異，可使用『**顯示變更**』功能來觀察不同之處。

step 08 接著在 Google Colab 新增**文字**儲存格。再點選 將上述的說明文字複製並貼上至**文字**儲存格 (虛線框), 便可以看到右邊 Markdown 格式的說明文件。

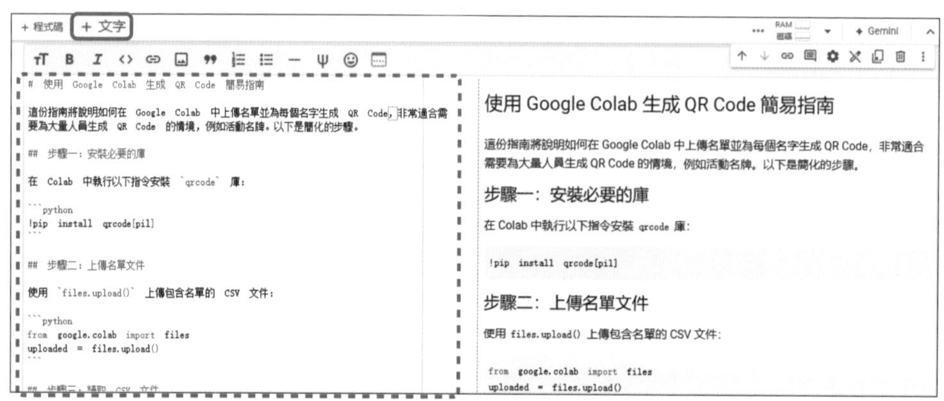

11-8 實戰 2：股市爬蟲程式

投資理財可早日實現退休生活, 但需注意風險與操作方法, 保守型投資者可尋找殖利率不錯的股票來投資。我們這次想帶領大家來利用 ChatGPT 製作網路爬蟲, 幫忙列出殖利率大於 5% 的股票, 作為投資的參考, 過程如下：

使用類似以下的提示語 , 讓 ChatGPT 告訴我們網址 , 如下圖所示。

TIP

加上 "不要 openai" 的原因是它需要付費申請金鑰才能使用。

你

請給我台灣證券交易所查詢股票殖利率 json 格式的網址 , 不要 openai

請給我台灣證券交易所查詢股票殖利率json格式的網址，不要openai

當然可以！台灣證券交易所提供的公開資訊觀測站上可以查詢各項財務資訊，其中也包括股票的殖利率資料。以下是提供查詢台灣股票相關財務數據的 API 的 JSON 格式網址。請注意，這些 API 通常是根據 HTTP 查詢參數來獲取資料的。

台灣證券交易所的公開 API 通常透過公開資訊觀測站的頁面來提供查詢。以下是查詢股票殖利率的網址範例：

台灣證券交易所 殖利率資料查詢 JSON API:

url 複製程式碼

```
https://www.twse.com.tw/exchangeReport/BWIBBU_d?response=json&date=YYYYMMDD&selectType=ALL
```

step 02 當點選 **step 01** 中的網址後，我們可以發現在網址中，問號以後的參數其實是選擇性的，只需要問號前的網址（紅色框處）即可查看股票的資料。

TIP

若回覆內容沒有出現可以查到股票殖利率的網址，通常只要再問 1~2 次就會出現了。有時也會直接給完整的程式碼，不過通常沒辦法直接使用，因此要再進行以下步驟。

step 03 使用類似以下的提示語，請 ChatGPT 幫忙生成程式碼：

請寫一個程式抓取 https://www.twse.com.tw/exchangeReport/ BWIBBU_d

列出殖利率大於 5% 的股票，不要加日期

Twse Yield Scraper

```python
import requests
import pandas as pd

def fetch_high_yield_stocks():
    url = "https://www.twse.com.tw/exchangeReport/BWIBBU_d?response=json&selectType=ALL"
    headers = {
        "User-Agent": "Mozilla/5.0 (Windows NT 10.0; Win64; x64) AppleWebKit/537.36 (KHTML, like Gecko) Chrome/58.0.3029.110 Safari/537.3"
    }

    response = requests.get(url, headers=headers)
    data = response.json()

    if data['stat'] != 'OK':
        print("Failed to fetch data.")
        return

    # 將資料轉換為 DataFrame
    columns = data['fields']
    rows = data['data']
    df = pd.DataFrame(rows, columns=columns)

    # 轉換殖利率欄位為浮點數型別並濾出大於5%的股票
    df['殖利率(%)'] = pd.to_numeric(df['殖利率(%)'], errors='coerce')
    high_yield_stocks = df[df['殖利率(%)'] > 5]

    # 顯示結果
    pd.set_option('display.max_rows', None)  # 顯示所有列
    print(high_yield_stocks[['證券代號', '證券名稱', '殖利率(%)']])
```

點選 複製程式碼到 Colab 貼上並執行，此時殖利率大於 5% 的股票代號及名稱就會顯示出來。

	證券代號	證券名稱	殖利率(%)
3	1104	環泥	6.59
4	1108	幸福	6.87
5	1109	信大	6.49
11	1215	卜蜂	5.68
38	1315	達新	7.08
48	1339	昭輝	5.03
50	1341	富林-KY	6.47
51	1342	八貫	6.10
65	1436	華友聯	5.38
71	1442	名軒	5.41
74	1445	大宇	13.77
84	1457	宜進	7.73
123	1535	中宇	5.16
135	1583	程泰	6.40
142	1604	聲寶	5.28
147	1612	宏泰	5.89
160	1712	興農	6.67

我們可以回到 ChatGPT 使用「將輸出結果表格化」的提示語來獲得漂亮的輸出結果，ChatGPT 會在輸出的部分改用表格方式呈現。

將輸出結果表格化

Fetch High Yield Stocks

```
import requests
import pandas as pd
import json
from tabulate import tabulate

def fetch_high_yield_stocks():
    url = 'https://www.twse.com.tw/exchangeReport/BWIBBU_d?response=json'
    try:
        # 送出 HTTP GET 請求
        response = requests.get(url)
        response.raise_for_status()
        data = response.json()

        # 確認是否有回傳正確的資料
        if data['stat'] != 'OK':
            print('資料取得失敗:', data['stat'])
            return

        # 把資料轉換成 DataFrame
        columns = data['fields']
        rows = data['data']
        df = pd.DataFrame(rows, columns=columns)

        # 轉換「殖利率(%)」欄位為數字格式，以便過濾
        df['殖利率(%)'] = pd.to_numeric(df['殖利率(%)'], errors='coerce')

        # 篩選出殖利率大於5%的股票
        high_yield_stocks = df[df['殖利率(%)'] > 5.0]

        # 列出符合條件的股票
        if high_yield_stocks.empty:
            print('目前沒有殖利率大於5%的股票')
        else:
            print('殖利率大於5%的股票如下:')
            print(tabulate(high_yield_stocks[['證券代號', '證券名稱', '殖利率(%)']], headers='keys', tablefmt='grid'))
    except requests.exceptions.RequestException as e:
        print('無法取得資料:', e)

if __name__ == '__main__':
    fetch_high_yield_stocks()
```

接著再次將生成的程式碼複製到 Colab 貼上並執行，此時您會發現 ChatGPT 已經幫我們使用了 tabulate 套件，將輸出結果以表格形式呈現。

	證券代號	證券名稱	殖利率(%)
3	1104	環泥	6.59
4	1108	幸福	6.87
5	1109	信大	6.49
11	1215	卜蜂	5.68
38	1315	達新	7.08
48	1339	昭輝	5.03
50	1341	富林-KY	6.47
51	1342	八貫	6.1
65	1436	華友聯	5.38

11-9 實戰 3：分析資料與建立圖表

在職場上或日常生活中，我們經常需要利用過往資料來探討各種問題，但好不容易收集到資料，卻還是對下一步該做什麼毫無頭緒。這時 ChatGPT 又可以派上用場了！我們不僅可以上傳資料，請它幫我們進行分析，也能進一步繪製各種視覺化圖表，掌握資料隱藏的趨勢走向。

生成測試用資料集

為了展示「分析資料與建立圖表」功能，我們先利用 ChatGPT 來產生學生成績資料及銷售業績等測試用的資料集，可類似下面這樣提問：

請亂數產生 30 筆學生「國文、英文、數學、社會、自然」五科成績，給我表格並提供下載。

生成後請點擊『**下載學生成績表**』連結，如下載的檔案為 CSV 格式，請按照後續 step 05 的說明處理。

學生五科成績表

		國文	英文	數學
1	學生1	51	92	14
2	學生2	20	82	86
3	學生3	87	99	23
4	學生4	52	1	87
5	學生5	1	63	59
6	學生6	75	57	21

我已為您生成包含30筆學生「國文、英文、數學、社會、自然」五科成績的表格。您可以下載此Excel文件：下載學生成績表。如有其他需求，請告訴我！

TIP

如果未產生上述的表格畫面，而只有文字說明，請多試幾次重新生成。

接著我們還需要另一份銷售業績資料，同樣可以請 ChatGPT 生成：

請亂數產生 30 筆銷售業績資料，欄位包括姓名、地址、購買金額、身份、得知訊息的管道，請給表格並提供下載。

請點擊『**下載銷售業績資料**』連結，如下載的檔案為 CSV 格式，請按照下一步驟處理。

銷售業績資料

	姓名	地址	購買金額	身份
1	晏雅筑	329 橫山民族街880號之	3018.6	退休人士
2	余馨儀	62251 北港光明路45號之1	8944.06	學生
3	雷美琪	818 北港縣景美街590號	34444.33	學生
4	季淑玲	628 竹田市公園街48號4	15173.81	學生
5	譚雅萍	139 嘉義新北投街454號	2781.21	學生
6	余雅雯	20020	27376.46	上班族

我已經生成了30筆銷售業績資料，您可以透過以下連結下載表格：下載銷售業績資料。如果有其他需求，請告訴我！

step 05 下載的檔案若為 CSV 檔案格式，可以使用記事本將編碼另存成「使用 BOM 的 UTF-8」的檔案，才能在 EXCEL 開啟。

學生成績資料分析

請點選「下方的迴紋針圖示 / 從電腦上傳」, 將學生成績資料上傳, 同時使用「請分析資料, 繁體中文回答」提示語進行資料分析。

(先上傳前面 step 02 的學生成績表)

請分析資料 , 繁體中文回答

ChatGPT 就會解析欄位名稱及詢問您的需求 (注意 : 每個人得到的分析結果不一定相同 , 請自行檢視)。

各科成績分析總結

		平均分數	最高分	最低分
1	國文	50.0333333333333 3	100	1
2	英文	48.3666666666666 7	99	1
3	數學	48.3	98	2
4	社會	54.4666666666666 7	98	0
5	自然	45.9	100	1

我已經為您分析了各科的成績，您可以在上方看到每個科目的平均分數、最高分和最低分。

如果您需要進一步的詳細分析或對某些學生的具體表現進行比較，請告訴我！ [>-]

我們想做一份成績單 , 可以使用「請計算全班同學的總分、平均及名次 , 以表格呈現」告訴 ChatGPT 進行處理。原始成績和資料和輸出結果如下。

你

請計算全班同學的總分、平均及名次，以表格呈現

原始成績：

	A	B	C	D	E	F
1		國文	英文	數學	社會	自然
2	學生1	51	92	14	71	60
3	學生2	20	82	86	74	74
4	學生3	87	99	23	2	21
5	學生4	52	1	87	29	37
6	學生5	1	63	59	20	32
7	學生6	75	57	21	88	48
8	學生7	90	58	41	91	59
9	學生8	79	14	61	61	46
10	學生9	61	50	54	63	2
11	學生10	100	50	6	20	72
12	學生11	38	17	3	88	59
13	學生12	13	8	89	52	1
14	學生13	83	91	59	70	43
15	學生14	7	46	34	77	80
16	學生15	35	49	3	1	5

	A	B	C	D	E	F
16	學生15	35	49	3	1	5
17	學生16	53	3	53	92	62
18	學生17	17	89	43	33	73
19	學生18	61	99	13	94	47
20	學生19	14	71	77	86	61
21	學生20	39	84	79	81	52
22	學生21	23	25	88	59	40
23	學生22	28	14	44	64	88
24	學生23	70	8	87	0	7
25	學生24	87	62	10	80	7
26	學生25	34	34	32	4	40
27	學生26	27	6	72	71	11
28	學生27	33	32	47	22	61
29	學生28	87	36	98	43	85
30	學生29	90	34	64	98	100
31	學生30	46	77	2	0	4

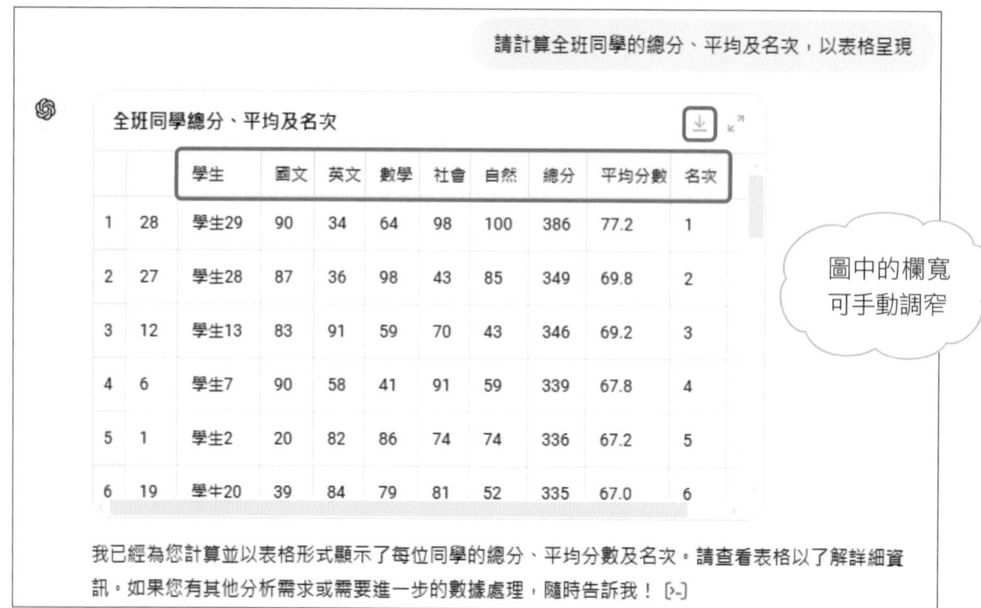

		學生	國文	英文	數學	社會	自然	總分	平均分數	名次
1	28	學生29	90	34	64	98	100	386	77.2	1
2	27	學生28	87	36	98	43	85	349	69.8	2
3	12	學生13	83	91	59	70	43	346	69.2	3
4	6	學生7	90	58	41	91	59	339	67.8	4
5	1	學生2	20	82	86	74	74	336	67.2	5
6	19	學生20	39	84	79	81	52	335	67.0	6

您也可以點選表格右上方的「下載 table」或「展開 table」，其中下載 table 的檔案為 CSV 格式，如前所述需要使用記事本將編碼另存成「使用 BOM的UTF-8」的檔案，才能在 EXCEL 開啟。

銷售業績資料分析

請點選上方的「新交談 」建立新的對話 (避免跟上一個對話混淆), 再點選「**下方的迴紋針圖示 / 從電腦上傳**」, 把銷售業績資料上傳, 同時使用「請分析資料, 繁體中文回答」提示語進行資料分析。

你

(先上傳前面  的銷售業績表)

請分析資料, 繁體中文回答

ChatGPT 就會解析欄位名稱及詢問您的需求。注意:每個人得到的分析結果不一定相同, 有時候會自動幫您深入分析欄位資料, 甚至會生成統計圖表, 下圖是我們選擇回應內容最少的畫面呈現。

TIP

測試每個功能前, 請先點選上方的「新交談」建立新對話, 以免之前對話影響, 因為 ChatGPT 會記住前後文的內容。

根據您提供的銷售資料檔案，我已初步了解數據的結構。資料的欄位包括：

1. **姓名**：顧客的名字
2. **地址**：顧客的地址
3. **購買金額**：每次購買的金額
4. **身份**：顧客的身份（例如退休人士、學生）
5. **得知訊息的管道**：顧客得知產品或服務的來源，例如網路廣告、傳單廣告、社群媒體等

接下來，請告訴我您想要進行哪種具體的分析，例如：

- 顧客身份與購買金額之間的關聯性
- 不同廣告管道的效果
- 總購買金額的統計分析

這樣我可以為您提供更具體的分析結果。 [>-]

如果分析的內容不是您想要的, 也可以再告訴 ChatGPT 產生我們要的分析內容, 例如:「請用圓餅圖呈現得知訊息的管道」來統計客戶得知訊息管道的比例。

你

請用圓餅圖呈現得知訊息的管道

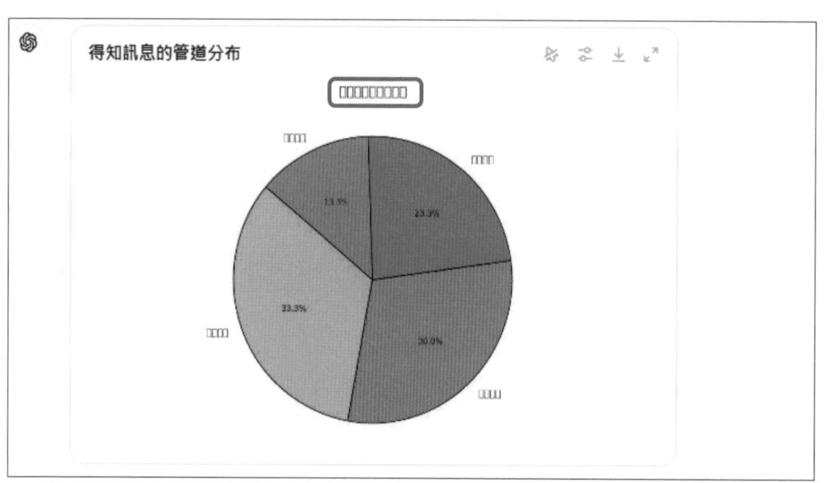

step 04 若中文無法顯示，可先至「https://bit.ly/cht-font」網址下載字型檔，再上傳「NotoSansMonoCJKtc-Regular.otf」給 ChatGPT，並使用『請重新繪製，顯示中文』提示語重繪。

> **TIP**
>
> 如果還是一樣無法顯示中文，請參考第 3 章的說明。

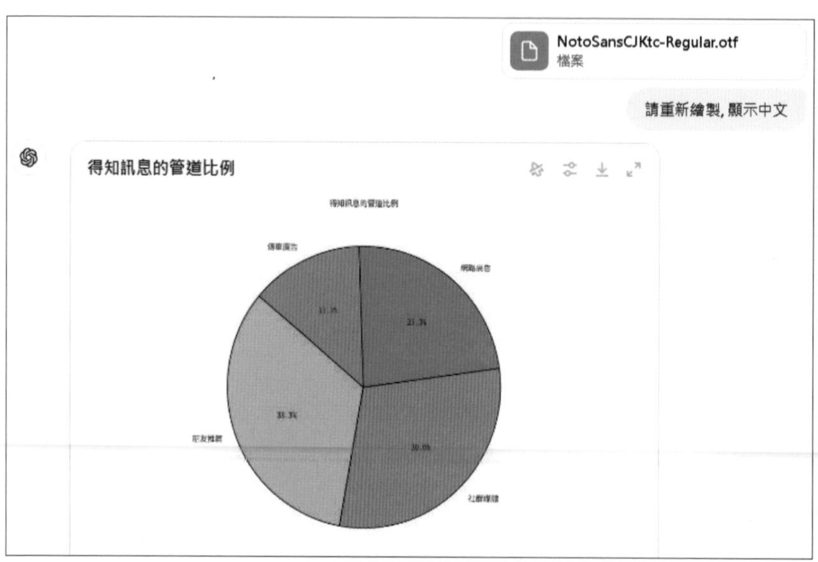

若想知道消費者身份與購買金額的關係，可以使「請用柱狀圖呈現購買金額與身份的關係」，讓 ChatGPT 自動幫您處理。您可以點選紅色框部分的「切換至互動式圖表 ，下載 chart 」或「展開 chart 」。(其中下載 chart 的檔案格式為 .png)

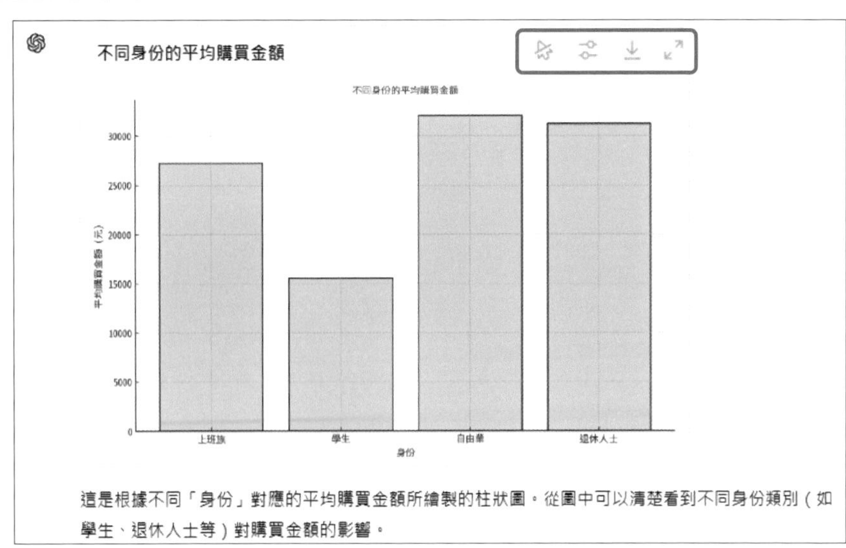

點選右方的圖示 ，即可改變「資料集」的顏色。

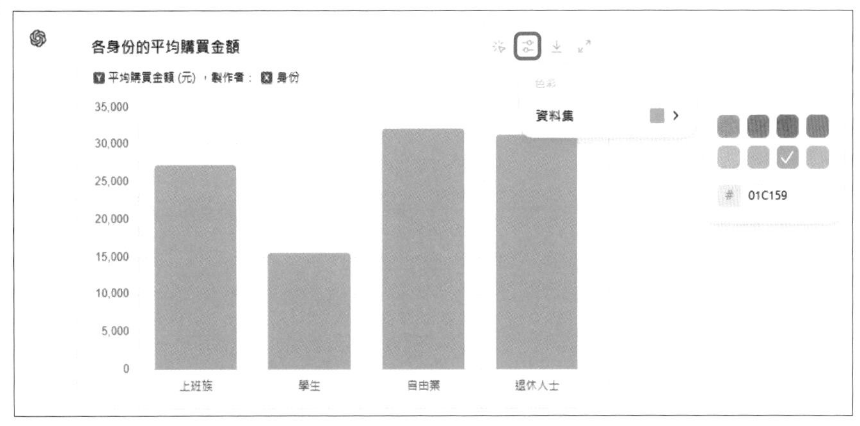

切換至互動式圖表後，將滑鼠懸停在不同的柱狀圖上，即可顯示平均購買金額，如下圖所示。再次點選「」即可切換至靜態圖表。

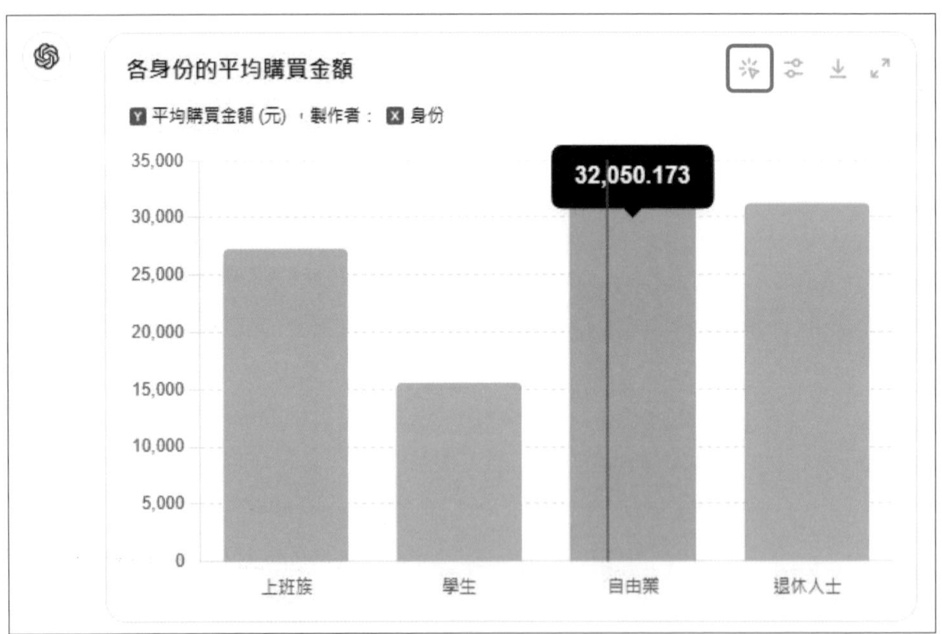

結論

透過以上教學，我們了解到 ChatGPT 的 Canvas 畫布模式是一個強大且靈活的工具，整合了自然語言處理與程式碼執行的能力。使用者可以輕鬆進行檔案處理、資料分析、圖表生成，甚至前幾個小節的撰寫 Python 程式、進行除錯和優化、添加註解、轉換程式語言及生成說明文件等。ChatGPT 能協助我們完成各種任務，顯著提高工作效率，促進與 AI 的協同合作，讓開發流程更加順暢。